ADVANCED
CUSTOM DRESS

THE PRACTICAL APPLICATION
OF PATTERN MAKING

高级礼服

裁剪纸样
与打板实例

王威仪　赵 莉　编著

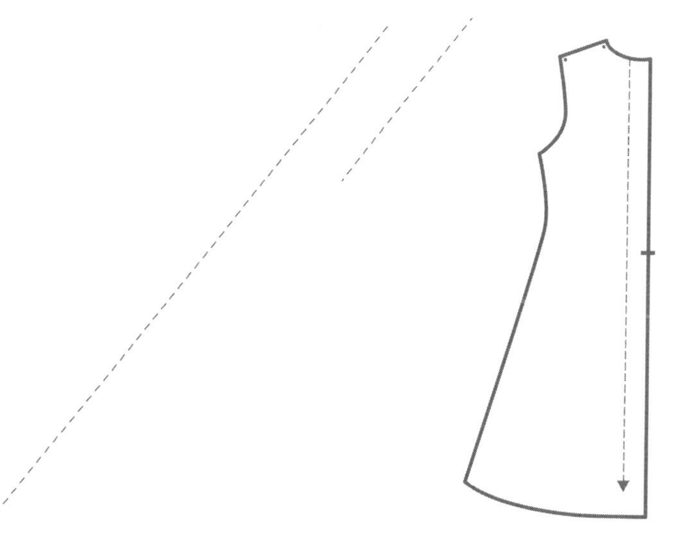

化学工业出版社
·北京·

内容简介

本书以表格速查的形式，图文并茂，介绍中式礼服、西式礼服两大系统。全书以具有代表性的时尚和流行礼服款式为例，结合大量礼服裁剪纸样与实例，全面诠释礼服理论与实践的结合、艺术与技术的结合、平面与立体的结合、结构与工艺的结合，能够帮助读者快速提高自己的礼服裁剪制板技术，为提升礼服设计创意和创造能力搭建更好的支撑与平台。

本书具有较强的科学性、艺术性、实战性和前瞻性，易学实用，清晰易懂，适合服装企业技术人员、广大服装爱好者阅读学习，也可供服装专业师生学习和参考。

图书在版编目（CIP）数据

高级礼服裁剪纸样与打板实例 / 王威仪，赵莉编著. —北京：化学工业出版社，2022.9
ISBN 978-7-122-41783-1

Ⅰ.①高… Ⅱ.①王… ②赵… Ⅲ.①纸样设计②服装量裁
Ⅳ.①TS941.2②TS941.631

中国版本图书馆CIP数据核字（2022）第112648号

责任编辑：朱　彤　　　　文字编辑：林　丹　沙　静
责任校对：宋　夏　　　　装帧设计：史利平

出版发行：化学工业出版社
（北京市东城区青年湖南街13号　邮政编码100011）
印　　装：大厂聚鑫印刷有限责任公司
880mm×1230mm　1/16　印张$10^3/_4$　字数306千字
2023年1月北京第1版第1次印刷

购书咨询：010-64518888　　　　售后服务：010-64518899
网　　址：http://www.cip.com.cn
凡购买本书，如有缺损质量问题，本社销售中心负责调换。

定　　价：59.80元

前·言

礼服作为现代服装中一个特定的类别，在欧美国家其发展已经比较成熟，成为一个相对独立的服装系统，而且确立了明确的价值标准与社会认同。我国的礼服体系由于历史遗留问题，更多的是追随国际礼服的流行发展趋势，但当前大量中国元素受到各国人民的青睐，特别是具有中华民族传统服装特色的服饰文化正逐步在礼服设计中得到广泛应用，中西方文化的交流与融合已势不可挡。

本书以礼服作为切入点，涵盖中式礼服、西式礼服两大系统。全书以礼服的结构、版型、工艺作为落脚点，秉承理论与实践结合、艺术与技术结合、平面与立体结合、结构与工艺结合的原则，深入介绍了中西方高级礼服的版型与典型的装饰工艺。在本书中第一章主要介绍完成纸样设计工作的准备，包括人体的测量、贴人台的标记线以及讲解平面裁剪所用的礼服用原型的绘制。第二章主要探讨了中式礼服，即旗袍的结构、款式变化及传统工艺，通过袖型、领型、襟型、长短的变化了解如何使用和变化原型。第三章对现代汉服进行了重点介绍。第四章则围绕西式礼服展开，不仅介绍了西式礼服的典型形制——紧身胸衣和裙撑的制板方法和工艺操作，而且还介绍了如何将艺术性的纸样设计创意方法作为礼服设计的灵感来源，同时还探究了一些技术，包括一布成衣、交叉、褶裥等，希望能使读者借此进行更加深入的创作。第五章主要介绍了西式礼服最重要的装饰手法，即法式刺绣和排花。

本书在编写时具有以下特点。

(1) 较为系统、完整。本书涵盖了中式礼服、西式礼服两大系统，从版型设计、制作工艺、装饰手法等方面加以阐述、分析、归纳，内容丰富。

(2) 技术较为全面。就礼服结构设计的方法而言，立体裁剪与平面裁剪是设计的两大形式，它们的内容与方法构成了礼服设计的完整理论；从服装技术角度而言，版型与工艺紧密结合，相辅相成，它们的内容与方法构成了礼服设计的实践体系。本书从平面裁剪和立体裁剪两大技术方法入手，结合中西方礼服典型的工艺技法（中式礼服的镶、滚、嵌、盘，西式礼服的排花与法式刺绣），力争将理论阐述与示范操作相统一，艺术造型与表现技法相协调，全面诠释与提升礼服的造型及工艺技术，为有效提高读者的实际动手能力与思维创造力提供良好的空间与平台。

(3) 内容较为实用。本书不仅建立一套适合礼服结构设计的基础纸样，还对礼服用原型如何转化成礼服纸样的原理和方法进行了实例分析；同时，对礼服中常用的技术手段（省、分割线、褶裥、波浪等）结合实际款式进行了分步骤操作，尝试打破中式礼服与西式礼服、平面裁剪与立体裁剪之间的界限，利用结构和工艺的方法引导设计者的思维走向，启发礼服设计的新思路。本书图、文、表并茂，实用性较强，对读者有较强的指导作用，方便读者自学，适用于不同层次、不同水平的服装爱好者与从业人员。为简洁起见，本书正文以及图、表所采用的单位，均为厘米（cm）。

由于作者水平有限且时间仓促，书中疏漏之处在所难免，敬请广大读者予以批评、指正。

编著者

2022年6月

目·录

第一章 礼服概述

第一节 礼服结构的历史演变
第二节 现代礼服的构成技术
第三节 人台标记线
第四节 礼服用原型

礼服（ceremonydress），即礼仪服装。礼服一般是在特定的场合、时间、地点穿着，具有表现一定礼仪和信仰的功能。在各个历史时期，礼服具有各自独特的款式结构和文化，承载着各个时期的文明。

第一节　礼服结构的历史演变

随着社会与人文环境的发展，人们的价值观及审美心理也在发生不断变化，社会对女性人体的审美观念也有所不同。女性礼服在不同历史时期也呈现不同的结构特征，从19世纪浪漫主义时期到21世纪，女性礼服的廓形由追求人工三围曲线美的X形、S形，趋于简洁修身的A字形和H形，内部结构也越来越丰富、精细，人体裸露面积也越来越大，形成了当代女性礼服简洁、修身、性感的整体结构特征。礼服的结构变化大致经过了传统、过渡及现代三个阶段的演变，如表1-1所示。

表1-1　礼服的结构变化

阶段	时期	款式特点	代表款式
传统阶段	19世纪至20世纪初	这段时期，社会对女性的审美主要是成熟、优雅、端庄的上层社会贵妇形象。晚礼服在结构上主要采用夸张的紧身胸衣和裙撑或衬垫的设计，极力塑造女性胸、腰、臀的三围曲线美。 礼服款式基本上是采用“上装＋下装＋外罩裙袍”的多件套组合，具体如下。 上装：由衬衣和紧身胸衣组成。 下装：由衬裤、衬裙加裙撑或衬垫组成。 外罩裙袍：上紧下松的款式，上半部分衣身多采用功能性分割线，合体修身；下半部分的裙子增强体积感和空间感，使裙子在整体廓形上展现挺胸、蜂腰、翘臀的X形或S形	脱肩式领 1832年浪漫样式　1840年浪漫样式 19世纪浪漫主义时期晚装（或礼服） 低圆脱肩领 1868年紧身胸衣 1850年底马尾硬衬裙撑 1850年底马尾硬衬裙撑 克里诺林晚装 19世纪新洛可可时期晚装 1878年紧身胸衣 1885年紧身胸衣 臀后加垫丰满上翘 衬裙 巴斯尔裙撑 巴斯尔晚装 19世纪巴斯尔时期晚装（或礼服）

续表

阶段	时期	款式特点	代表款式
过渡阶段	20世纪上半叶	此阶段从上层贵妇形象逐渐向现代年轻女性形象过渡。人们开始追求自然、简洁、贴身、修长的年轻女性形象，传统的紧身胸衣和裙撑逐渐退出历史舞台。基本款式摒弃套装形式，以单件连衣裙为主。 20世纪20年代露背晚装（晚礼服）出现，采用斜裁法，一直发展至今，已成为当代最正式的女性晚礼服款式之一	 露背 裙摆参差不齐 20年代晚装　1929年细长式印花天鹅绒礼服 20世纪20年代晚装（或礼服）  1953年古典风格礼服 1953年埃菲尔铁塔式晚礼服　1948年迪奥曲折形礼服　1949年晚礼服套装 20世纪40年代至50年代晚装（或礼服）
现代阶段	20世纪下半叶	此阶段伴随着国际社会多元化，女性礼服的结构整体向着简约化、自由化、时尚化的方向发展，以无领、无袖、露背、开衩的长裙款式为主。廓形在多种造型中并存，趋于修身的A字形和H形，服装裸露人体部位从前胸到背部直至腿部，追求健康、修长、性感的柔美曲线	 1963年库雷热喇叭形礼服　1967年圣洛朗少女礼服　1968年紧身连衣裤夜礼服 20世纪60年代晚装（或礼服）  1976年圣洛朗中式晚礼服　1972年圣洛朗筒状晚礼服　1970年皮尔·卡丹晚宴礼服　1978年蒙塔纳礼服　1972年迪奥优雅的礼服　1978年印花纹样礼服 20世纪70年代晚装（或礼服）

续表

阶段	时期	款式特点	代表款式
现代阶段	21世纪	此阶段随着现代社会时尚潮流的快速发展及健康文化的普及，人们越发追求自然、健康、胸臀丰满、细腰纤腿的曲线身材 女性晚礼服结构的设计更加前卫开放，裸露人体的无领、无袖、露背、高开衩等结构设计更加精细化和多元化，出现了鸡心领、交叉系带领、不对称的斜领、单肩袖、连身袖以及起到视错觉效果的腰部几何切割镂空等结构，淋漓尽致地展现了当代女性柔美性感的身段曲线	2007年 2008年 2009年 2010年 2011年 2012年 2013年 2014年 2015年 2016年 21 世纪晚装（或礼服）

第二节　现代礼服的构成技术

一、礼服结构设计的方法：平面裁剪和立体裁剪

就服装结构设计的方法而言，平面裁剪与立体裁剪是服装结构设计的两大形式，它们的内容与方法构成了服装结构设计的完整理论与实践体系。

平面的构成技术即平面裁剪，是运用理性获得的公式或数值在纸张等平面上运用二维的手段表现三维的空间效果。立体裁剪是相对于平面裁剪而言的概念，其方法是选用与面料特性接近的试样布，直接"披挂"在人体模型上进行裁剪与设计，故有"软雕塑"之称，具有艺术与技术的双重特性。

（一）平面裁剪

平面裁剪是服装制板知识与经验积累的产物，它凝结着包括中国在内的全世界服装界前辈们的心血，前人运用不同的裁剪方式寻求最快、最实用、最精确，在二维空间内塑造三维效果的制板方法。它的最大优点就是把握了服装制板技术的规律，数据精确，操作快捷，制作成本相对较低，具有传承性。平面裁剪的缺点是缺乏直观性，对经验的依赖较大，要求制板人员具有一定的空间想象能力，对结构变化较大的款式处理起来有一定难度。平面裁剪的方法很多，比较典型的就是原型裁剪法和比例裁剪法。

1. 原型裁剪法

原型是指平面裁剪中所使用的基本纸样，即简单的、不带任何款式变化因素的立体型服装纸样。原型裁剪顾名思义就是依靠一个最基本的纸样进行制板的方法，属间接制图法。原型制板所需的人体数据极简，以本书中的礼服用上衣原型为例，掌握胸围、背长两个数据即可完成原型的制板，增加具体款式的衣长即可完成成衣的制板。各部位的绘制均按照同胸围的比例关系完成（因此，原型裁剪法也称为胸度法），数据少，公式少，简单的数据却揭示了人体立体型态下的匹配关系。前片以突出的胸高点（BP）、后片以肩胛骨高点进行的省道变化，对衣身结构的三维空间关系进行了合理的演绎，原理清晰易懂，为款式的变化提供了科学依据。原型裁剪法应对多变的款式变化非常适宜（注意，这里所说的款式变化有别于结构形式的变化，复杂结构形式的变化由立体裁剪来做更容易）。在批量的成衣生产中原型裁剪法占尽了优势。原型裁剪法也有它的不足，针对单量单裁来说，每次打板都必须从绘制原型入手再进行款式变化，繁复的打板过程提高了生产成本。

2. 比例裁剪法

比例裁剪法是根据人体测量的数据或规格标准，不依靠任何基型直接制板的方法，也称直接制图法。它同原型制板方法一样，也是通过公式的计算进行的。它采用人体部位的数值较原型裁剪法多，各个部位的数值是依靠相应部位的测量和计算来完成的。与原型裁剪法最大的不同在于比例裁剪法制图中围度采用的是根据款式要求增加了放量的“毛数”，也就是常说的“成衣尺寸”。这样可以根据具体客户的穿衣习惯随时调整放松量，服装的着装形态一目了然。在实际的制图过程中，任何部位的比例都是按既定的公式变化，有效地避免了结构的变形和款式变化的随意性。由于它在打板时省略了原型的制图步骤而变得快捷，并能对各种体型、职业等人群的穿衣习惯进行较直观的了解。因此，比例裁剪法是量体裁衣最常用的方法，也是我国服装业传统的制板方法之一。比例裁剪法同样有它的不足，它常用于相对固定和变化较小的常规款式，各种服装款式的各个部位都要采用不同的公式和数据，初学者极易混淆何为结构数据，何为装饰数据，尤其对款式的变化处理较难，固定款式各部位数据在被使用者强化并产生思维定式的同时，创新意识也被禁锢。

（二）立体裁剪

立体裁剪主要是通过人台用坯布或面料进行裁剪的过程。它最大的优点就是直观性和创意性，尤其是在处理非常规性结构中更能显现出它的长处。在裁剪过程中，设计师可根据即时的效果修正自己的创作理念，皱褶垂荡、叠加互搭，很多结构的变化和形式是平面裁剪时力所不能及的，很多效果是由操作者的艺术修养和对款式的解读能力所决定的。所以，在礼服类和创意服装设计中常被采用。立体裁剪有它的弊端，制作成本较高、松量把握较难（即使含有松量的工业人台也不能随心所欲）、数据的精确度较低等。平面裁剪和立体裁剪制板形式的综合比较如表 1-2 所示。

表 1-2　平面裁剪和立体裁剪制板形式的综合比较

制板形式		数据采集	计算方法	制板方法	优势	劣势
平面裁剪法	原型裁剪法	胸围、背长、袖长、衣长	胸度法	依原型进行	原理清晰，款式变化合理	制作过程复杂，调整数值不确定
	比例裁剪法	衣长、胸围、肩宽、腰围、臀围、袖长	按公式和定数（即固定数值）	具体款式、具体公式的调整	直接、快速放松量明确	款式变化时科学依据不足
立体裁剪法		实体	无	在人台或人体上直接进行	直观	合体类的松量掌握较难，成本大

立体裁剪需要悟性，平面裁剪需要理性。对礼服的结构设计而言，我们应该如何学习呢？

（1）全面掌握现代服装的造型手段，平面裁剪和立体裁剪都要熟练掌握　平面裁剪最典型的优势就是“省道”的转移。立体裁剪的学习重点在于理解立体空间状态下，服装的结构在平面制图中的形态，利用立体裁剪的直观性解决“复杂结构形式”的衔接、组合、面料垂荡的量感体验，完成平面裁剪不易甚至是不能完成的结构设计。二者相互辅助，都需要熟练掌握。

（2）根据款式特点决定裁剪方式　立体裁剪和平面裁剪各有各的优缺点，根据礼服款式的特点，我们可以灵活应用二者，让其优势互补，以达到最出色的效果。比如，对于常规和经典的款式，可以在平面裁剪为主的基础上，用立体的方法在经过补正的人台（或人体）上观察样衣穿着状态效果，调整最终的效果。对于创意结构的服装，制板过程中没有经验数据可以参考，只能在立体裁剪过程中凭操作者的手感和审美能力进行操作，那么制板的过程基本可以在立体裁剪上实现，再用平面裁剪进行调整。有的款式，局部复杂，比如衣身，而领子、袖子相对简单，我们就可以针对操作起来比较复杂并且准确率也不高的衣片采用立体裁剪；而操作简单的袖片则采用平面裁剪，领子则根据领型来选择裁剪方式。这样既解决了在平面裁剪中遇到的难以解决的问题，又提高了制板的制作速度，达到最佳效果。

（3）量变到质变，勤加练习　“战略”“战术”明确之后我们必须要做的就是勤奋练习了。制板要和制作连续进行，一定要看到自己设计的版型转变为成衣后的效果，对成衣进行分析，查找版型的不足，对版型进行修正，验证成衣效果。多次反复的变化练习必然带来良好的收获，经验在修改中增加，版型在调整中完善，这正是“实践经验”。

本书也将根据选择的款式的特点，采用平面裁剪和立体裁剪两种方式进行讲授；同时，结合制作工艺，希望能够比较完整地介绍礼服的结构设计与工艺技巧。

二、礼服纸样制图的工具与材料

（一）纸样制图工具

纸样制图工具如下（图 1-1、图 1-2）。

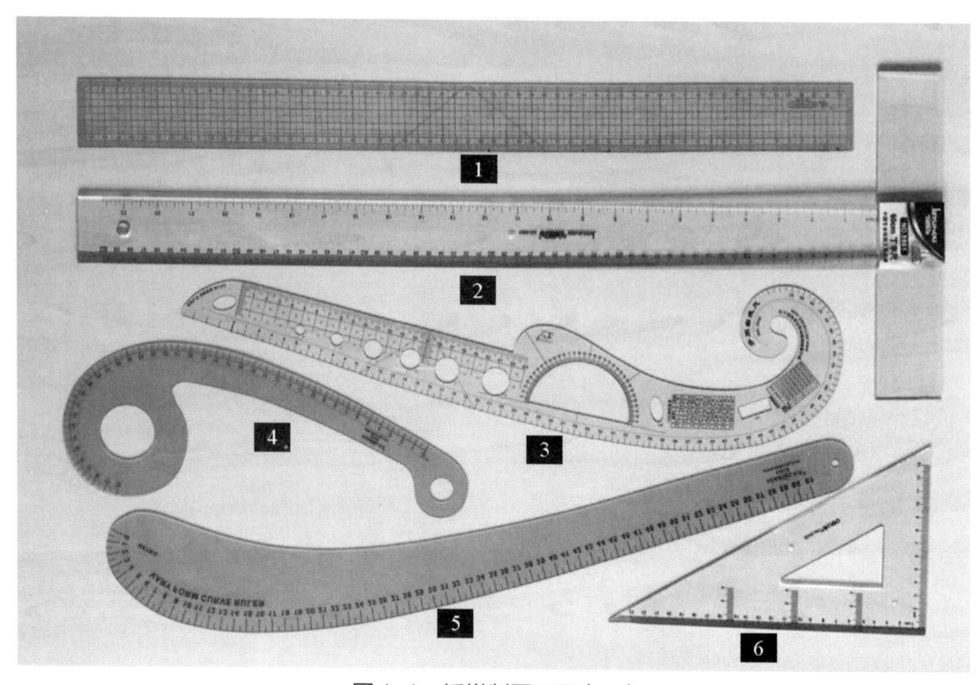

图 1-1　纸样制图工具（一）

（1）打板尺：用于绘制直线及图形，还可以加放缝份等。

（2）丁字尺：用于画平行线或用作三角板的支承物来画与直尺成各种角度的直线。

（3）曲线板：这款尺上有量角器、刻度、不同直径的圆，尺子的外部和内部有不同的曲线，可以用来绘制衣身上的各种弧线。

（4）6字尺：用来绘制衣身上的曲线，如袖窿弧线等。

（5）大刀尺：用来绘制衣身上的曲线，如袖弧线、裤子侧缝线、内缝线等。

（6）三角板：绘制及调整直角时使用。

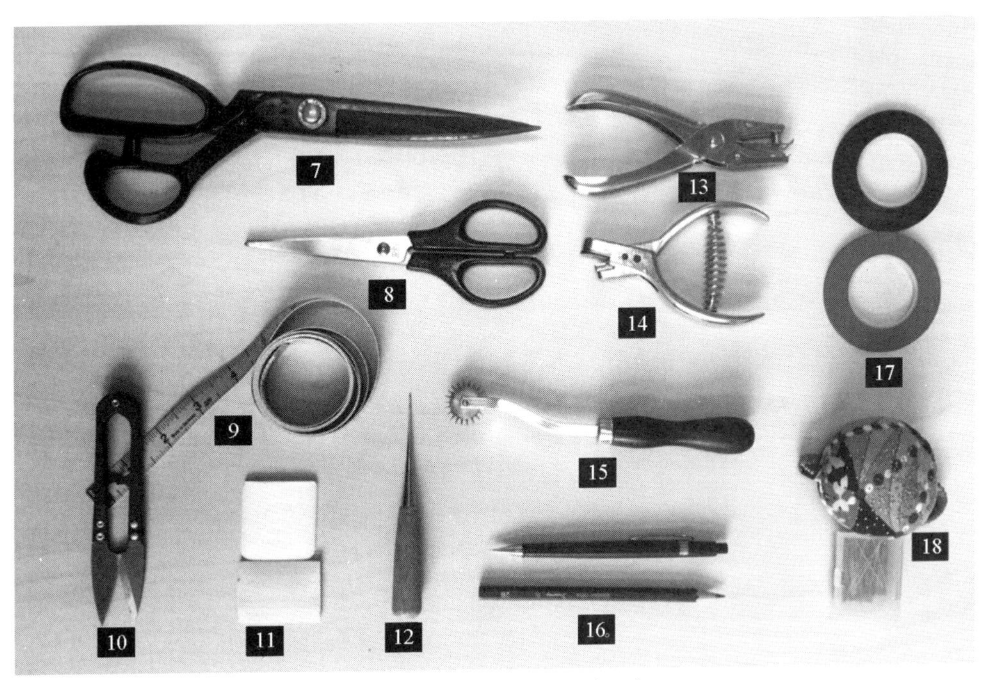

图1-2 纸样制图工具（二）

（7）裁布剪刀：用于裁剪面料。

（8）剪纸剪刀：用于裁剪纸样。

（9）软尺：用于测量各部位的尺寸及绘制服装样板。

（10）纱剪：用于修剪手缝和机缝线头。

（11）划粉：用于在面料上描绘纸样轮廓，划粉有多种颜色，根据面料的色彩，选择反差较大的划粉比较容易识别。还有一种隐形划粉，具有气化性，画好的线条放置一段时间或熨烫后自动消失。

（12）锥子：用于定位等辅助操作，可以用来对多层面料打孔。锥子钻出的孔只会留下一个暂时的记号，因为它的尖端只是将纱线分开，并没有切断。

（13）打孔器：用于在纸样上打孔，使纸样能挂在挂钩上。

（14）打口钳：用于打剪口，剪口的深度不能超过缝份的一半。

（15）滚轮：将线条复制到另一张纸上，好的滚轮的尺牙应排列紧密，复制出的线条小孔之间的距离较小，不但容易连接，而且也比较准确。

（16）绘图铅笔：用于在打板纸上绘图。

（17）人台标记线：用于设置人台标记线和款式标记线，有不同颜色，宽度也有不同规格，黏性强、韧性好的标记线在粘贴领圈、袖窿弧线时会相对容易。

（18）服装用大头针和针插：服装用大头针在立体裁剪时用于固定衣片与人台或衣片与衣片。立体裁剪时尽量选用针头较尖、针杆较细的别针，这样不容易伤害布料和人台，插针时也比较省力。

（二）人台

人台的分类和特点见表 1-3。

表 1-3　人台的分类和特点

<table>
<tr><th colspan="2">分类方式</th><th>特点</th><th>图片</th></tr>
<tr><td rowspan="6">按照操作方式分类</td><td>斜插针人台（建智人台）</td><td>斜插针人台主体为玻璃钢材质，强度大，为硬体结构，外包薄层海绵及外包布。使用时，插针深度为 0.2 ～ 0.3cm，珠针与人台表面平行插入</td><td></td></tr>
<tr><td colspan="3">优点：人台生产过程中形状、尺寸易人为掌控，尺寸误差小，使用时不易变形
缺点：玻璃钢原材料选择不当时会有较为刺鼻的味道</td></tr>
<tr><td>直插针人台（红邦人台、广德精准人台等）</td><td>直插针人台主体一般为 PU 或软质泡沫材料，外包布或类似皮革材质，比较有弹性；插针深度约为 4cm，珠针可垂直插入</td><td>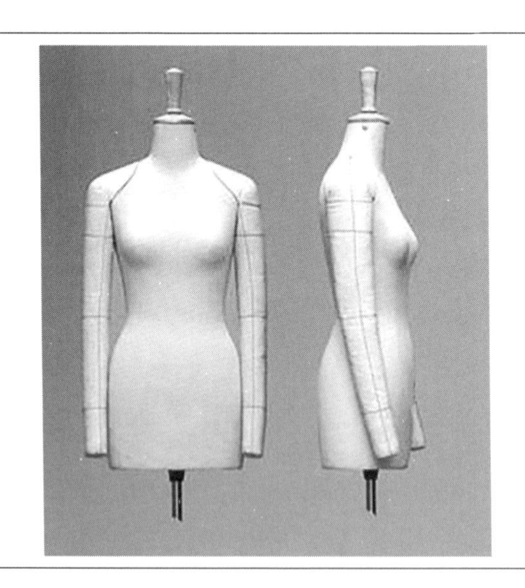</td></tr>
<tr><td colspan="3">优点：人台质地柔软，方便插针
缺点：由于材质和生产工艺导致人台各部位尺寸误差较大，软体结构较斜插人台而言略易变形</td></tr>
<tr><td>裸体人台</td><td>人台的各个尺寸和人体净体尺寸吻合</td><td>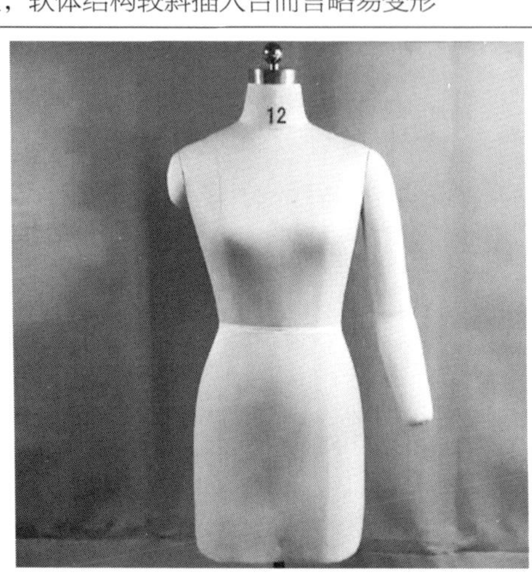</td></tr>
</table>

续表

分类方式		特点	图片
按照操作方式分类	工业用人台	工业用人台的特点是适合国家标准所规定的号型标准，肩胛骨、腹肌等部位增加丰满感。胸围按人体实际尺寸加放4～6cm，腰围按照操作方式分类，保持人体原始状态或少收进1～2cm，臀围较人体实际尺寸放大2～3cm	
按照实际用途分类	女体人台	适用于女性人体的人台	
	男体人台	适用于男性人体的人台	

续表

分类方式		特点	图片
按照实际用途分类	童体人台	适用于儿童人体的人台	
	大码体人台	适用于大码人体的人台	
	礼服体人台	适用于礼服款式的人台	

（三）材料

不同材料具有不同的性能，例如薄厚、悬垂性、弹性、吸湿透气性等，它们对礼服款式造型的稳定起着重要作用，因此在设计时需要根据礼服的造型选择不同的材料来完成。

1. 礼服用面料

礼服对材料的基本要求是质地符合场合、身份和社会文化，同时还应考虑款式的需要。礼服的轮廓及其风格的形成与面料的质地、形态有极大关系。厚重的面料产生粗重的线条，轻薄的面料则流露出轻盈的线条，硬挺和柔软的面料所表现的轮廓各不相同。高贵优雅的绸缎、轻盈柔美的网眼纱、精致奢华的蕾丝都是礼服的常用面料（表 1-4）。

表 1-4 礼服用面料的类型和特点

类型	特点	图片
缎类面料	平滑光亮，质地柔软，是丝绸产品中技术最复杂、外观最绚丽的品种。缎类面料花型繁多、色彩丰富、纹路精细、雍华瑰丽。常见的有花软缎、素软缎、织锦缎、古香缎等	 
纱类面料	用于礼服中的纱不外乎真丝纱、网纱、欧根纱、玻璃纱等，雪纺、真丝纱悬垂性能很好，易于表现垂褶、波浪等造型	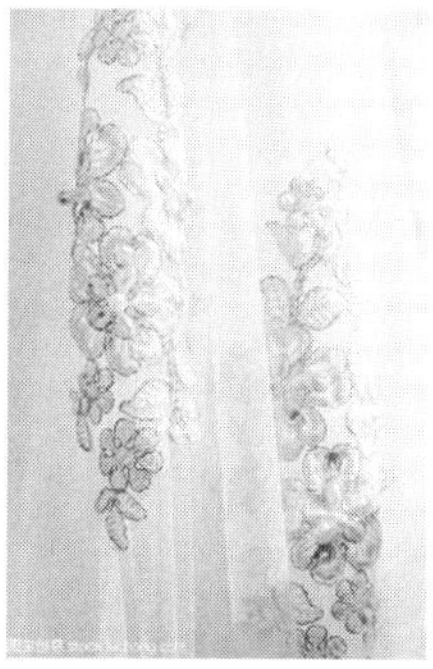 
蕾丝面料	是一种镂空并带有提花或绣花的面料，立体感很强；其精雕细琢的奢华感和体现浪漫气息的特质，很适合制作礼服	  

2. 礼服用定型辅料

定型辅料是指任何可以用来塑造面料形态的材料，它对改善服装的轮廓和造型是非常重要的。礼服常用的定型辅料有一部分和成衣的辅料相同，比如有纺衬、无纺衬、嵌条，还有其他如鱼骨、弹力网带等。在缝制前，首先应考虑服装的基础结构，然后合理选择定型料的类型、厚度、颜色与质地，所用的定型料会最终影响成衣效果（表 1-5）。

表 1-5　礼服用定型辅料的类型和特点

类型	特点	图片
衬	衬布按织物结构可分为三种：梭织布、针织布与无纺布。任何一种类型都有不同的厚度、幅宽、手感、颜色可供选择。黑色、白色和灰色是最常用的颜色。梭织衬与其他梭织织物的组织结构相同，由经纬纱交织而成。梭织衬稳定，长度和宽度方向都不易被拉伸，裁剪时应按面料丝缕方向裁剪。无纺衬没有丝缕，针织衬比梭织衬手感更柔软，市面上常用的针织衬有经编针织布（只能横向伸展）和四面弹针织布（各个方向都可拉伸）。在制作前，需要先测试衬和面料是否匹配	
嵌条	嵌条是为接缝提供轻度支撑的窄布条，宽度在 1 ～ 1.5cm，分为直丝和斜丝两种，最常用的颜色为白色和黑色。嵌条可以对服装边缘定型，使用嵌条的一个原因是当接缝部位的纱线断开并拉开时，有些面料会脱丝；另一个原因是在制作过程中斜丝部位很容易拉伸变形，嵌条可以有效避免这种现象发生。在礼服的制作中，嵌条常用在领口、袖口等部位	
鱼骨	鱼骨广泛应用于婚纱、礼服、内衣等服装，是用于支撑紧身胸衣上半身，使之挺阔合体的细条状支撑物。在上半身常纵向使用，可起到丰胸束腰的作用。鱼骨的种类有很多，有宽有窄，有圆有扁，有金属的，也有塑料的；不管是什么材质，目的都是塑型，突出腰身，使背部挺拔，体态优美，彰显气质。早期的紧身胸衣多采用鲸须作为支撑，现在紧身胸衣的鱼骨多采用一种特殊的塑料，即聚酯材料的塑料硬条，十分灵活柔韧；其质地细腻。尤其制作无肩带服装时，必须掌握如何缝制鱼骨。鱼骨能使无肩带服装的构造更稳定，确保无肩带服装穿着时不会滑落。鱼骨十分灵活柔韧，接缝由于鱼骨的支持，服装才得以贴合身体	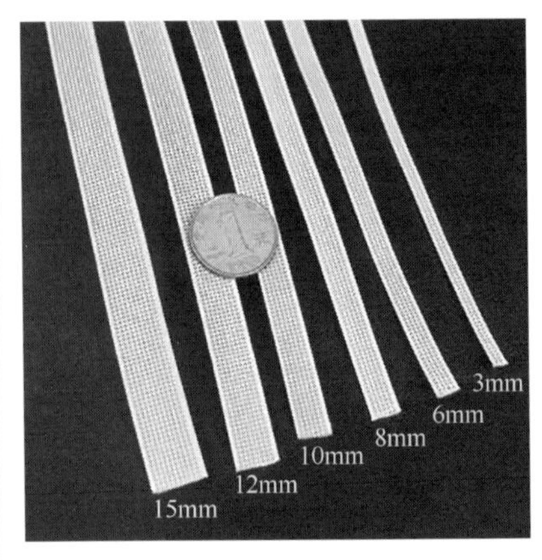 不同宽度的鱼骨 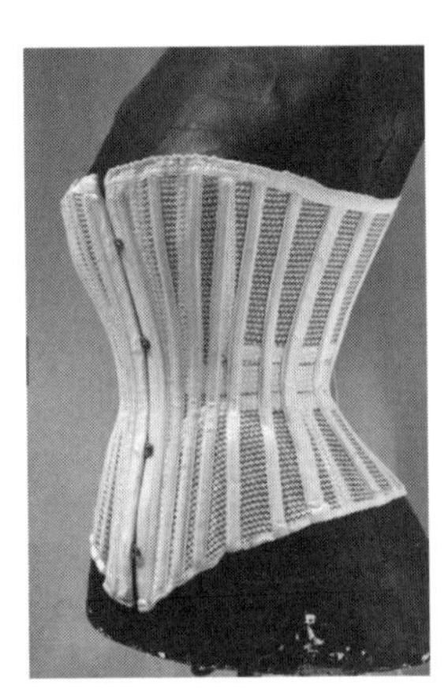鱼骨胸衣
弹力网带	弹力网带也称弹力鱼骨网纱、马尾衬（horsehairbraid），弹力网带有各种颜色，宽度为 0.6 ～ 20cm，可以根据款式需求选用。弹力网带采用高强度涤纶丝编织而成，有柔软质感和加硬等不同种类，软网较容易造型，硬网支撑力较好，弹力网带常用在礼服的下摆边缘处，用于提高支撑度	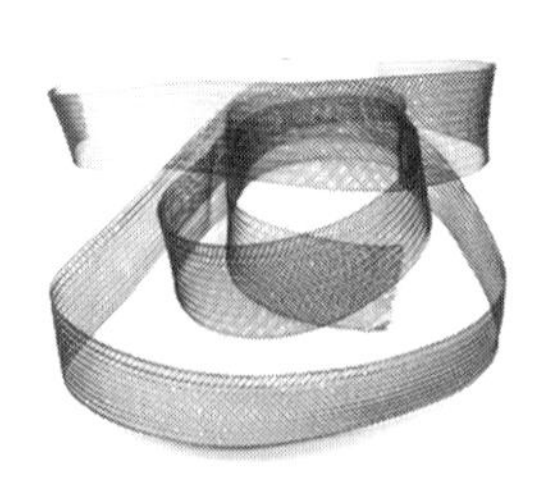弹力网带 彩色弹力网带   弹力网带常用在礼服的下摆边缘处，用于提高支撑度 弹力网带的缝制方法

（四）服装纸样绘制符号

服装纸样绘制符号见表 1-6。

表 1-6 服装纸样绘制符号

名称	符号	说明
轮廓线		分为实线、虚线 实线：指服装纸样制成后的实际边线，也称完成线 虚线：指纸样两边完全对称或不对称的折线
基础线		比轮廓线细的实线或虚线，起引导作用
等分线		表示将这段线进行等分
直角符号		表示两条线相交成直角
重叠符号		表示共处的部分重叠，且长度相等
拼合符号		表示标出此符号的部位，去除原有的结构线，拼合成完整的形状
纱向符号		箭头方向表示经纱方向
顺毛向符号		有毛、有光泽面料的排放方向
拔开符号		表示需熨烫抻开的部位
归拢符号		表示需熨烫归拢的部位
单向褶裥		表示顺向折裥从标记线高的一边向低的一边折叠
对合褶裥		表示对合折裥从标记线高的一边向低的一边折叠

（五）人体测量

人体测量是进行纸样设计的前提，只有通过人体测量，掌握有关部位的数据，设计服装结构时才有可靠的依据，才能保证服装的适体与美观。受到时尚的影响，生产所需的人体尺寸项目越来越多，人体测量也变得越来越复杂。人体测量的项目是由测量目的决定的，根据服装制图的要求，不同款式人体测量的部位各不相同。最重要的三个尺寸为胸围、腰围、臀围，对大部分的纸样制作是必要的，属于基础测量。对于个别款式或个别体型，需要选择性地补充测量其他部位尺寸。比如，抹胸礼服，需要加测胸上围尺寸；瘦腿裤，需要加测小腿围尺寸等。

1. 测量的方法

（1）测量者站在被测者前侧方 45° 的位置，避免和被测者面对面站立的压迫感。

（2）被测者自然站立，保持最放松的状态。

（3）测量前，尤其是定制礼服的测量，要考虑设计的服装搭配何种高度的鞋和何种厚度的文胸，被测者一定要穿戴好后再进行测量。

（4）测量时，应确保环绕身体的皮尺既不能太松也不能太紧。

（5）测量时要按顺序进行，先测量长度，再测量围度，最后测量宽度。

2. 人体测量的基准点和基准线

（1）人体主要基准点　根据人体测量的需要，将人体外表明显、易定的骨骼点、突出点设置为基准点（图 1-3）。

（2）人体主要基准线　根据人体体表的起伏变化，人体的前后分界、人体的对称性等基本特征，可对人体外表设置如图 1-3 所示的几条基准线。标准人体的基准线构成服装制图的基本骨架。

3. 纸样制图常用参考数据

图 1-4 以 160/84A 为例提供了一些常用的人体数据。作为样板师，这些数据有必要非常熟练地掌握。在进行纸样设计时，样板师可以通过和这些数据的对比，判断纸样的合理性。

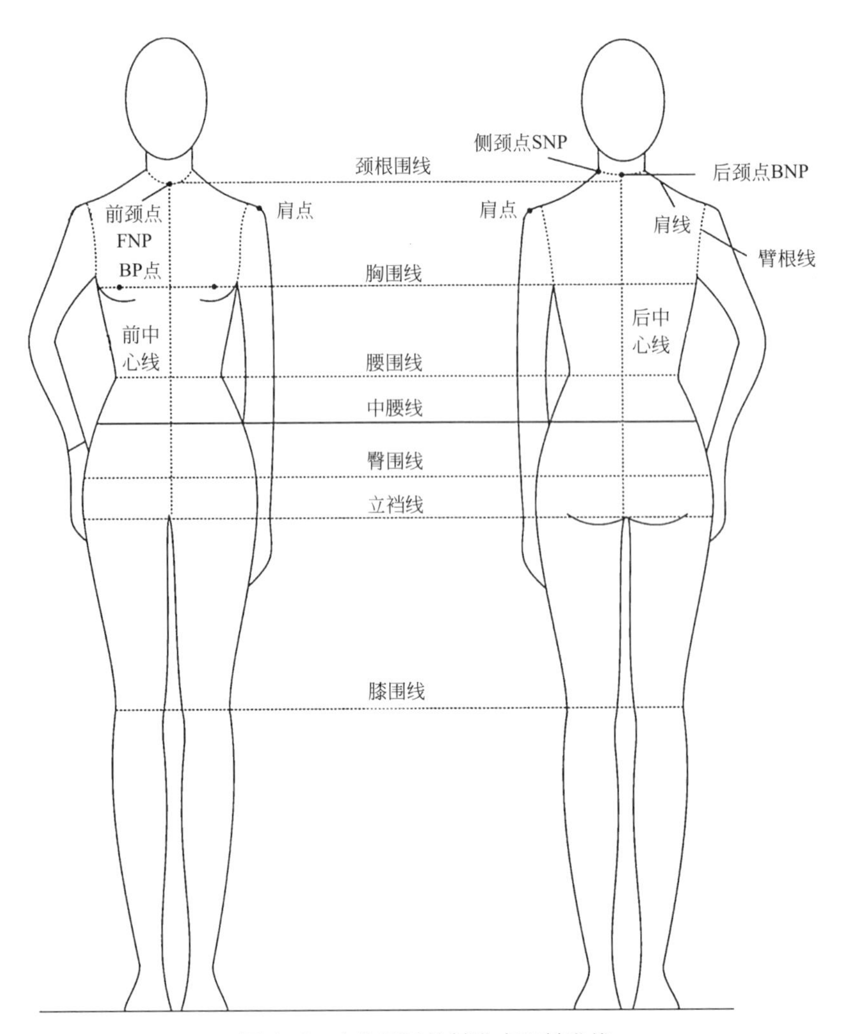

图 1-3　人体测量的基准点和基准线

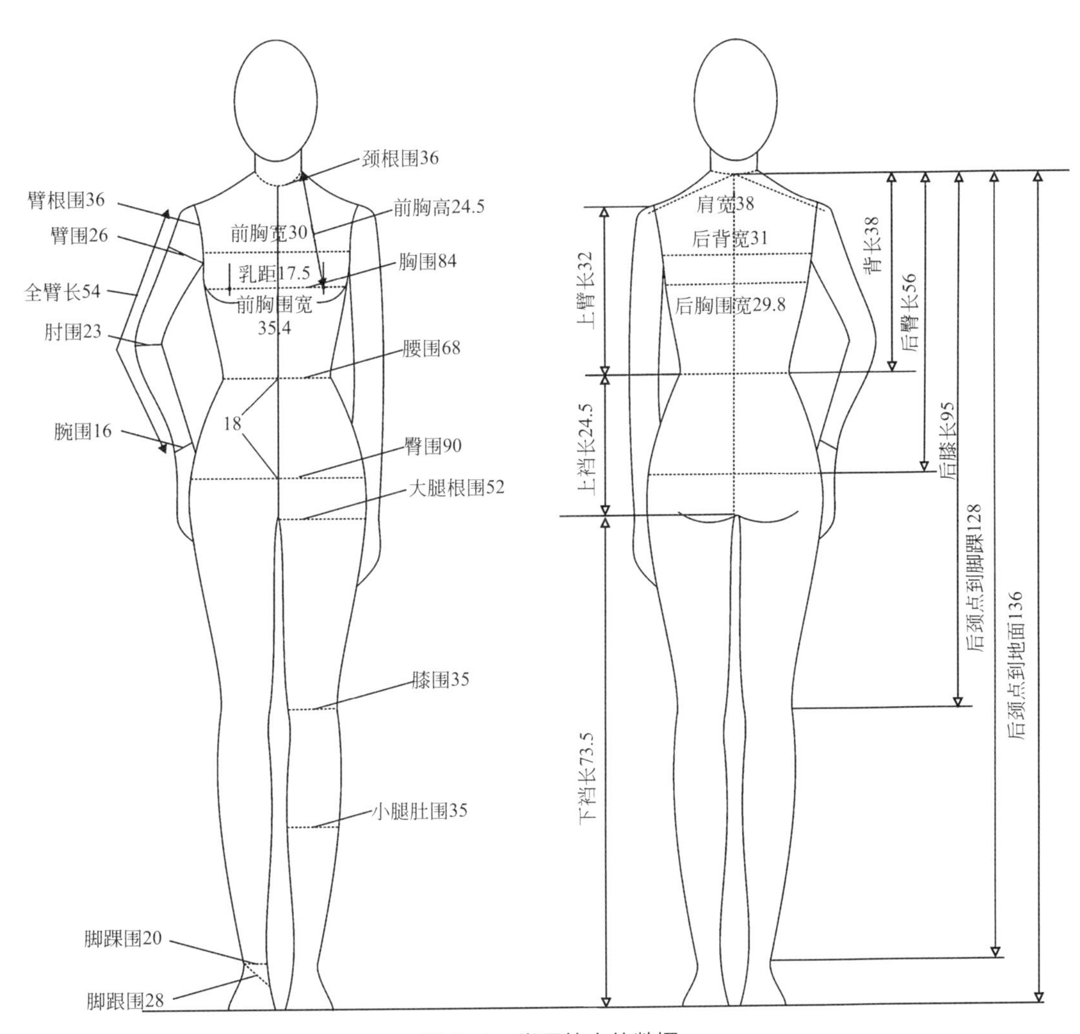

图1-4 常用的人体数据

（1）围度测量

颈根围为36，即经过前颈点、侧颈点、后颈点，用皮尺围量一周的长度。

胸围为84，即以乳点为基点，用皮尺水平围量一周的长度。

腰围为68，即在腰部最细处，用皮尺水平围量一周的长度。

臀围为90，即在臀部最丰满处，用皮尺水平围量一周的长度。

大腿根围为52，即在大腿最丰满处，用皮尺水平围量一周的长度。

膝围为35，即在膝关节处，用皮尺水平围量一周的长度。

小腿肚围为35，即在膝关节和踝关节中间的位置。瘦腿裤一定要测量这个尺寸。

脚踝围为20，即在踝关节处，用皮尺水平围量一周的长度。

脚跟围为28，即经过脚跟围量一周。可穿性上必须考虑这个尺寸，尤其是瘦腿裤，如果裤口尺寸小于此尺寸，必须在裤口位置设计开口。

臂根围为36，即经过肩端点和前后腋窝点围量一周的长度。

臂围为26，即在上臂最丰满处，用皮尺水平围量一周的长度。

肘围为23，即在肘关节处，用皮尺水平围量一周的长度。

腕围为16，即在腕部用皮尺水平围量一周的长度。

（2）长度测量

前胸高为24.5，即自侧颈点至乳点之间的距离。

背长为 38，即从后颈点到腰围线的长度。

后臀长为 56，即从后颈点到臀围线的长度。

后膝长为 95，即从后颈点到膝围线的长度。

后颈点到脚踝为 128，即从后颈点到脚踝的长度。

后颈点到地面为 136，即从后颈点到地面的长度。

腰长为 18，即在侧缝线上从腰围到臀围的长度。

上裆长为 24.5，即坐在椅子上，从腰围线到椅面的长度。

下裆长为 73.5，即裆底点至踝骨外侧凸点之间的长度。

上臂长为 32，即从肩端点到肘骨凸点之间的距离。

全臂长为 54，即从肩端点经过肘凸点测量至手腕的长度。

（3）宽度测量

肩宽为 38，即自左肩端点经过第七颈椎点测量至右肩端点的距离。

前胸宽为 30，即左右前腋点之间的距离。

后背宽为 31，即左右后腋点之间的距离。

前胸围宽为 35.4，即从左右前腋点向胸围线作垂线（见 P21 页前胸围宽的测量方法），两个垂足之间的距离。

后胸围宽为 29.8，即从左右后腋点向胸围线作垂线（见 P21 页后胸围宽的测量方法），两个垂足之间的距离。

乳距为 17.5，即左右 BP 点之间的距离。

第三节　人台标记线

由于在人台上的立体裁剪操作基本不用尺规，因此人台上的标记线就是立体裁剪设计的依据，也是服装的结构线。标记线的准确性会直接影响到服装的合体性。人台上标记线尺寸的设定可以参考第二节中的“人体测量”部分，标记线的尺寸应该和平面裁剪的测量尺寸保持一致。

标记线可以分为两种，一种是人台的基准线，另一种是款式设计线，如图 1-5 所示。款式设计线是根据款式自行设计的参照线，每个款式都不尽相同，而人台的基准线是有规则的，以下将具体介绍人台的基准线的标记方法。

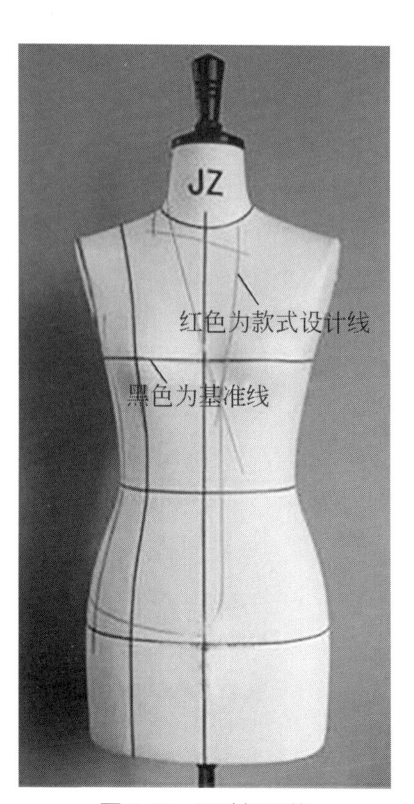

图 1-5　两种标记线

一、人台基准线标记部位

基准线的标记部位有纵向标记线、横向标记线、弧向标记线等。

纵向标记线包括：前、后中心线，侧缝线，前、后公主线，前侧垂直线、后侧垂直线。

横向标记线包括：胸围线、腰围线、臀围线、背宽线。

弧向标记线包括：颈围线，袖窿弧线。

二、人台基准线标记方法

<table>
<tr><td>前后中心线</td><td>用皮尺分别量取后肩的宽度 38cm 和前肩的宽度 36cm，找到各自的中点，从中点向下作铅垂线。退后一些观察此线是否与地面垂直，确认无误后用大头针将前后标记线固定好</td><td>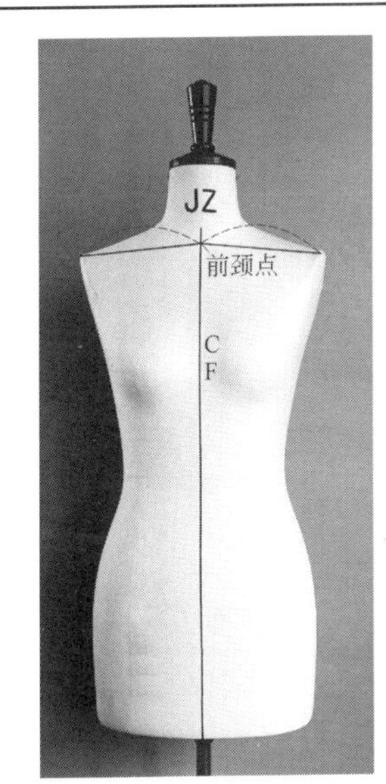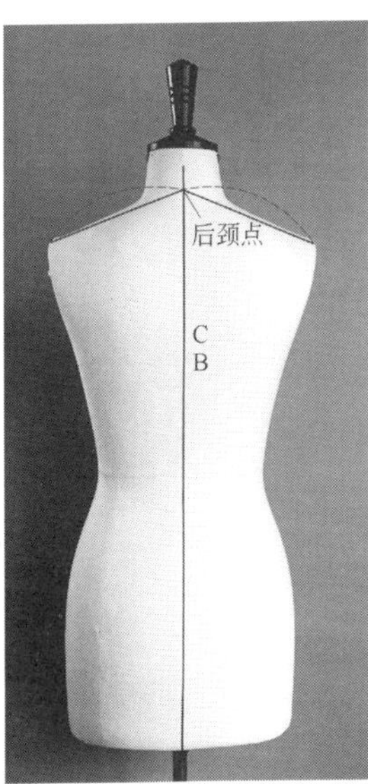</td></tr>
<tr><td>胸围线</td><td>从颈侧点量至胸部最突出位置，保证尺寸为 25.2cm（净体尺寸 24.5cm+0.7cm 松量），确定好胸点。沿左右胸点水平围绕一周为胸围线，胸围的参考尺寸为 84cm</td><td>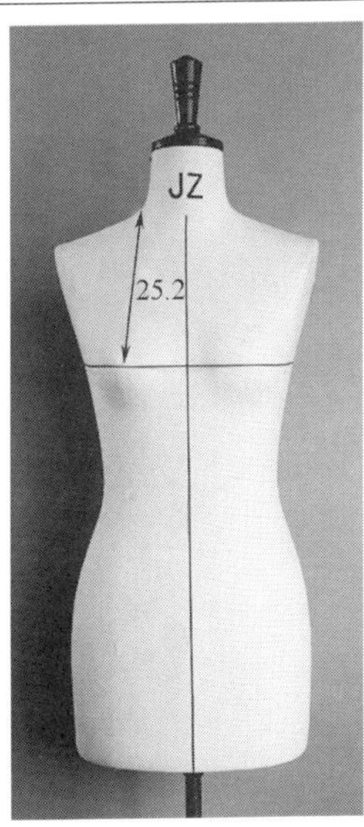</td></tr>
<tr><td>腰围线</td><td>从后颈点向下量取背长 38cm 为腰围位置，水平围绕一周为腰围线。腰围线的参考尺寸为 66 ～ 68cm</td><td>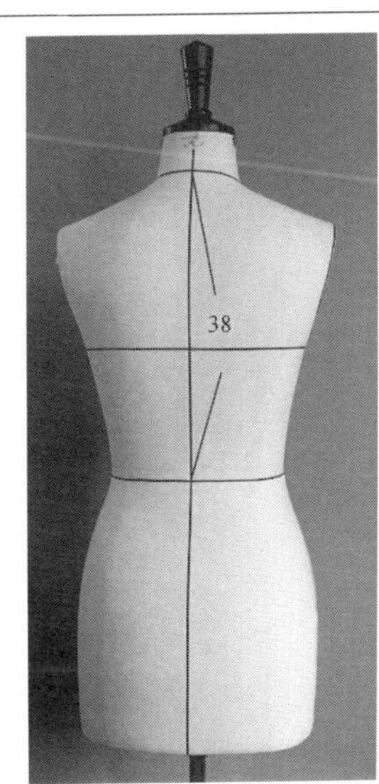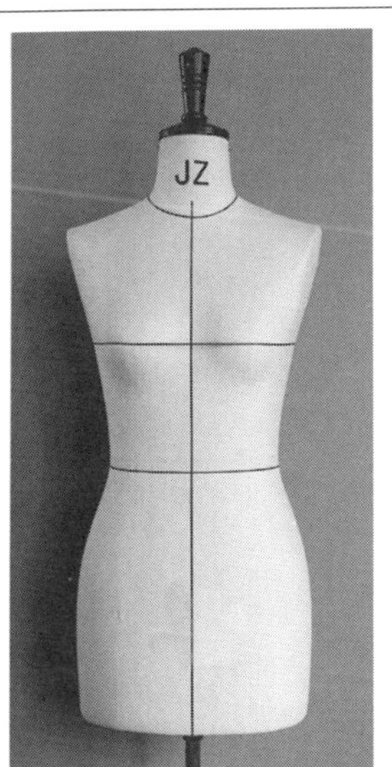</td></tr>
</table>

续表

<table>
<tr><td>臀围线</td><td>从腰围线向下量取 18 ～ 20cm 为臀围线位置，水平围绕一周为臀围线，臀围的参考尺寸为 90cm</td><td>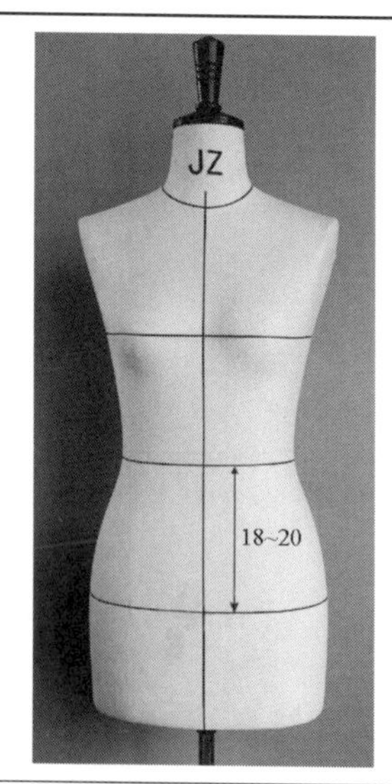</td></tr>
<tr><td>领围线</td><td>沿颈根标记一周，从侧面看领圈呈现前低后高的状态。领围的参考尺寸为 36cm</td><td>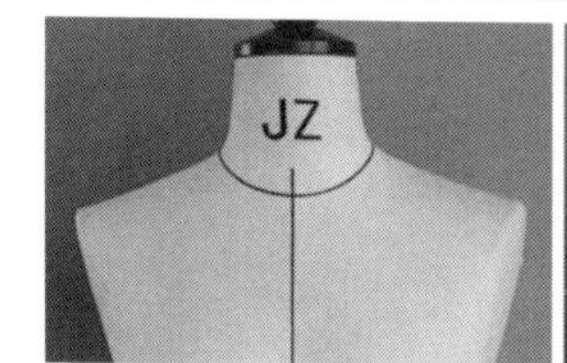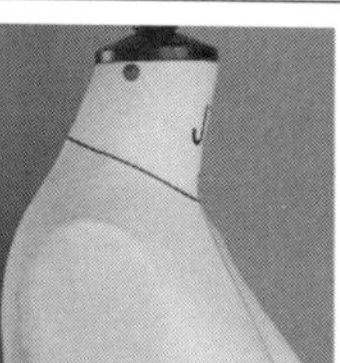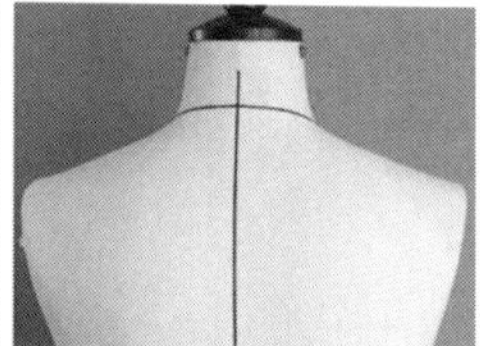</td></tr>
<tr><td>小肩与侧缝线</td><td>颈侧点：脖颈厚度（A ～ B 的距离）的中点向后移动 0.7cm
肩端点：前后躯干的交界线与肩部袖窿交界线的交点处
侧腰点：W/4 向后移动 0.5 ～ 1cm
将以上三点连接，线条要圆顺；由侧腰点向下需要作铅垂线，小肩与侧缝线为顺畅的一条线</td><td>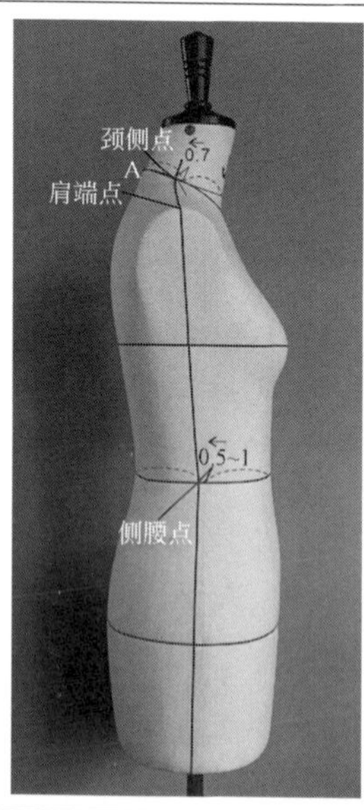</td></tr>
<tr><td>袖窿线</td><td>经过 4 个点：肩端点、前腋点、后腋点、袖窿底点。前后腋点为前后转折面的拐点，袖窿深点距胸围线 1.5cm。袖窿圆高在 14 ～ 14.5cm，袖窿宽为 10 ～ 10.5cm</td><td>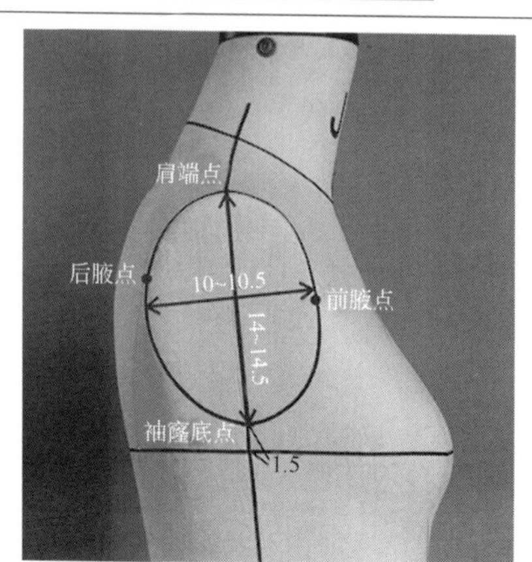</td></tr>
</table>

续表

<table>
<tr>
<td>前后公主线</td>
<td>与侧缝线相同，前后公主线也是圆顺的一整条线且经过人体各个面的结构转折处
参考尺寸：前公主线在腰围处距前中心 7.5cm，在臀围处距前中心 9.5cm，后公主线在腰围处距后中心 7.8cm，在臀围处距后中心 10cm。前后公主线以美观且合理为标准，以上尺寸仅为参考</td>
<td>
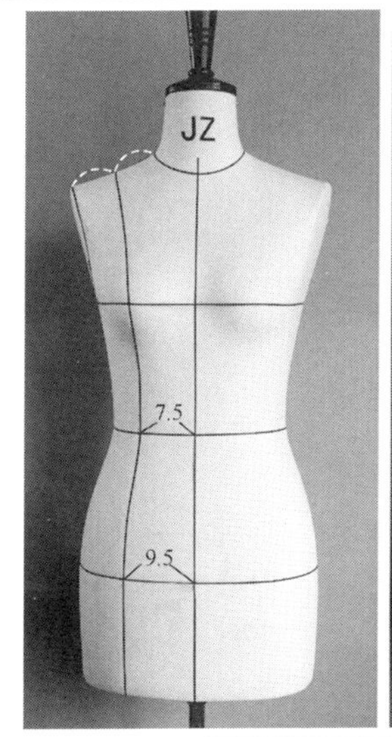

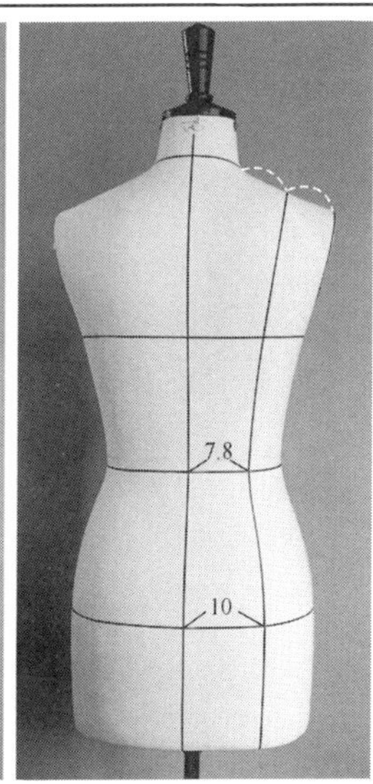

</td>
</tr>
<tr>
<td>前侧垂直线、后侧垂直线</td>
<td>前侧垂直线：从侧缝和前公主线的中点向上和胸围线垂直，向下和臀围线垂直
后侧垂直线：从侧缝和后公主线的中点向上和胸围线垂直，向下和臀围线垂直
这两条线没有标准的贴法，可以根据自己对人体结构的理解与感觉确定，只要各个面结构合理且美观，大小比例恰当即可</td>
<td>
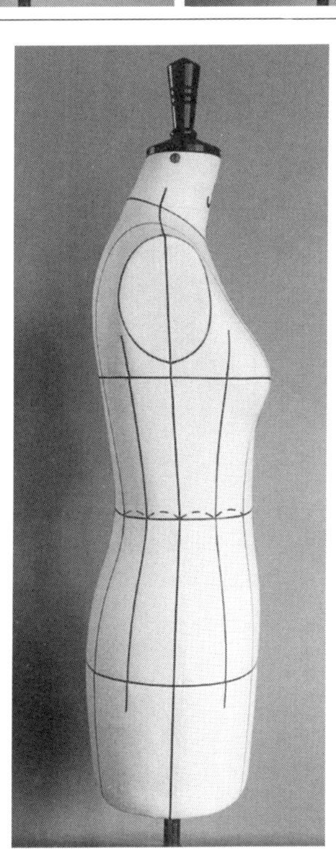
</td>
</tr>
</table>

第四节 礼服用原型

一、礼服用上装原型

礼服用上装原型体现了人体腰围以上部分平面展开的基本结构，它区别于人体体表的平面展开，是被高度概括并加入一定放松量的、具有可操作性的平面展开结构图。

上装原型是上装版型变化的基础，反映了人体与平面纸样之间的结构关系，在此基础上通过适度变化即可得到各种风格和廓形的礼服，甚至包括衬衫、上衣、西装、马甲或大衣，具有广泛的应用基础。

1. 款式描述和规格尺寸

款式描述

此款原型为箱形原型，即胸围线保持水平，胸围线上的多余面料在肩线上收取一个省道

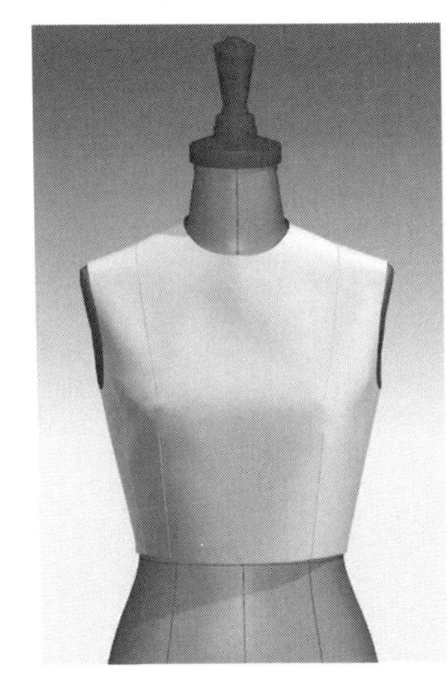

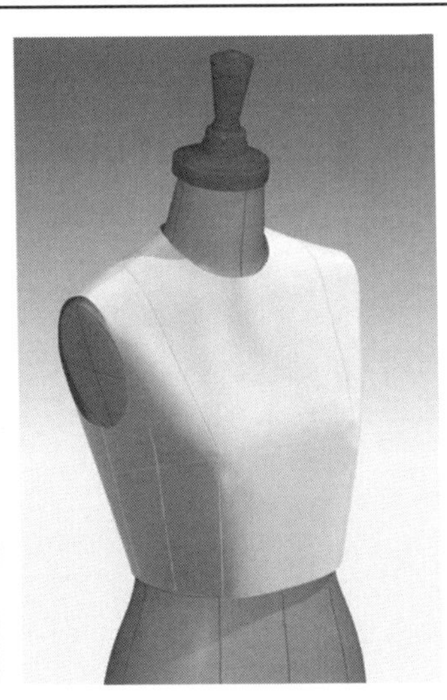

规格尺寸

名称	胸围	腰围	肩宽	背长	腰长	乳高	袖窿深	前胸围宽	后胸围宽	袖窿宽	乳间距
净体尺寸	84	66	38	38	18	24.5	20.9	17.7	14.9	9.4	17.5
松量	10.4	4				0.7	0.5	0.9	2.9	1.4	0.5
制板尺寸	94.4	70	38		18	25.2	21.4	18.6	17.8	10.8	18
损耗	4.4										
成品松量	6	4									
成品尺寸	90	70									

2. 绘图步骤

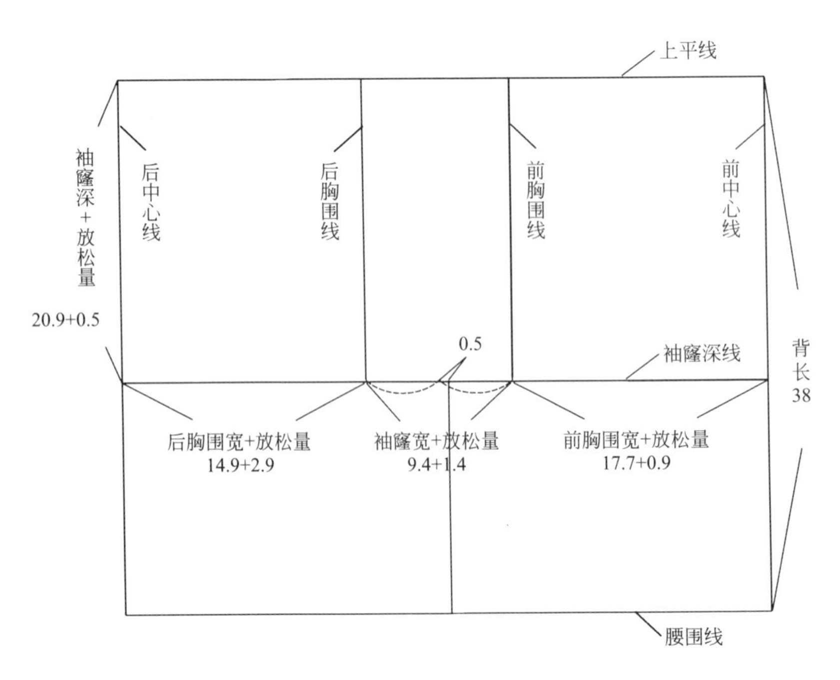

① 绘制基础框架：按照尺寸绘制 5 条垂直线，即后中心线、后胸围线、前胸围线、前中心线、侧缝线；3 条水平线，即上平线、袖窿深线、腰围线。

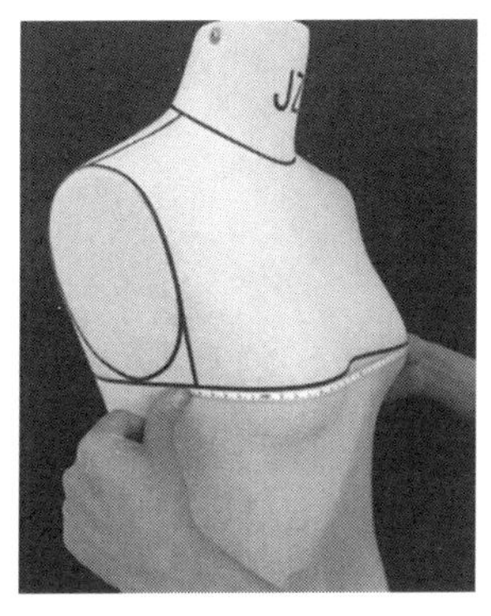

前胸围宽的测量方法

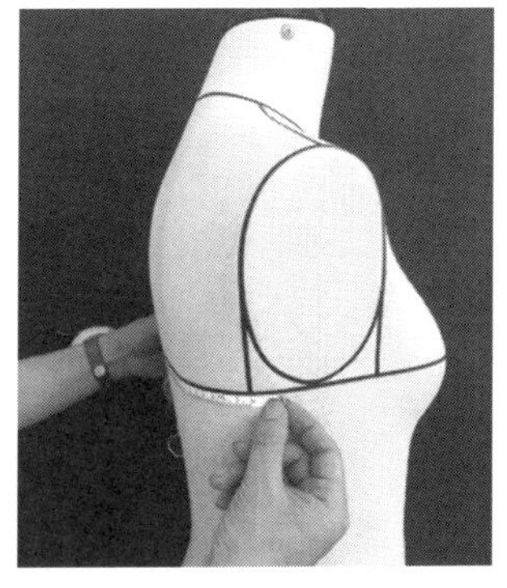

后胸围宽的测量方法

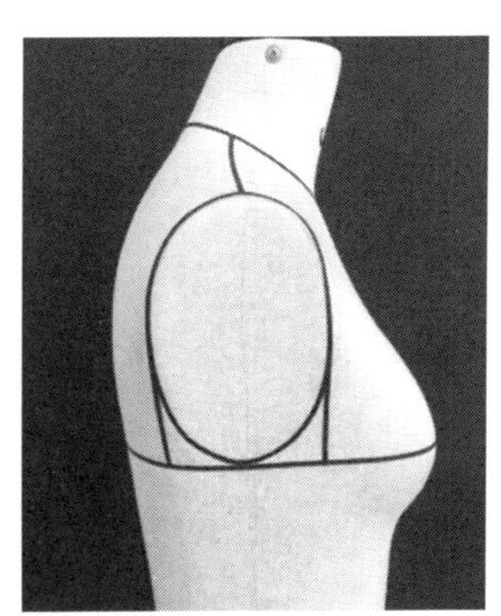

袖窿宽的测量方法

前胸围宽的测量方法是指从左、右前腋点向胸围线作垂线，两个垂足之间的距离；后胸围宽的测量方法是指从左、右后腋点向胸围线作垂线，两个垂足之间的距离；袖窿宽的测量方法是指右前腋点到右后腋点之间的距离

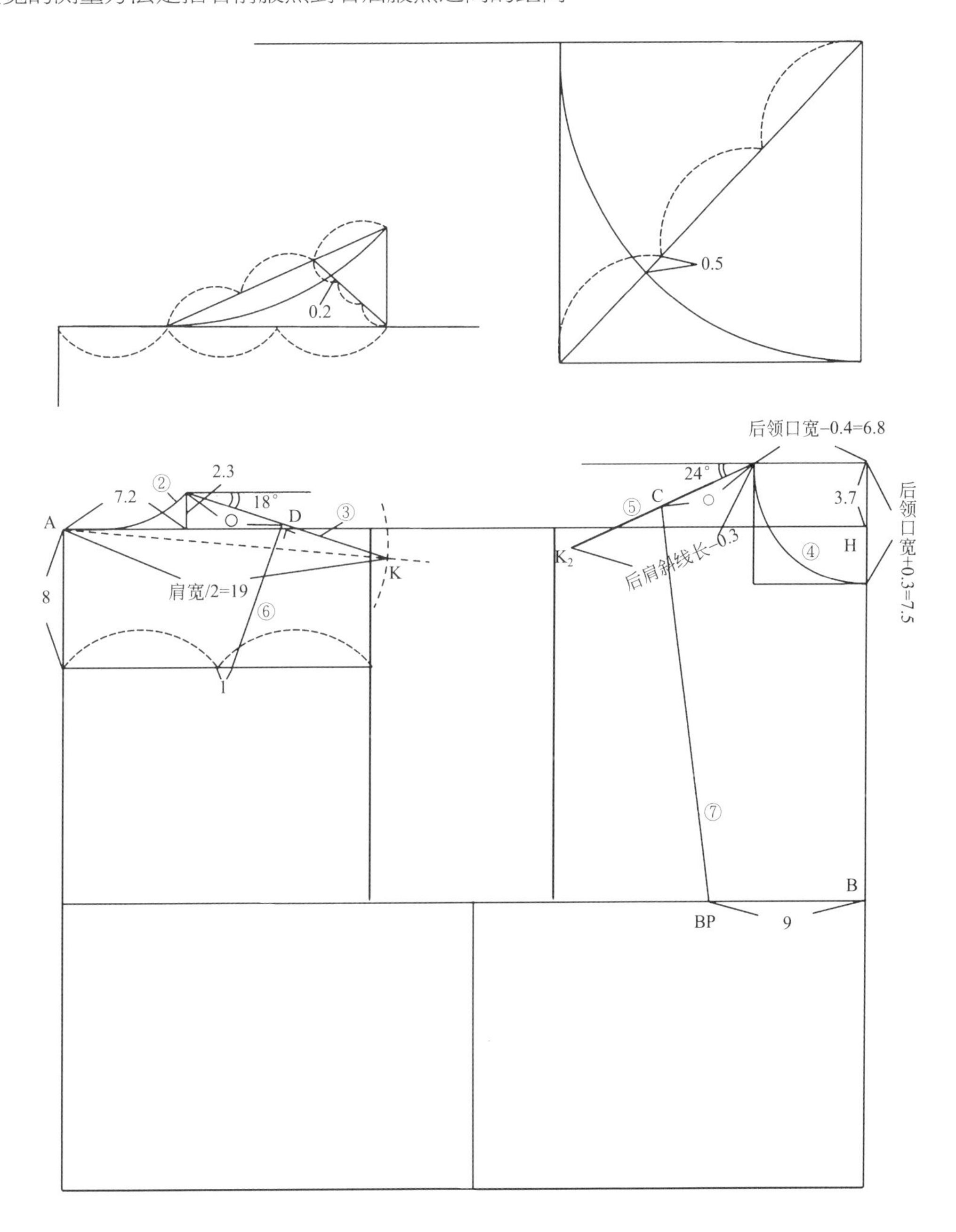

② 绘制后领口弧线：取后领口宽 7.2cm，向上取后领口深 2.3cm，用圆顺的曲线绘制后领口弧线。

③ 绘制后肩斜线：后肩斜线与水平方向呈 18° 夹角，从 A 点以肩宽 /2 的长度为半径画圆弧，与肩斜线交于 K 点。

④ 绘制前领口弧线：由于 B ～ H 长为袖窿深 21.4cm，和乳高尺寸 25.2 差 3.7cm，故从 H 点垂直向上 3.7cm 作水平线，取后领口宽 −0.4cm 为前领口宽，向下取后领口宽 +0.3cm 为前领口深，用圆顺的曲线绘制前领口线。

⑤ 绘制前肩斜线：前肩斜线和水平方向呈 24° 夹角，长度为后肩斜线长 −0.3cm。

⑥ 确定后片肩省的位置：后肩省省尖点为背宽的中点向侧缝方向偏移 1cm，从此点向肩斜线作垂线于 D，D 到后颈侧点的距离为○。

⑦ 确定前片胸省位置：BP 距前中线 9cm，从 BP 点向上作斜线和前肩线相交于 C，使得 C 到前颈侧点的距离也为○。

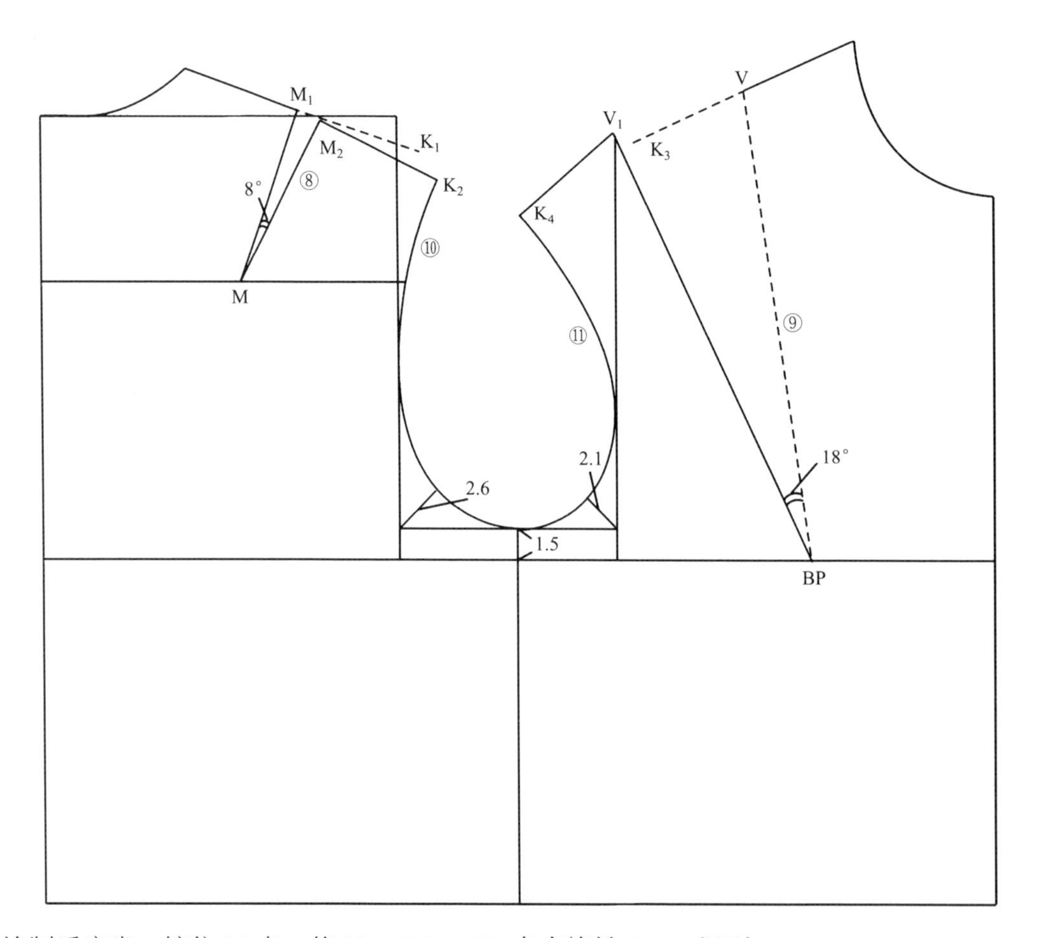

⑧ 绘制后肩省：按住 M 点，将 M ～ M_1 ～ K_1 向右旋转 8° ，得到 M ～ M_2 ～ K_2。

⑨ 绘制前胸省：按住 BP 点，将 BP ～ V ～ K_3 向左旋转 18° ，得到 BP ～ V_1 ～ K_4。

⑩ 绘制后袖窿弧线。

⑪ 绘制前袖窿弧线。

⑫ 绘制后中省 f：在腰围线上收 1cm，此量是个定值。

⑬ 绘制侧缝省 c：在侧缝线上收 1.5cm 的省道，此量也是个定值。

⑭ 绘制 a、b、d、e 省：

a、b、d、e 省的总省量 = 总胸围尺寸 /2− 总腰围尺寸 /2−1(f 省)−1.5（c 省）=94.4/2−70/2−1−1.5=9.7cm

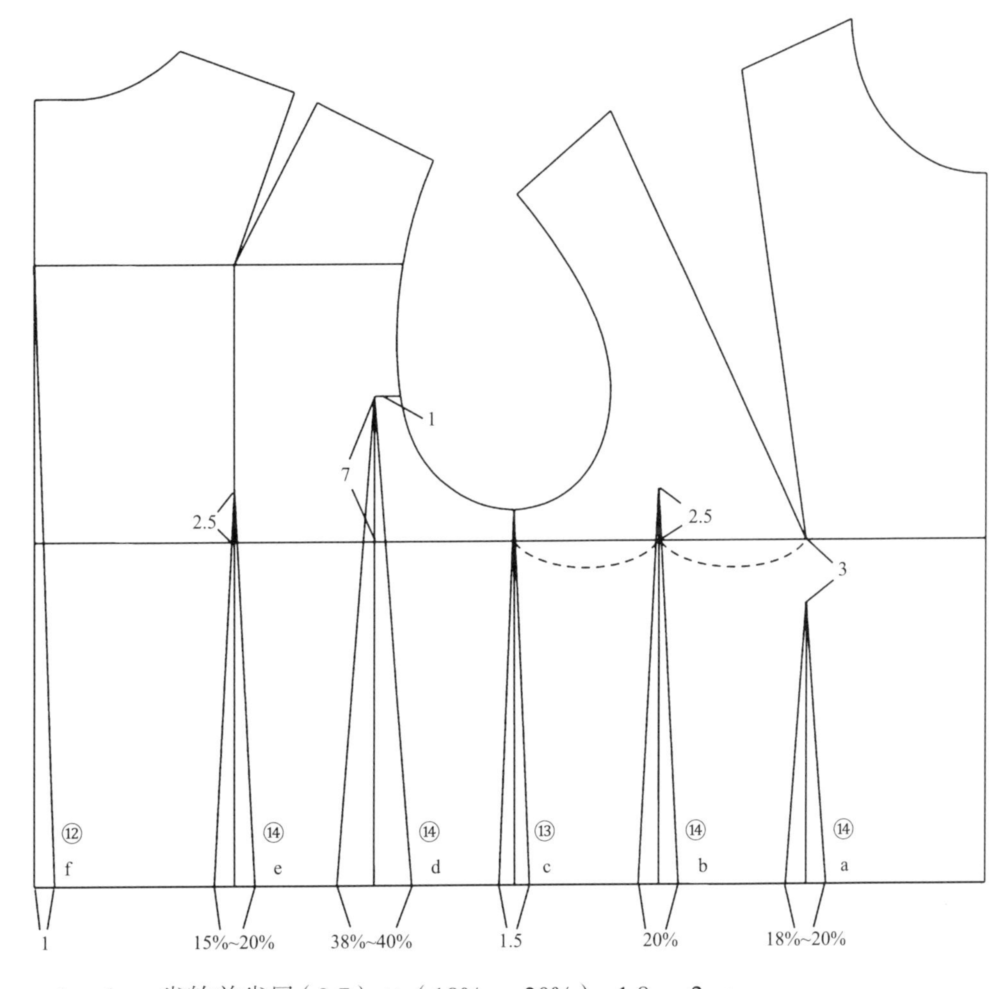

a 省 =a、b、d、e 省的总省量（9.7）×（18% ～ 20%）=1.8 ～ 2cm

b 省 =a、b、d、e 省的总省量（9.7）×20%=1.9cm

d 省 =a、b、d、e 省的总省量（9.7）×（38% ～ 40%）=3.9cm

e 省 =a、b、d、e 省的总省量（9.7）×（15% ～ 20%）=1.5 ～ 1.9cm

二、礼服用裙原型

1. 款式描述和规格尺寸

款式描述	整体廓形呈H形，比较合体，裙摆为直筒状；前后腰部各设2个腰省，裙长至膝盖上5cm左右	

续表

	名称	腰围	臀围	裙长	腰宽
规格尺寸	人体尺寸	66	90	58（腰围至膝围）	
	松量	2	4		
	成品尺寸	68	94	53（膝围线上 5cm）	4
	腰围	人体进食、蹲坐等动作会引起腰部尺寸的变化，如果使用无弹性的机织面料，在腰围处应该加上一定的放松量，使腰部增加活动的空间。但腰围的松量不宜过多，若松量过多，静止状态时裙装外形不够美观。一般情况下，裙腰线与人体腰节位置吻合时腰围放松量为 0 ～ 2cm			
	臀围	当人体坐、蹲时，皮肤随动作发生横向变形使围度尺寸增加，因此使用无弹性的机织面料，在臀围处必须加上一定的放松量。经试验得到在此种状态下臀围会扩大 3 ～ 4cm，因此礼服用原型在臀围处加上 4cm 放松量			
	裙长	设定礼服用原型的裙长在膝盖上 5cm 左右。160/84A 号型从腰围线到膝围线的距离为 58cm，因此裙长为 58−5=53cm			

2. 绘图步骤

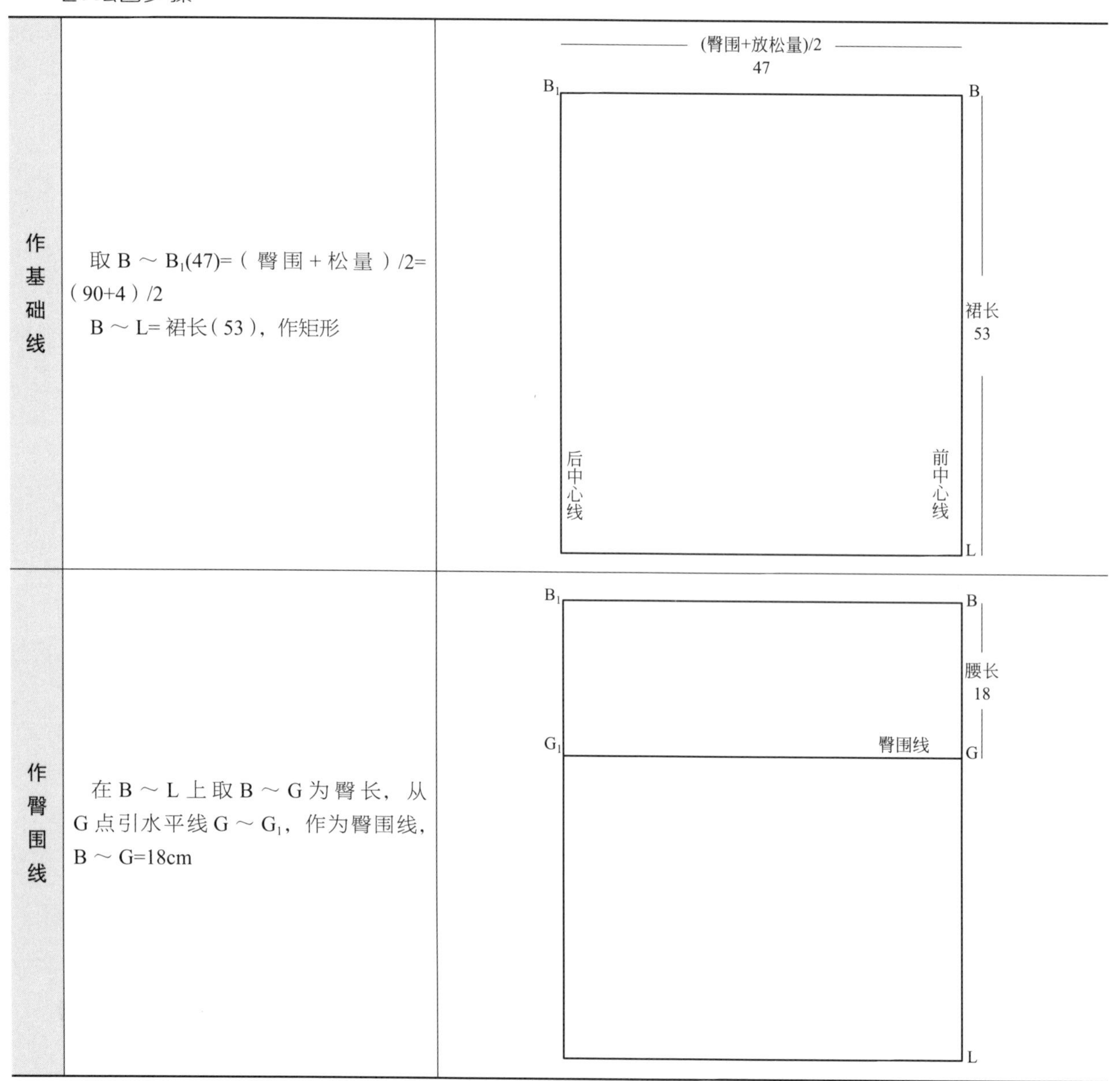

作基础线	取 B ～ B_1(47)=（臀围＋松量）/2=（90+4）/2 B ～ L= 裙长（53），作矩形
作臀围线	在 B ～ L 上取 B ～ G 为臀长，从 G 点引水平线 G ～ G_1，作为臀围线，B ～ G=18cm

续表

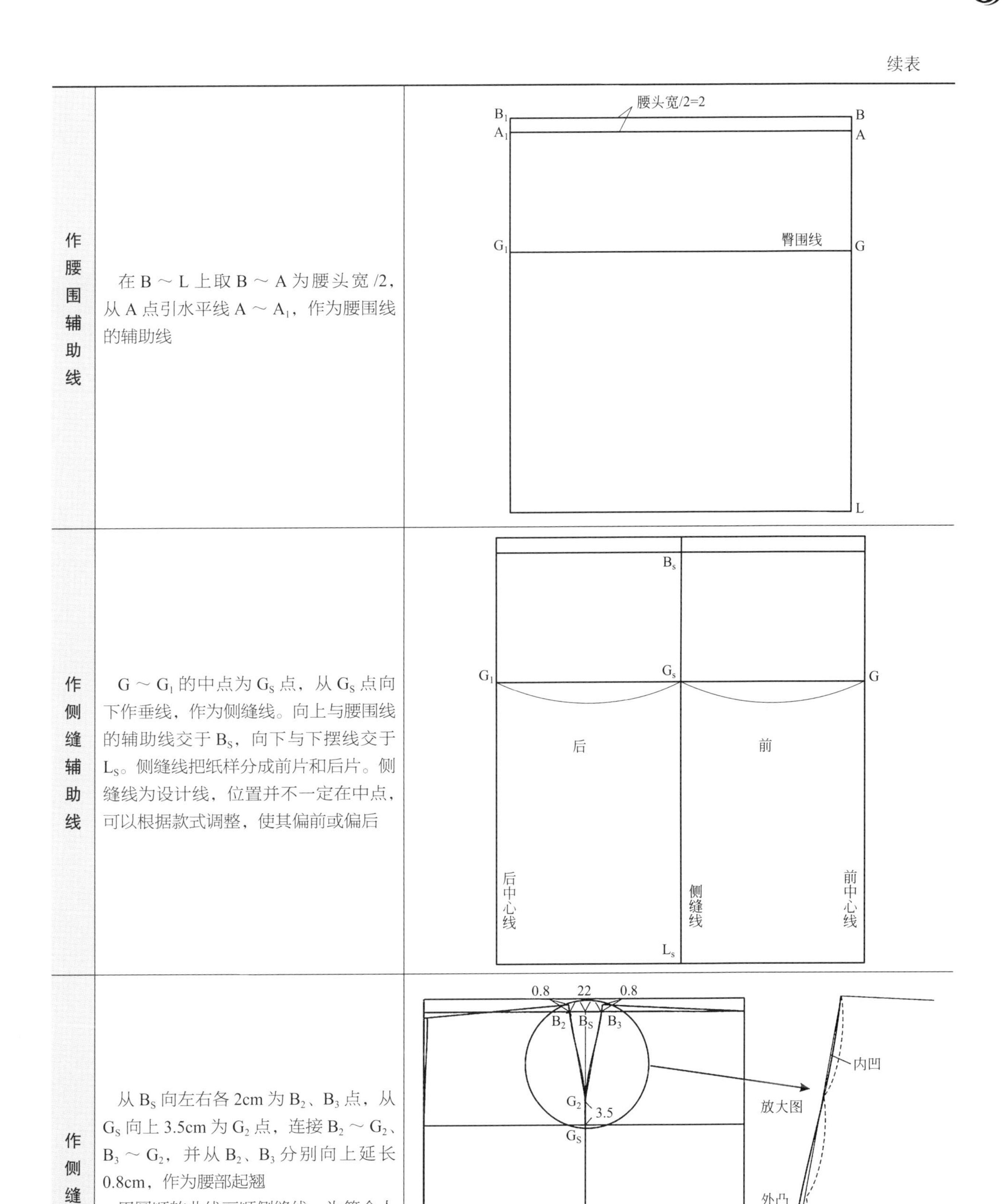

作腰围辅助线	在 B ～ L 上取 B ～ A 为腰头宽 /2，从 A 点引水平线 A ～ A_1，作为腰围线的辅助线
作侧缝辅助线	G ～ G_1 的中点为 G_S 点，从 G_S 点向下作垂线，作为侧缝线。向上与腰围线的辅助线交于 B_S，向下与下摆线交于 L_S。侧缝线把纸样分成前片和后片。侧缝线为设计线，位置并不一定在中点，可以根据款式调整，使其偏前或偏后
作侧缝线	从 B_S 向左右各 2cm 为 B_2、B_3 点，从 G_S 向上 3.5cm 为 G_2 点，连接 B_2 ～ G_2、B_3 ～ G_2，并从 B_2、B_3 分别向上延长 0.8cm，作为腰部起翘 用圆顺的曲线画顺侧缝线。为符合人体侧面的曲线造型，侧缝线上 1/3 部分曲线内凹，下 2/3 部分曲线外凸

续表

<table>
<tr><td>作腰口弧线</td><td>从 A_1 点向下 1cm，再向侧缝方向 0.5cm 为 A_2 点，用圆顺的曲线连接 A_2 ～ B_4，作为后腰口弧线。用圆顺的曲线连接 A_2 ～ G_1，作为后中心线。用圆顺的曲线连接 B_5 ～ A，作为前腰口弧线</td><td>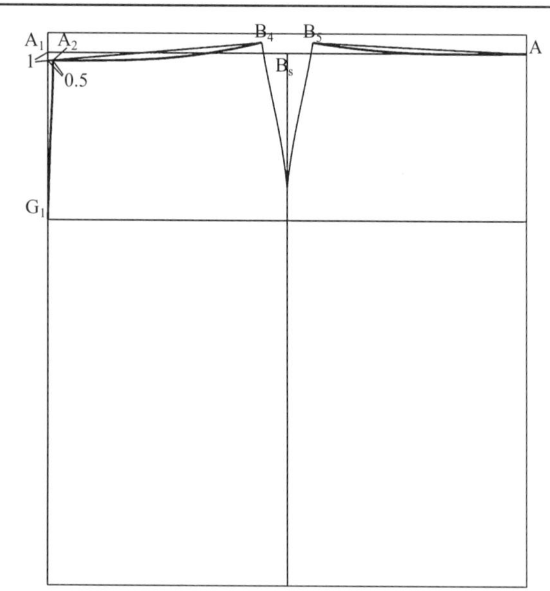</td></tr>
<tr><td>作前中省</td><td>在 A ～ B_5 上量取腰围 /4+1=A ～ T，T ～ B_5 作为前腰的省量，按如下方法分配：
（T ～ B_5）×55%= 前中心省
（T ～ B_5）×45%= 前侧缝省
T ～ B_5（3.5）=（A ～ B_5）−（腰围 /4+1）=21.5−（68/4+1）=21.5−18
T ～ B_5（3.5）×55%= 前中心省 =2
T ～ B_5（3.5）×45%= 前侧缝省 =1.5
A ～ B_5 的中点作 A ～ B_5 的垂线，作为前中心省的省中线，省尖距离臀围线 8cm。省道大小 2cm，绘制省边线</td><td>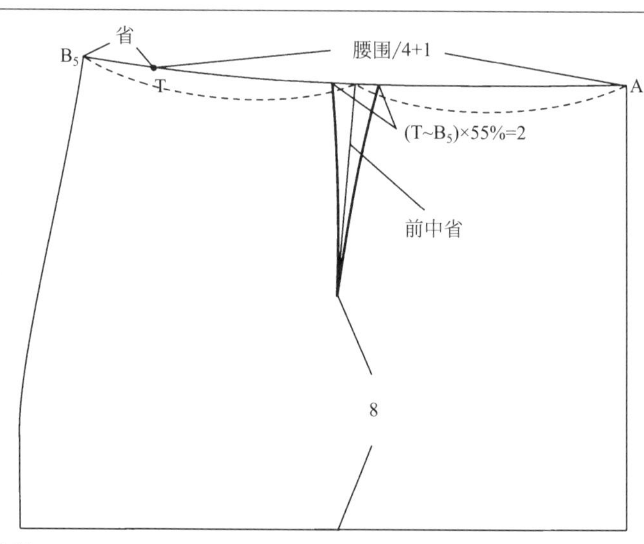
注意：
· 前片省量小于 2.5cm 时可以设计单省道，否则设计双省道
· 根据人体腹部突出的体型特点，省边线稍向内弧</td></tr>
<tr><td>作前侧省中线</td><td>从 B_5 ～ B_6 的中点作腰口弧线的垂线，作为前腰侧省的省中线
C_1 为 B_5 ～ G_2 的中点，连接 C_1 ～ O_1，前侧省的省中线和 C_1 ～ O_1 相交</td><td>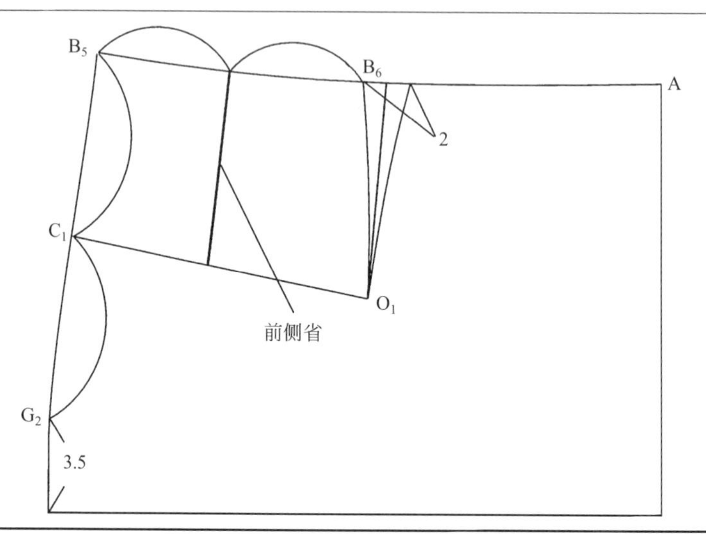</td></tr>
</table>

续表

画前侧省	前侧省 1.5cm，省边线上 1/3 部分稍外凸，下 2/3 部分稍内弧	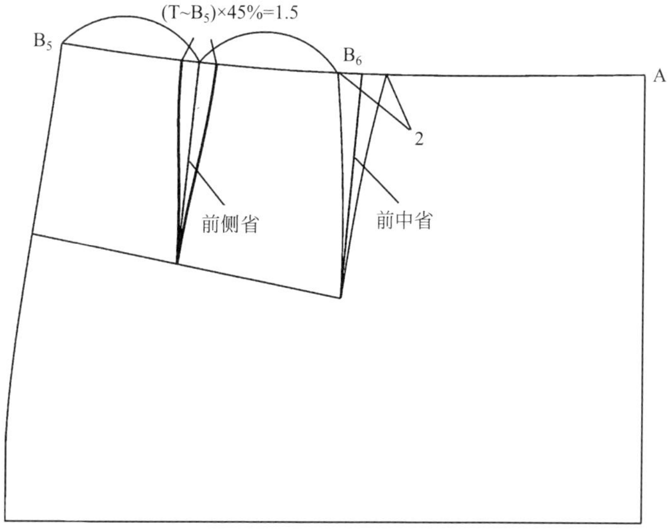 $(T\sim B_5)\times45\%=1.5$ B_5 B_6 A 2 前侧省 前中省
作后中省	在 $A_1\sim B_4$ 上量取腰围 /4−1= $A_1\sim T_1$，$T_1\sim B_4$ 作为后腰的省量，按如下方法分配： $T_1\sim B_4$（5.6）=（$A_1\sim B_4$）−（腰围 /4−1）=21.6−（68/4−1）=21.6−16 $T_1\sim B_4$（5.6）×55%= 后中省（3.1） $T_1\sim B_4$（5.6）×45%= 后侧省（2.5） 从 $A_1\sim B_4$ 的中点作 $A_1\sim B_4$ 的垂线，作为后中省的省中线，省尖距离臀围线 5cm。省道尺寸 3.1cm，绘制省边线	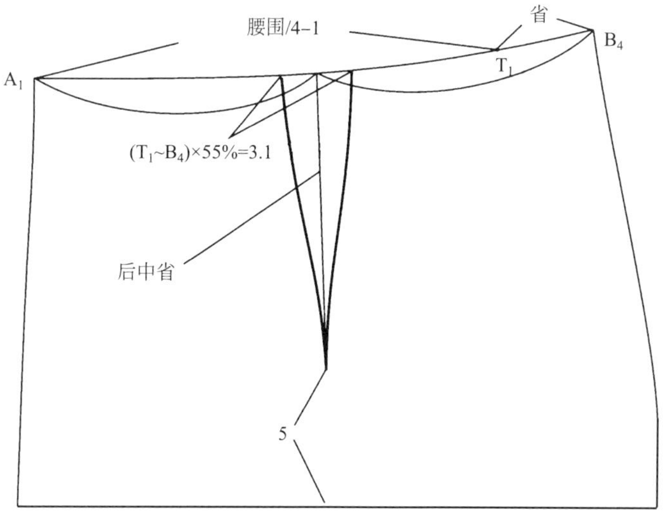 腰围/4−1 省 B_4 T_1 A_1 $(T_1\sim B_4)\times55\%=3.1$ 后中省 5 注意： • 后片省量小于 3.5cm 时可以设计单省道，否则设计双省道 • 根据人体臀部突出的体型特点，省边线上 1/2 部分稍外凸，下 1/2 部分稍内弧
作后侧省中线	从 $B_4\sim B_7$ 的中点作腰口弧线的垂线，作为后侧省的省中线。连接 $O_2\sim C_2$，省中线和 $O_2\sim C_2$ 相交	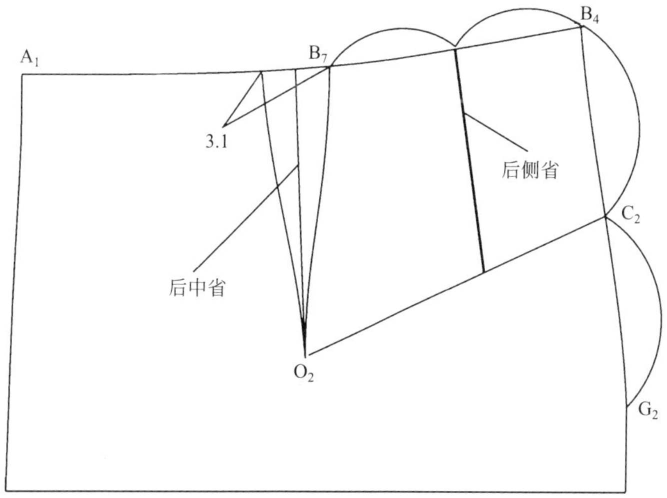 A_1 B_7 B_4 3.1 后侧省 C_2 后中省 O_2 G_2

续表

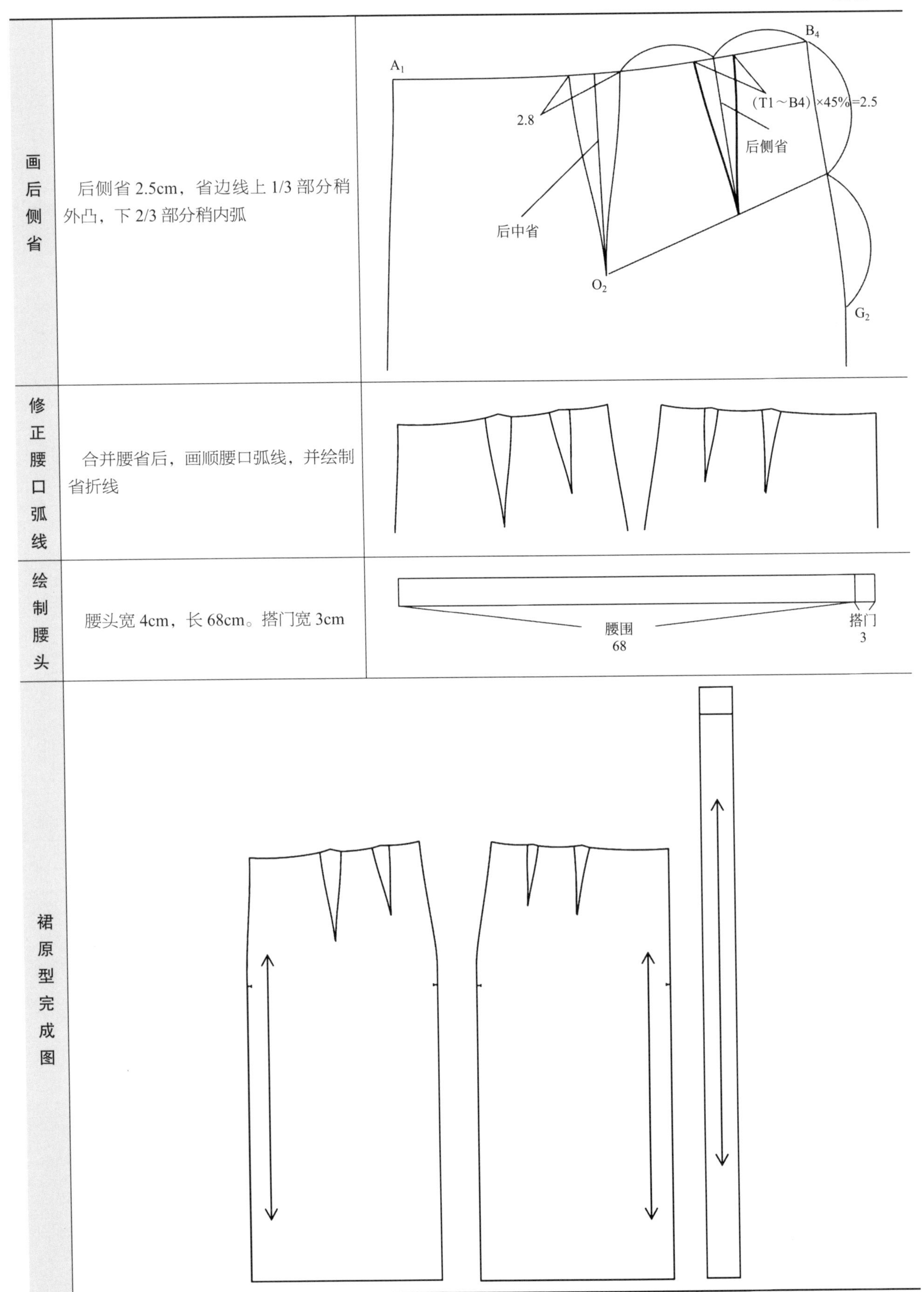

画后侧省	后侧省 2.5cm，省边线上 1/3 部分稍外凸，下 2/3 部分稍内弧	
修正腰口弧线	合并腰省后，画顺腰口弧线，并绘制省折线	
绘制腰头	腰头宽 4cm，长 68cm。搭门宽 3cm	
裙原型完成图		

三、平面纸样的检验

平面纸样的检验主要包括检验长度和检验对合拼接部位是否圆顺。

检验长度	检验所有缝合线的关系是否正确。有的缝合线要等长，比如省的两条省边线、侧缝线；有的缝合线中包含缩缝量，就要看两条线的关系是否正确，比如前后肩线，缝合时后肩线中有 0.3cm 的缩缝量等。	
检验对合拼接部位是否圆顺	当两个衣片缝合在一起时，所有的拼合接缝处都需要修圆顺，比如前后片领口弧线、袖窿的肩端点、腋下部分、下摆线等。有省道的位置，需要把省道折叠起来再修顺	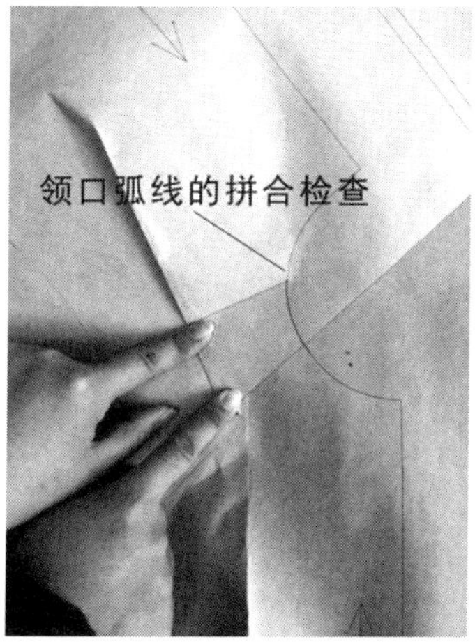 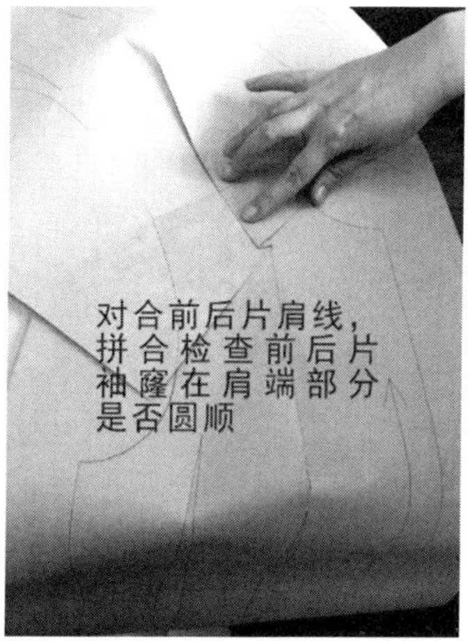 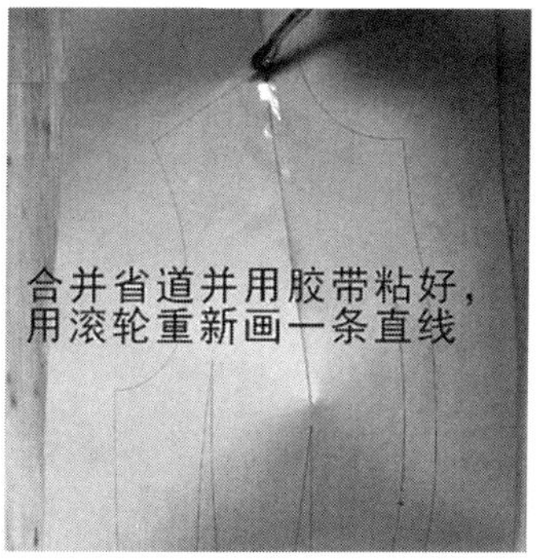 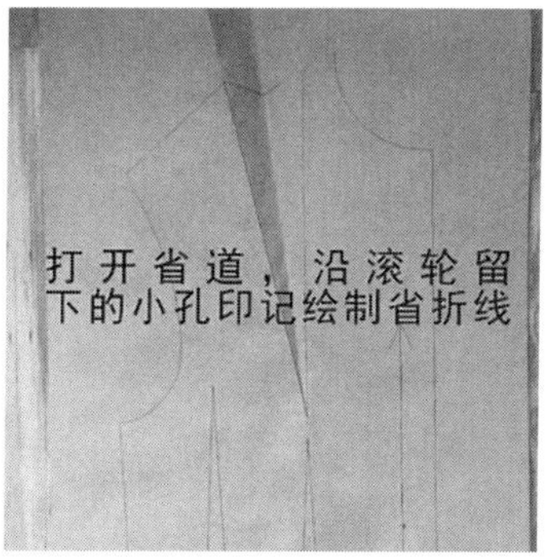

四、坯布试样

坯布试样是纸样设计必不可少的一个环节，制作坯布样衣可以帮助样板师确认纸样是否符合设计或款式图，还可以帮助样板师做必要的调整。制作坯布样衣要选择和最终制作的服装面料类似的织物，通常采用白棉布。白棉布价格合理，而且有不同厚度的棉布可以选择。样衣制作完成后，通常在人台或真人上试穿。

（1）检验长度　分别从正面、后面、侧面观察服装长度是否一致。

（2）检验松量　检查胸围、腰围、臀围松量是否合适，前宽、后宽是否合适。

（3）检验前后中心线　前后中心线应该垂直于地面。如果出现歪斜，有可能是裁剪时纱向没有对正。

（4）检验领口　检查颈侧点和人体颈部两侧的距离是否合适。

（5）检验肩线　观察肩线的位置和预想的位置是否偏离太多。

（6）检验袖窿　在人台上试样时，观察袖窿开深的位置是否合适；请模特试样时，观察当手臂运动时，是否有不舒服的感觉。

（7）省道　观察人体的胸部是否绷紧或留的空间太大。省道太大会出现绷紧的效果，省道太小，会在胸部产生余量。适当调整省道大小，使服装更平服地穿在人体上。

第二章　旗袍结构与纸样设计实例

旗袍，作为中式礼服的典型款式，渗透着东方古老文明典雅、简朴、含蓄的独特气质。具有独特风格的旗袍是在我国少数民族满族妇女服饰的基础上演变而来的，它的独特造型和所体现出来的结构含蓄、简洁素雅的风格被世人所瞩目。由于它衬托了中国女人轻盈、秀美的自然体态、显示了东方女性的端庄大方，成为具有东方文化特色的标志性服装。

第一节 旗袍的结构与纸样

一、款式分析

款式分析	款式图片
旗袍的款式是相对稳定的：整体廓形为S形，立领、右衽大襟、两侧开衩，前片有腰省和胸省，后片有腰省和肩省。此款式属于标准旗袍，旗袍的长度到膝盖，上袖，单襟，圆立领	

二、尺寸分析

旗袍的尺寸分析见表2-1。

表2-1 旗袍的尺寸分析

部位	说明	尺寸
衣长	根据款式图，成品衣长在膝盖附近。160cm身高的人体从后颈点到膝盖的长度为95cm，此款衣长设定为95cm	95cm
胸围	礼服原型的胸围尺寸为90cm，由于此款旗袍非常合体，因此在原型胸围的基础上再减少4cm	原型 −4cm=86cm
腰围	礼服原型腰围尺寸为70cm，属于合体型，符合此款式旗袍的松量要求，故腰围尺寸保持不变	70cm
臀围	160/84A号型的臀围尺寸为90cm，加4.4cm的松量	94cm

续表

部位	说明	尺寸
袖窿深	此款属上袖，因此袖窿深在原型袖窿深的基础上向下挖 1.5cm	原型 +1.5cm=22.9cm
领口线	旗袍的立领属于合体型，前领深上抬 0.3cm，后领深上抬 0.5cm	
立领高	领高为颈长的 1/2 ～ 2/3，160/84 号型的人体颈长为 7cm。所以，此款领高取 2/3 的颈长，设为 4.5 ～ 5cm	4.5 ～ 5cm

三、制图步骤

1. 衣身制图

复制上装原型，将前后片的胸围线对齐，并排放好。

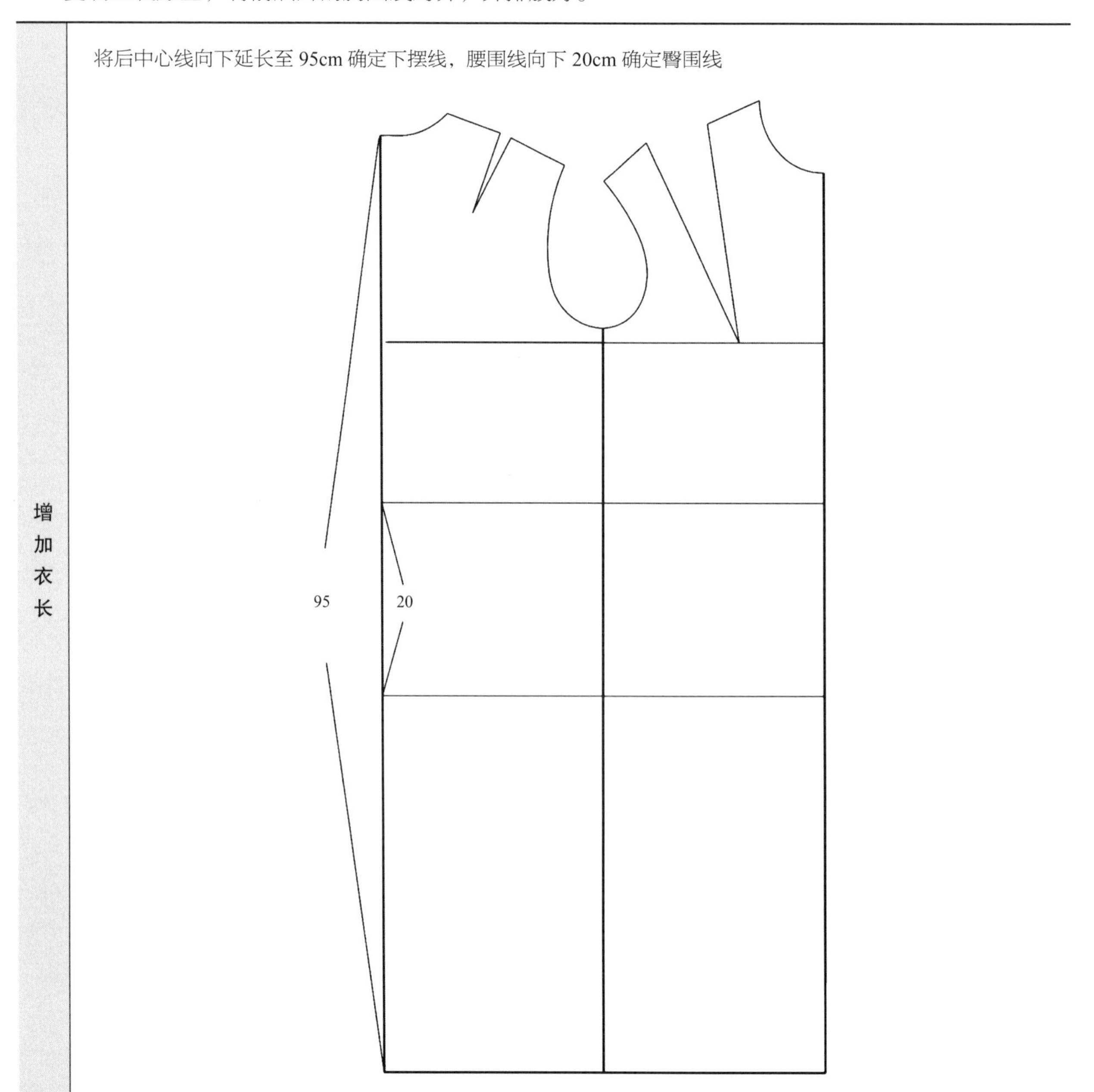

续表

绘制侧缝线	① 从袖窿底在前后片胸围线上各收 1cm，作侧缝线的平行线，即将胸围尺寸在原型的基础上减少 4cm ② 在前后片腰围线上各收进 1.5cm ③ 臀围尺寸不变 ④ 臀围线下侧缝线的画法： 臀围线向下 5cm 为 A 点，臀围线向下 22cm 为开衩位置 B 点，从 B 点向内侧 1.2cm 为 C 点，连接 A ～ C，并延长至下摆为 D 点；把 A ～ C ～ D 修成外弧线。连接 H ～ A，此段为直线 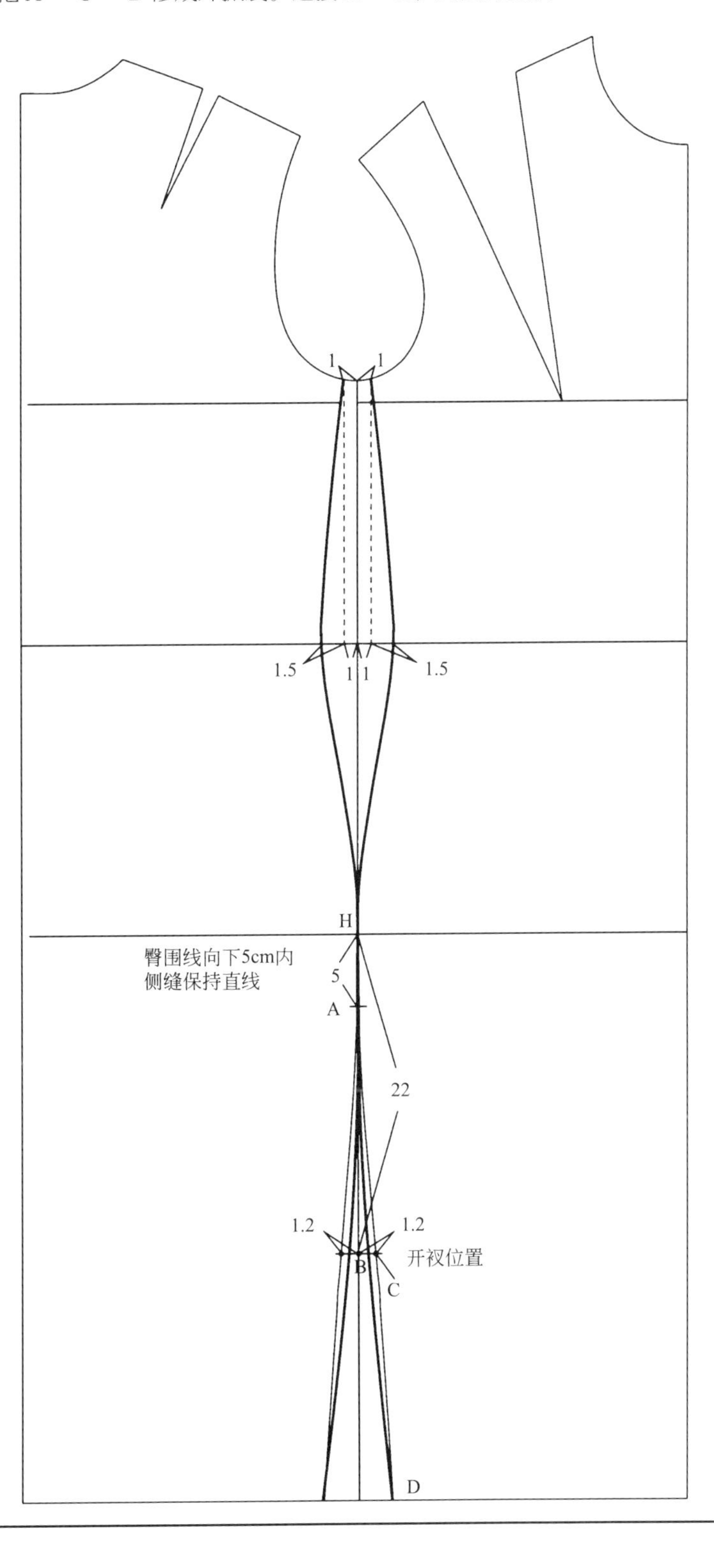

续表

调整袖窿弧线	因为此款绱袖，袖窿深要在原型的基础上向下加大 1.5cm，增加活动量 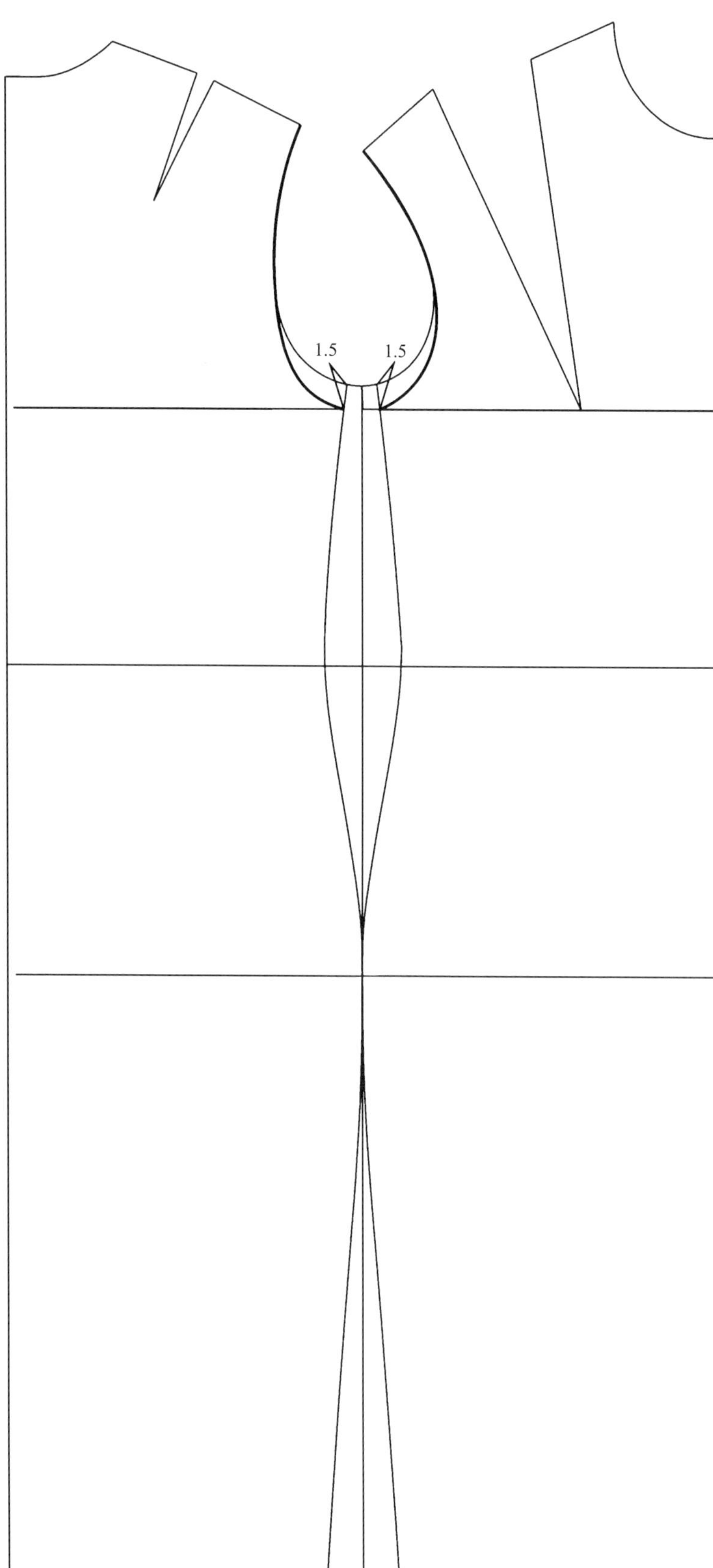

续表

设定前片侧缝省位置及后肩省的分散	① 根据款式设计，需要把前片肩省转移到侧缝位置。侧缝省在腰围线向上 1.5cm 处 ② 后片肩省量分散 0.2 ～ 0.3cm 到后领口作为领口松量，故把省尖和后领口 1/3 处连接，作为要转移的省道线。后肩省省尖向侧缝方向移动 1.5cm 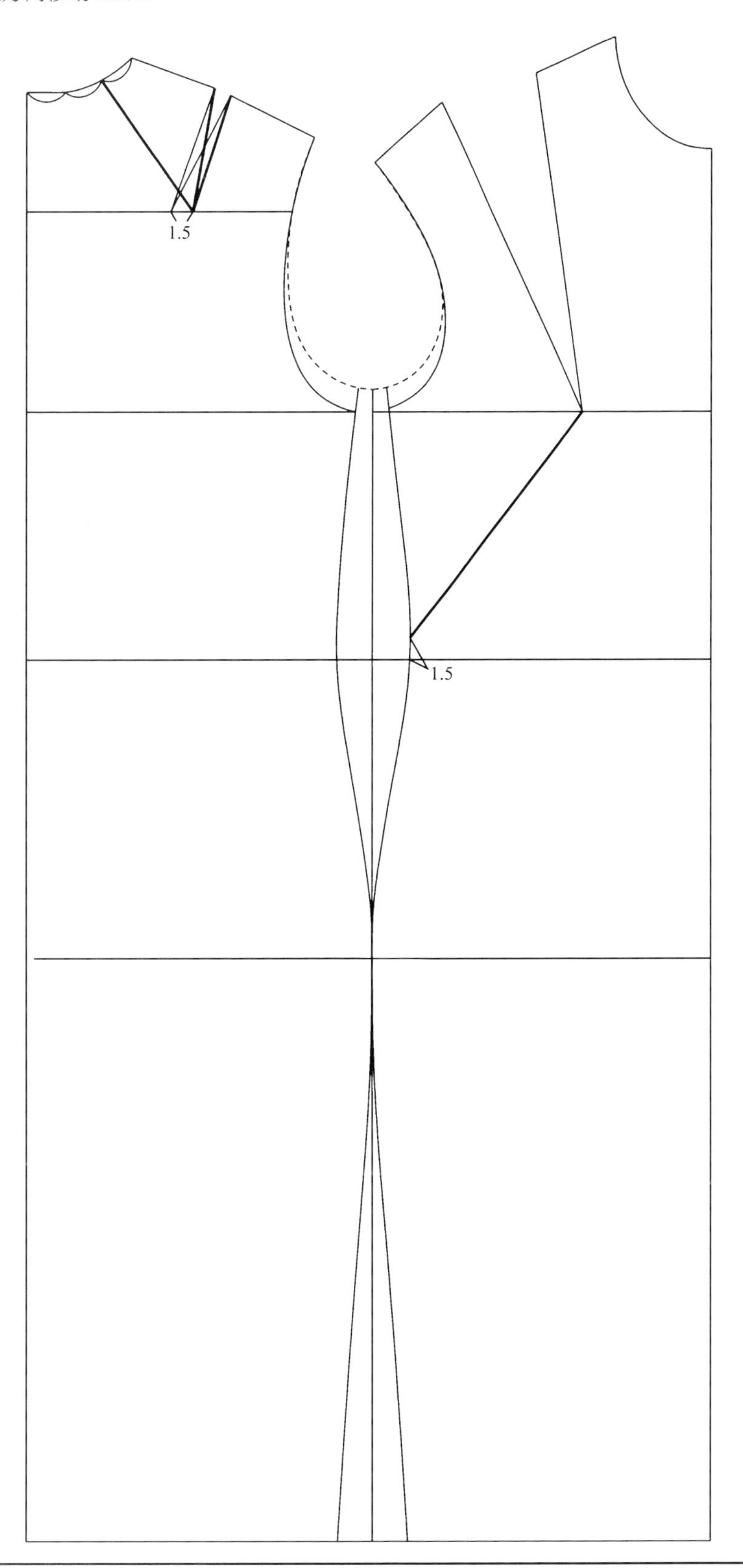

续表

转移省道	前片肩省转到侧缝，后片肩省分散 0.2 ~ 0.3cm 到后领口 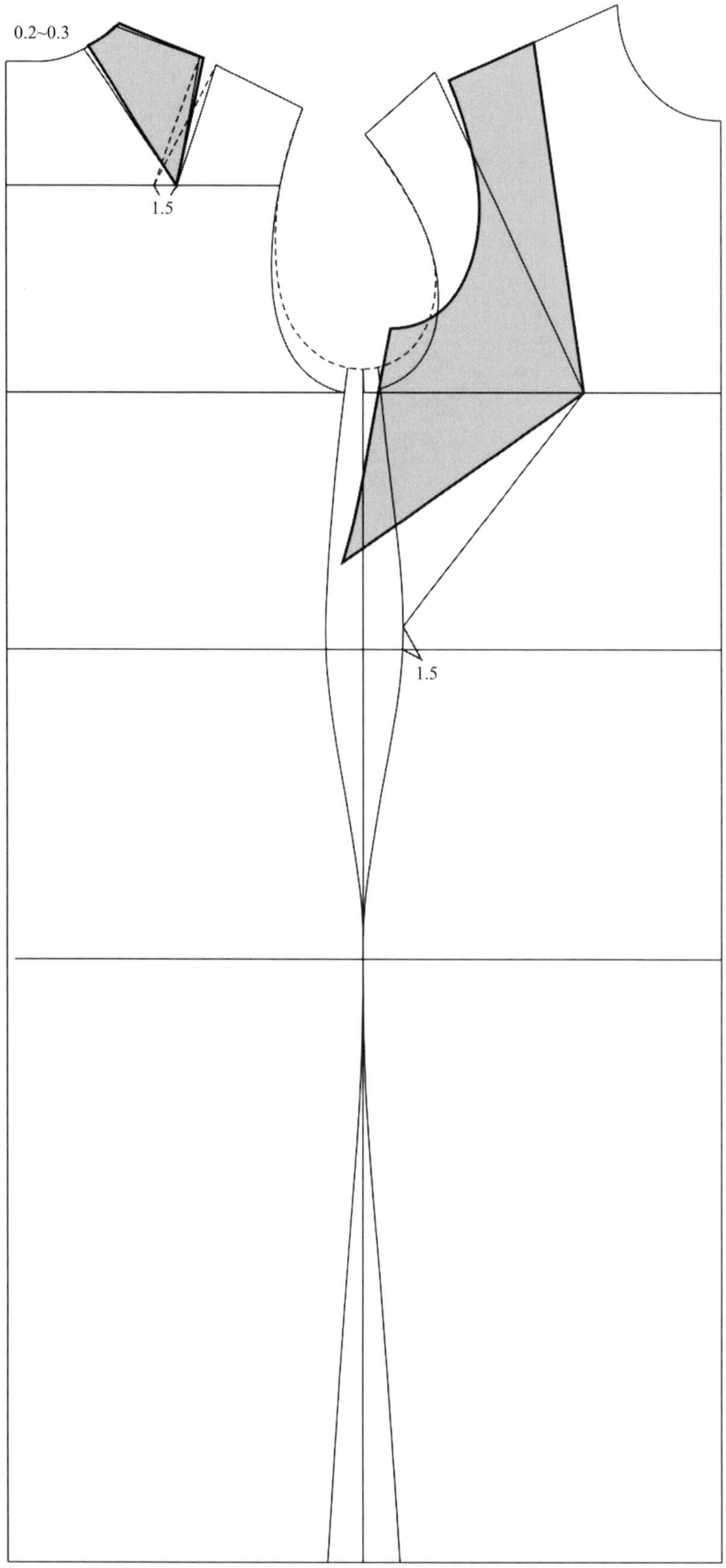 0.2~0.3 1.5 1.5

续表

调整肩线

前后片肩线抬高 0.6cm，画顺袖窿弧线

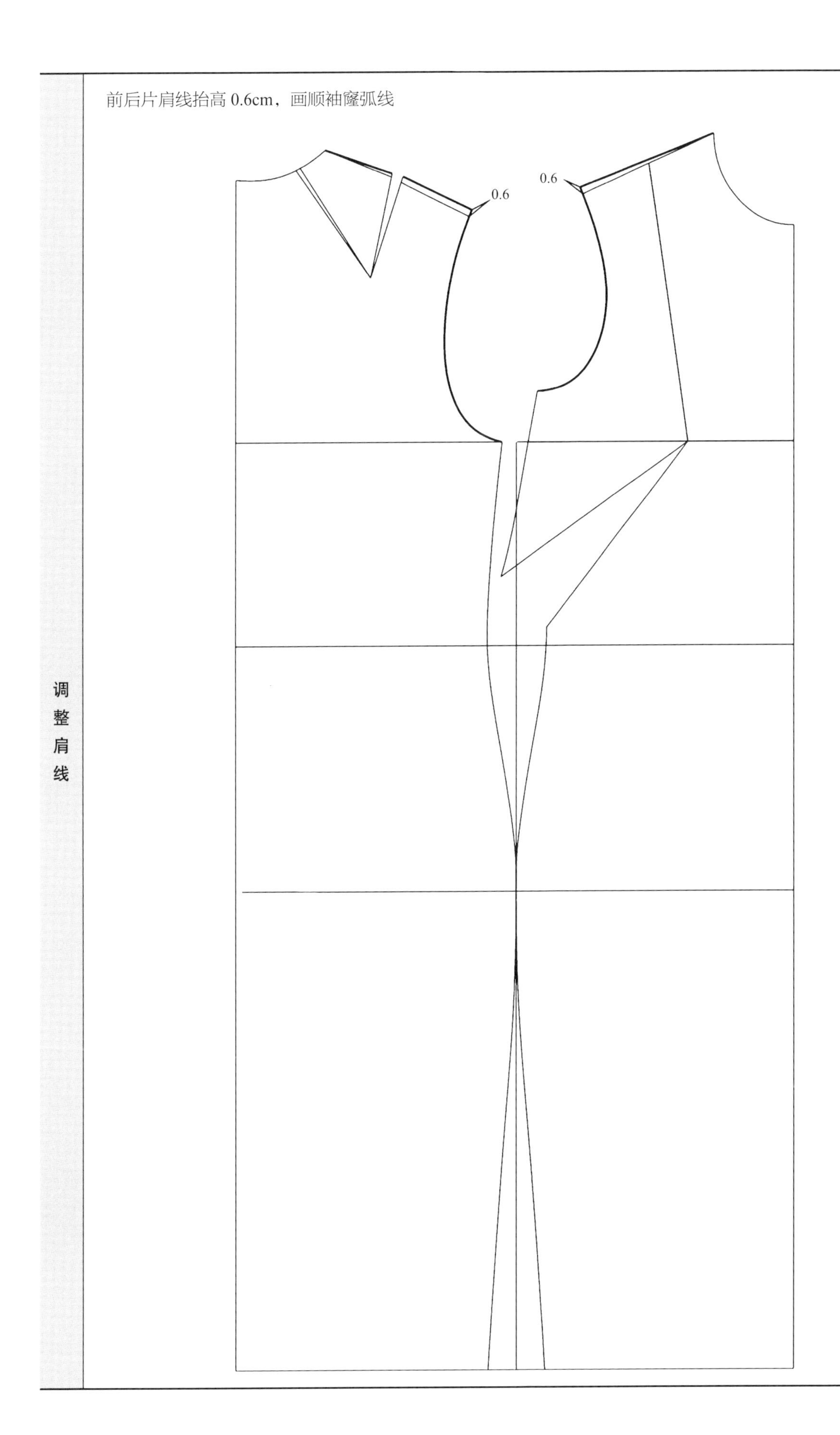

续表

调整领口	前领口上抬 0.3cm，后领口上抬 0.5cm 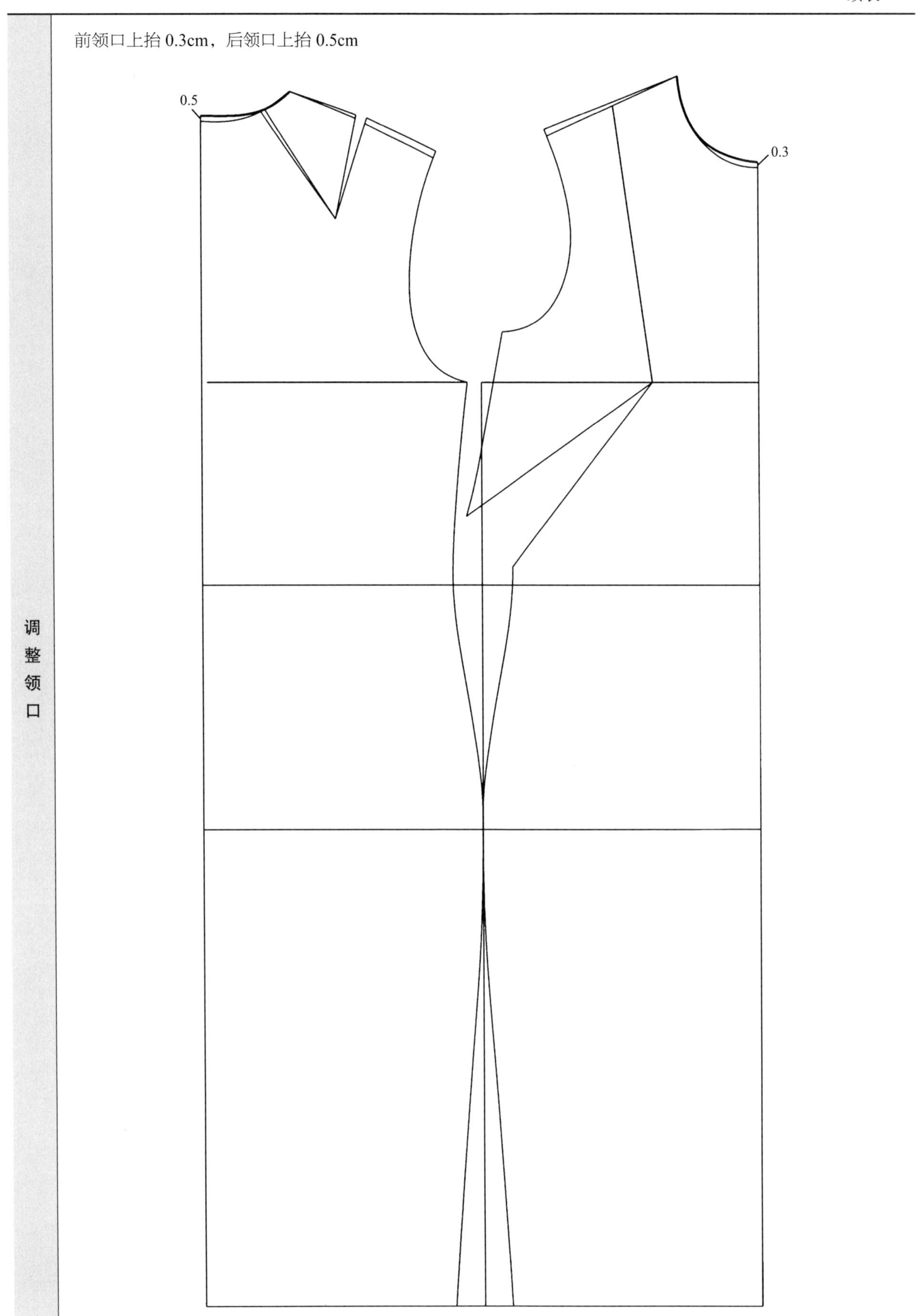

续表

设计省道	1/2 总省量：测量此时前后片腰部尺寸（42.2cm）－成品腰围（35cm）=7.2cm 按以下步骤分配。 后中心省：在后中心腰围线上收 1.5cm，臀围位置收 0.5cm，臀围以下画直线 后片腰省：由于后片为一个省道，故后腰省的位置设在肩省下方，省道 3.2cm 前片腰省：前片腰省的位置在胸点处，大小为 2.5cm。为了优化人体曲线，把前片腰线提高 3cm，也就是前片腰围最细的地方在原型的基础上提高了，并绘制成外弧形 前片侧缝省调整如下：调整侧缝省的省尖向侧缝方向移动 1.5cm，并调整两条省道边长相等。省尖离开胸点会使得胸部造型更圆润，并增加一定的空间量 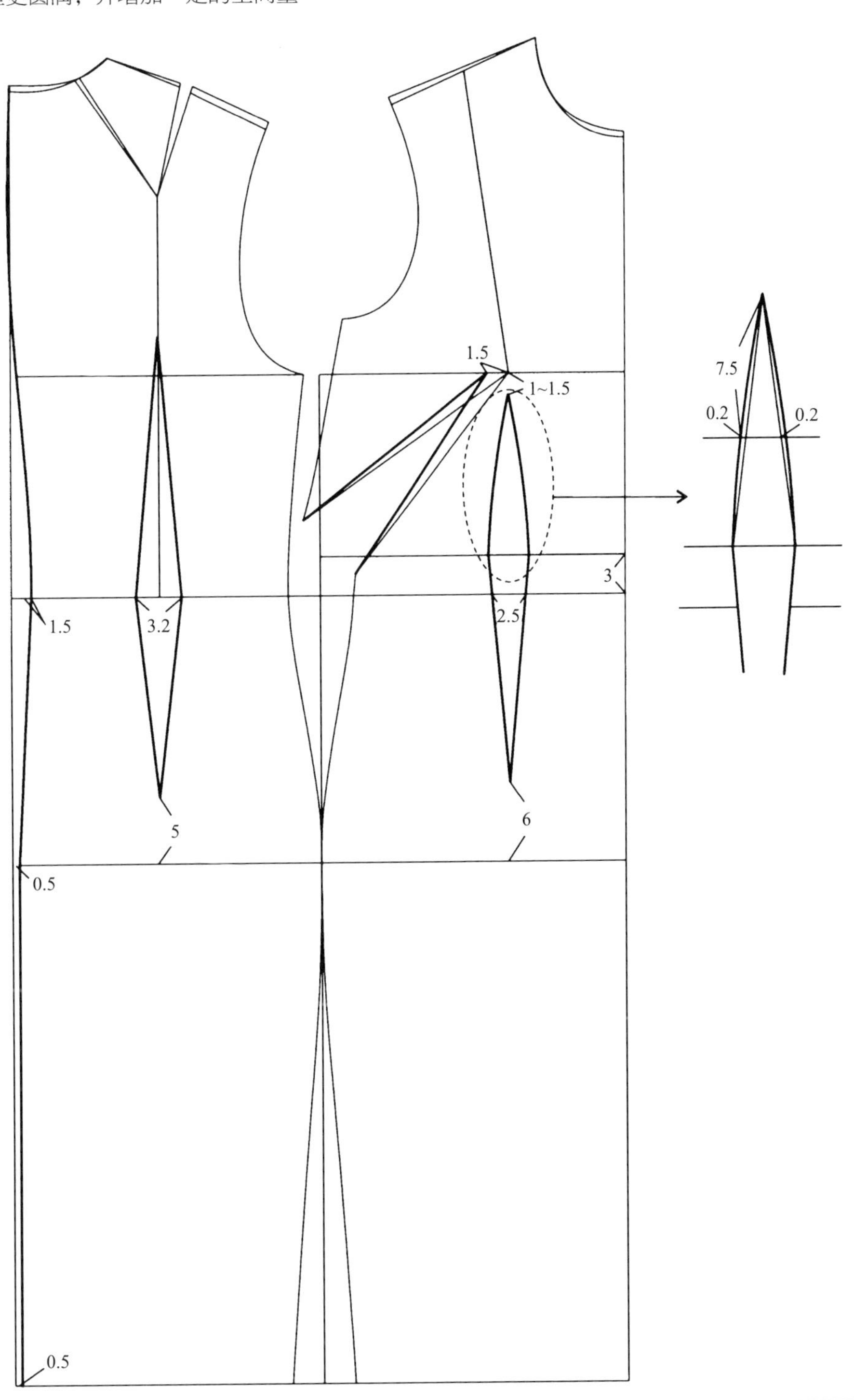

续表

<table>
<tr><td>大襟的制图</td><td>旗袍大襟开口在右前片，开襟止点位置是可以设计的，可以在胸围线上，也可以在胸围线下；此款开襟止点取腋下 4cm 处
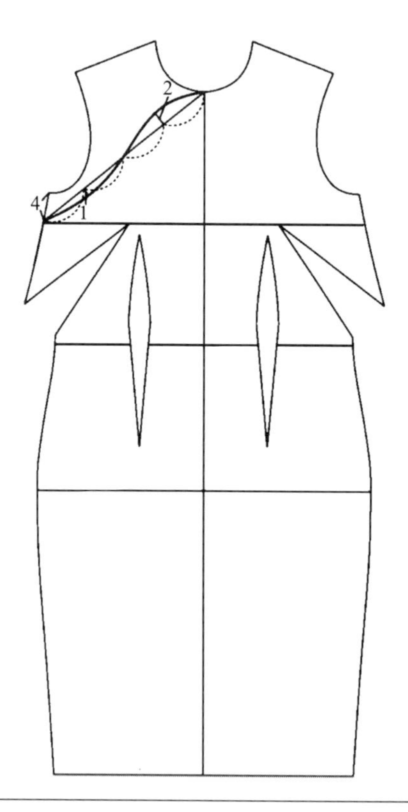
</td></tr>
<tr><td>小襟的制图</td><td>小襟的长度在胸围线下 10cm，这样设计的好处是当大襟和小襟叠合时，尤其对于较薄的真丝面料，内侧小襟的印记不会从正面显露出来
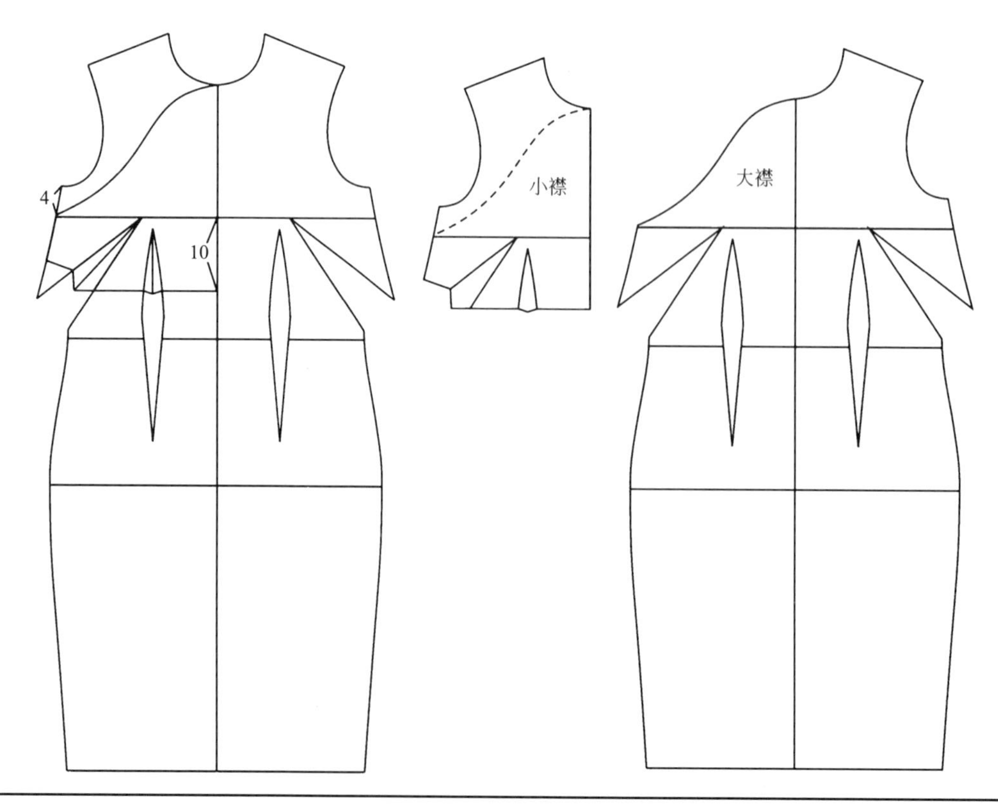
</td></tr>
</table>

2. 袖制图

<table>
<tr><td rowspan="3">准备</td><td colspan="2">测量前后袖窿弧线长，并复制前后袖窿弧线、胸围线、侧缝线</td></tr>
<tr><td>前袖窿弧长（前 AH）</td><td>20.3</td></tr>
<tr><td>后袖窿弧长（后 AH）</td><td>21.5</td></tr>
<tr><td>复制前后袖窿弧线</td><td colspan="2">拷贝前后袖窿弧线，使侧缝重合 5cm 左右
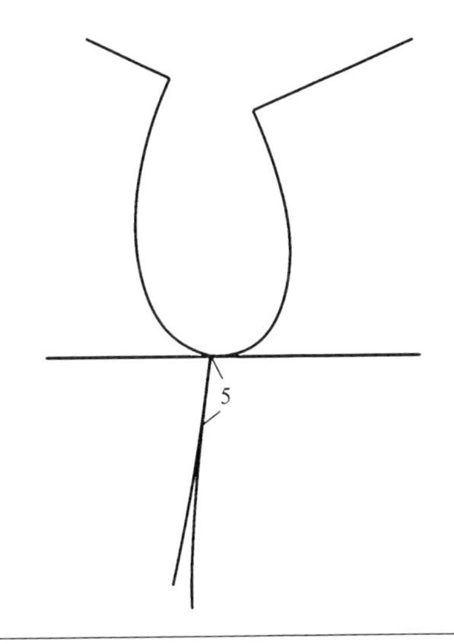
</td></tr>
<tr><td>袖山高的确定</td><td colspan="2">礼服用袖原型属于合体袖型，采用高袖山
从 SP_2 点引水平线与袖中线相交于 P_2，从 SP_1 点引水平线与袖中线相交于 P_1；把 P_1 ～ P_2 的中点 A 到 S 的距离等分成 6 份，取 5/6 的 A ～ S 长作为袖山高
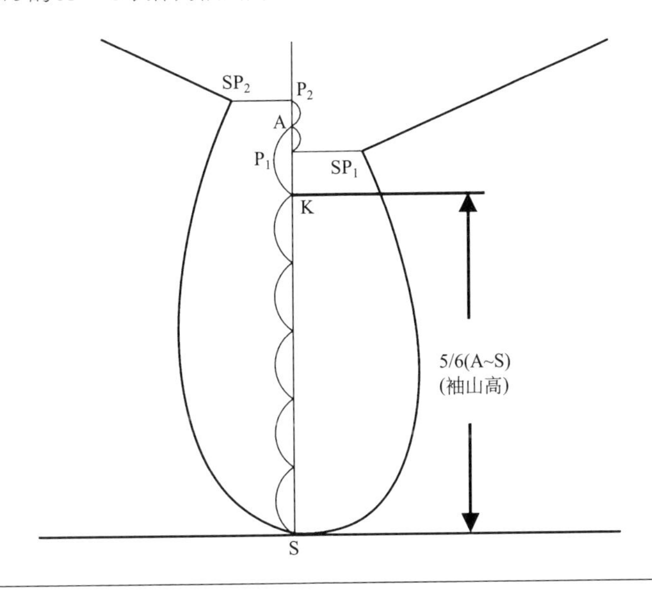
</td></tr>
<tr><td>确定袖肥</td><td colspan="2">① 由 K 点向前袖肥线取斜线长等于前 AH=20.3cm。这个数值可以根据袖窿曲线的长短调整。用同样的方法，由 K 点向后袖肥线取斜线长等于后 AH+0.5=22cm
② S_1 ～ S_2 的距离为袖肥，将此尺寸与规格尺寸表中的臂围尺寸对照。如果采用无弹性的梭织面料，袖肥要在上臂最大围的基础上加放松量。一般袖肥放松量占胸围放松量的 2/3。例如，胸围放松量为 4cm 时，袖肥松量为 2.7cm。此时，如果上臂最大围为 26cm，则袖肥应不小于 28.7cm 左右。如果袖肥小，可以降低袖山高使袖肥加大；如果袖肥大，可以增加袖山高使袖肥减少</td></tr>
</table>

续表

确定袖肥	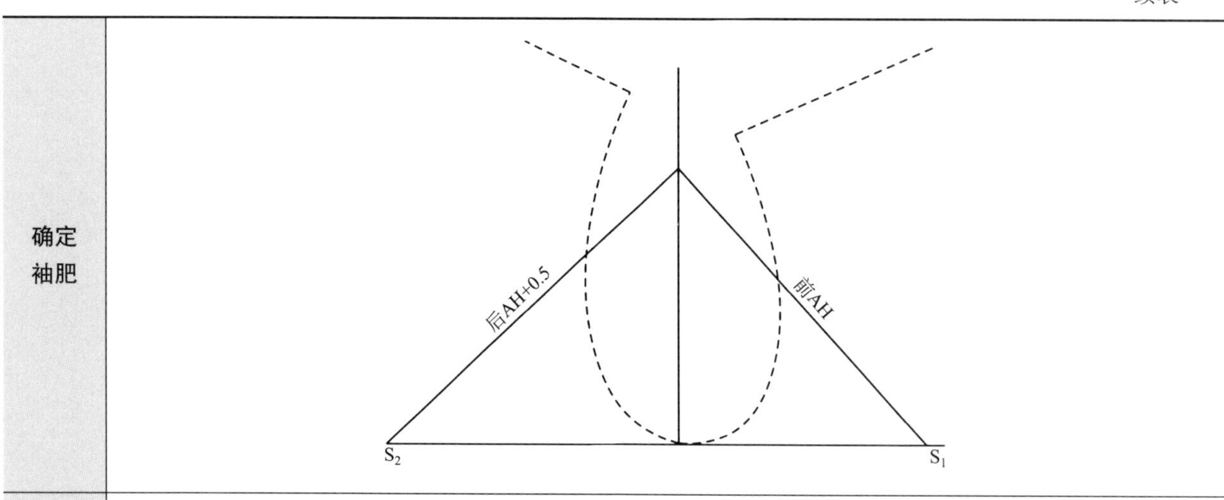
绘制袖山弧线辅助线	① 前袖窿弧线以 S ～ S_1 的中点为轴做反转复制，后袖窿弧线以 S ～ S_2 的中点为轴做反转复制，这样做成的袖山弧线在腋下部分可以保证和袖窿弧线形状相同 ② 前袖山弧线等分成四份，从上 1/4 点作前袖山斜线的垂直线，取 1.5cm 的长度；后袖山弧线等分成三份，从上 1/3 点作前袖山斜线的垂直线，取 1.8 ～ 1.9cm 的长度 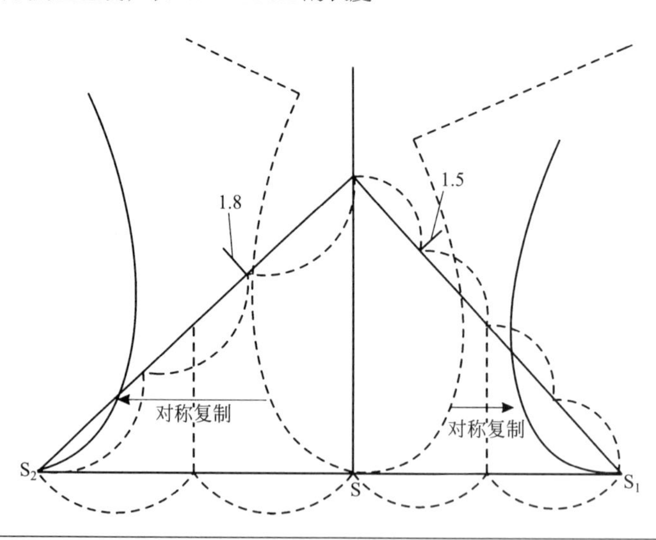
绘制袖山弧线	绘制袖山弧线，注意在袖山底部弧线和袖窿弧线重合一部分 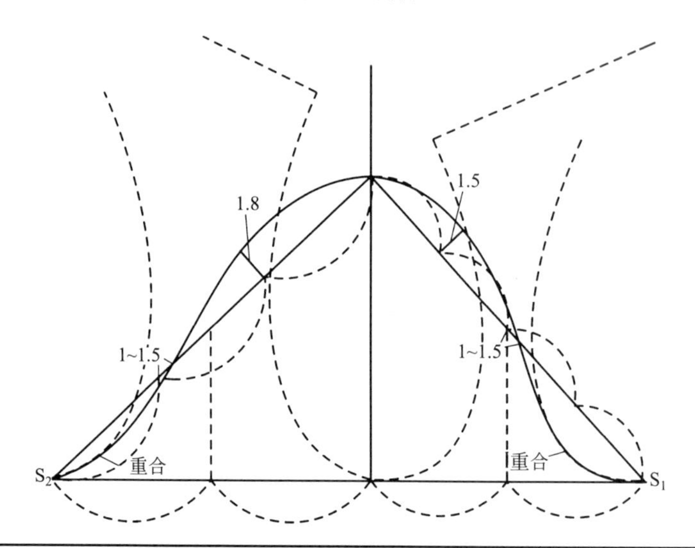

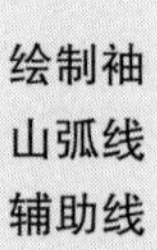

续表

检查和调整袖山弧线的长度	测量前后袖山弧线的长度，此长度和前后袖窿弧线长度的差值为缩缝量。根据面料的特性及款式特点，判断缩缝量是否合适。如果长度差小，可以相应地增大袖肥，如果长度差大，可以试着调整弧线。如果这样还不能达到要求，就需要重新调整袖山的高度
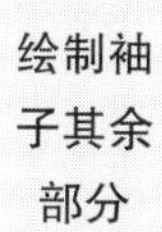 绘制袖子其余部分	袖内侧长 5cm，左右袖口各收 1cm 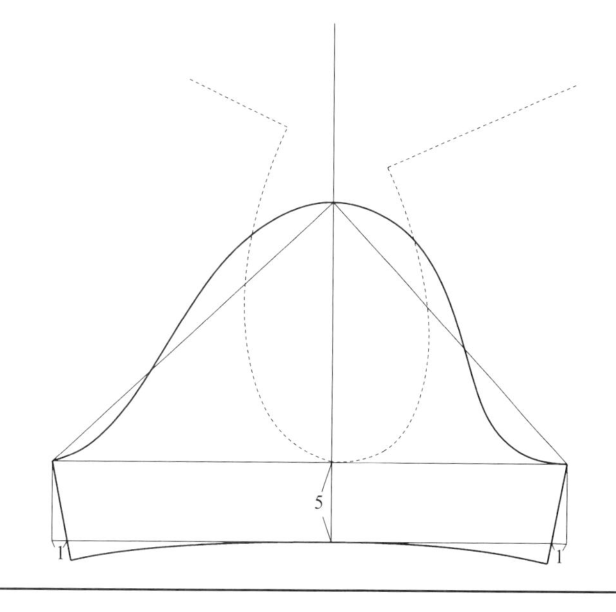

3. 领制图

准备	量取前后领口弧线的尺寸	
	前领口尺寸	10.9
	后领口尺寸	8
绘制下领口弧线	① 从 A 点画水平线 x 和垂直线 y A ～ SNP= 后领口尺寸△ =8 SNP ～ B= 前领口尺寸▲ =10.9 A ～ C= 领高 =5cm ② 作垂直线 B ～ D=1.5cm ③ 画弧线连接 A ～ D，为领底弧线。由于弧线一定比直线长，所以需要重新测量领底弧线的长度等于前领口尺寸＋后领口尺寸，得到 D′ 点 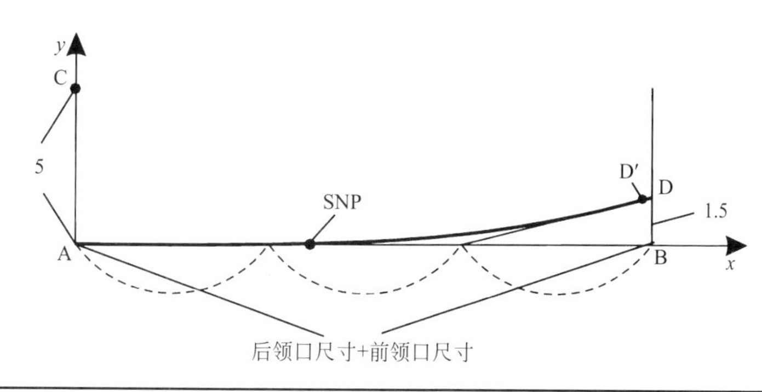	

续表

绘制上领口弧线	从D′点作一条线，和领下口弧线呈88°角；从C点作水平线，两线交于E点，作此角的角分线长1cm，画顺上领口弧线

四、旗袍纸样完成图

完成图	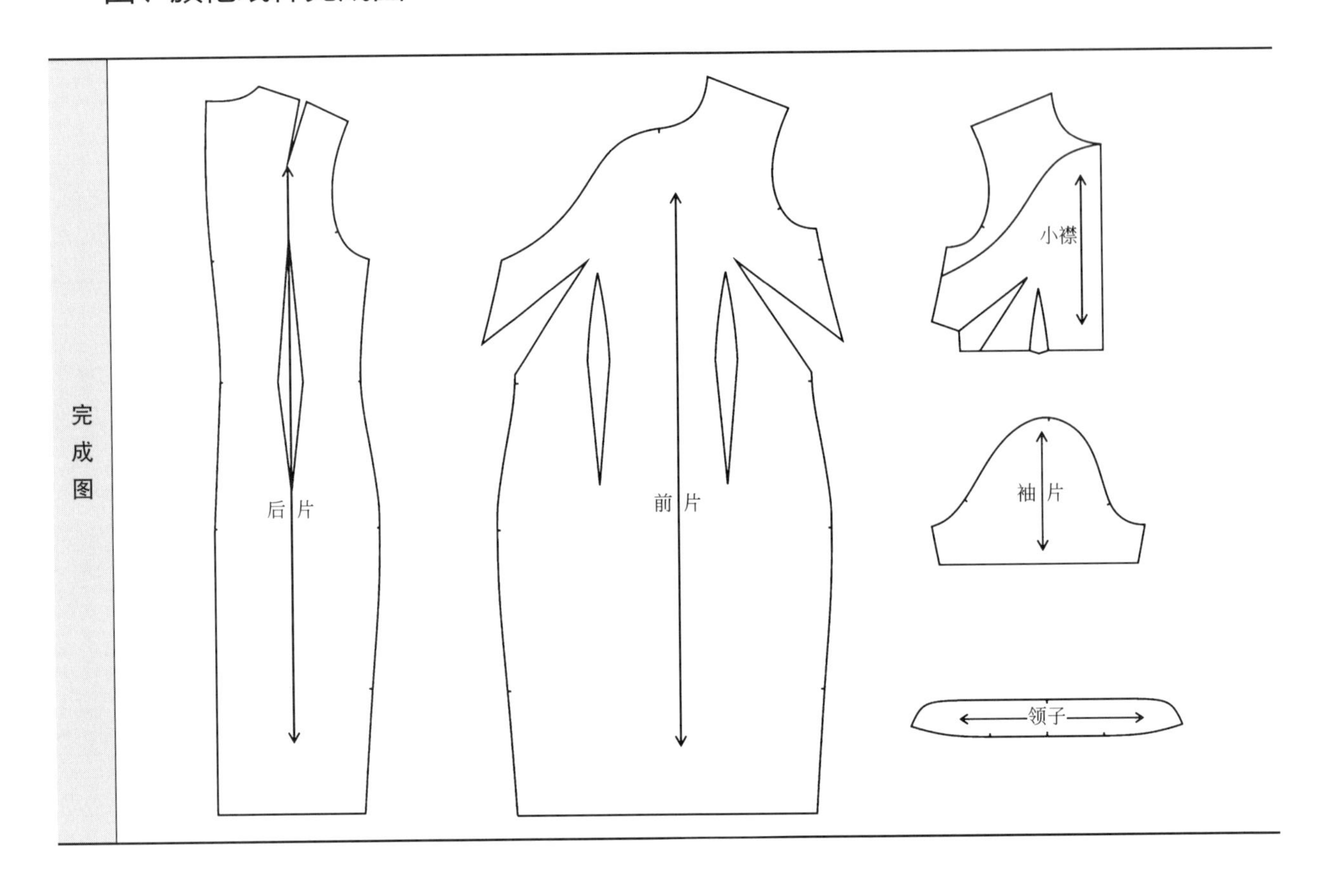

第二节　旗袍纸样变化

一、旗袍变化元素

旗袍的可变结构元素主要包括：领、袖、襟、肩、衣长。

旗袍的可变装饰元素主要包括：镶、滚、嵌、宕，盘扣，刺绣。

对任何一个款式来说，可变化的元素越多，设计空间就越大。在做设计的时候，根据旗袍的特点，对不同的要素进行排列组合或相互搭配，就可得到非常丰富的款式变化。

1. 旗袍结构设计元素

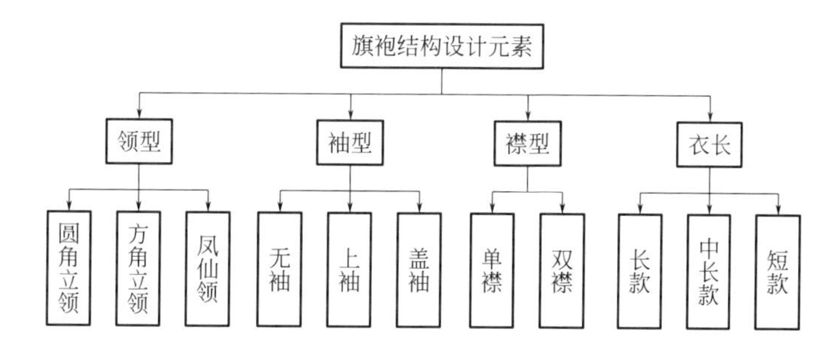

2. 旗袍装饰设计元素

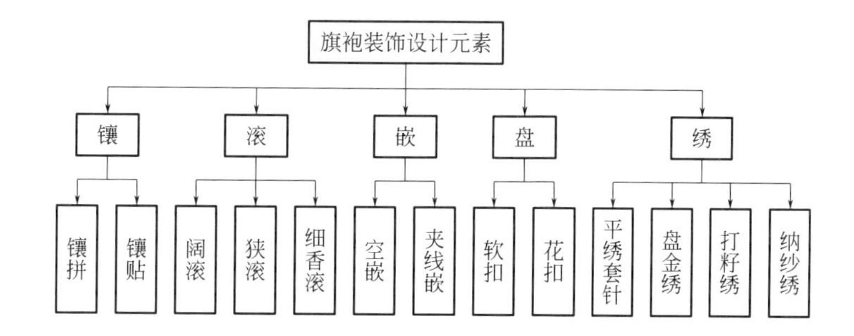

二、旗袍版型变化

1. 旗袍领型结构变化

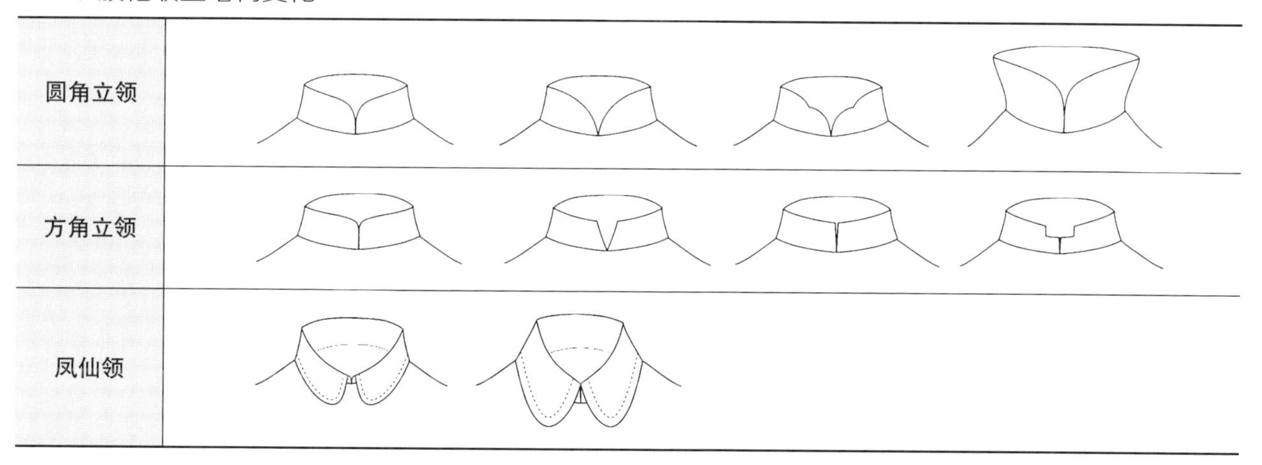

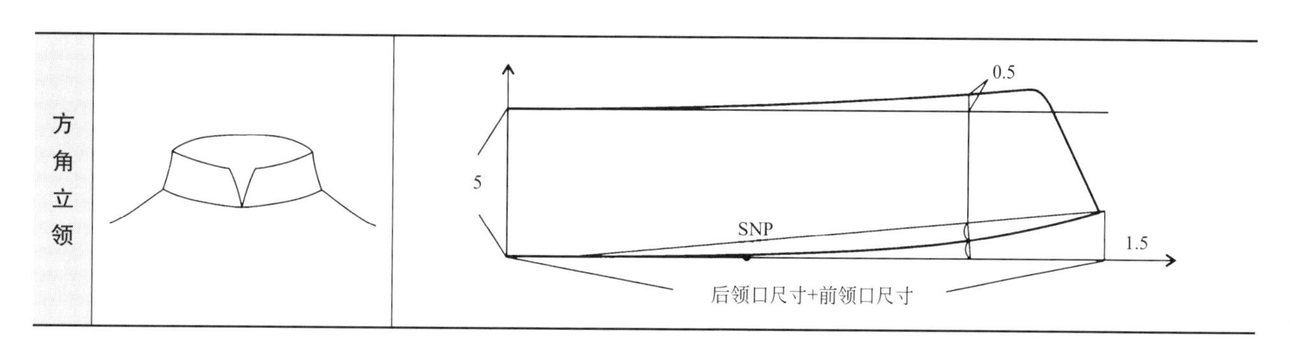

续表

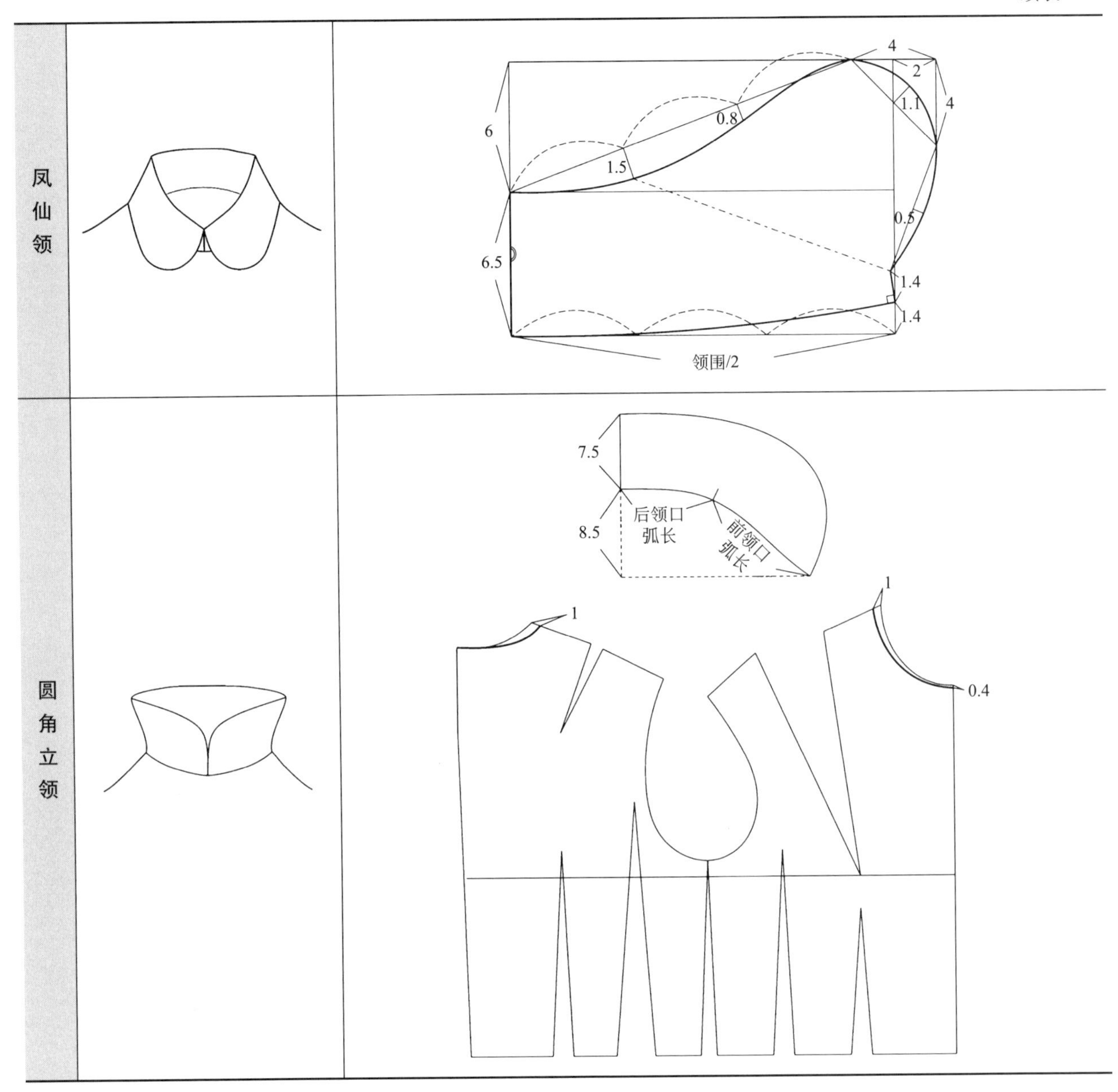

2. 旗袍袖型结构变化

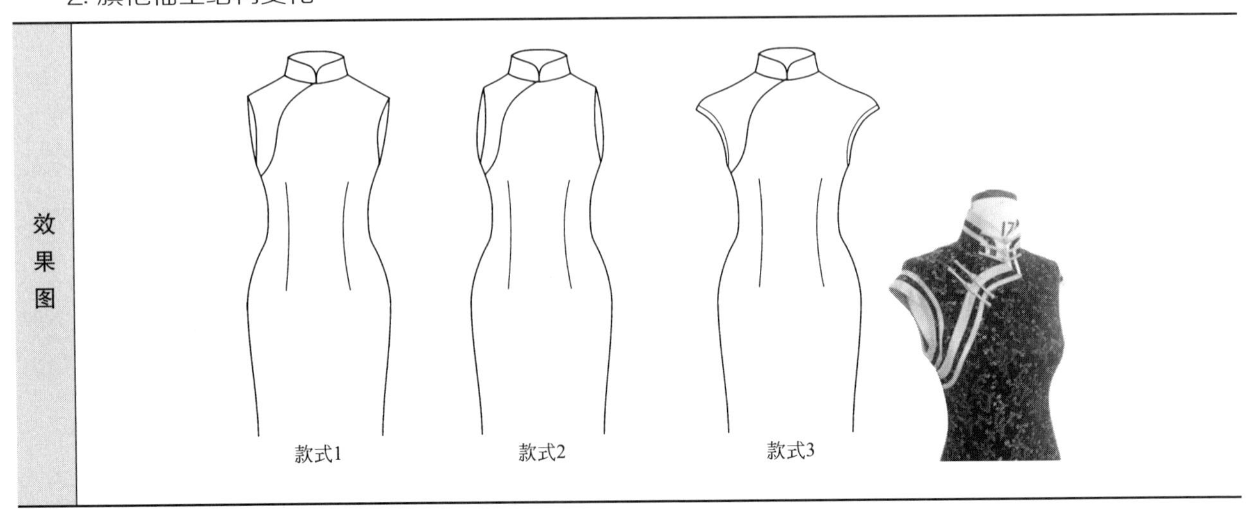

续表

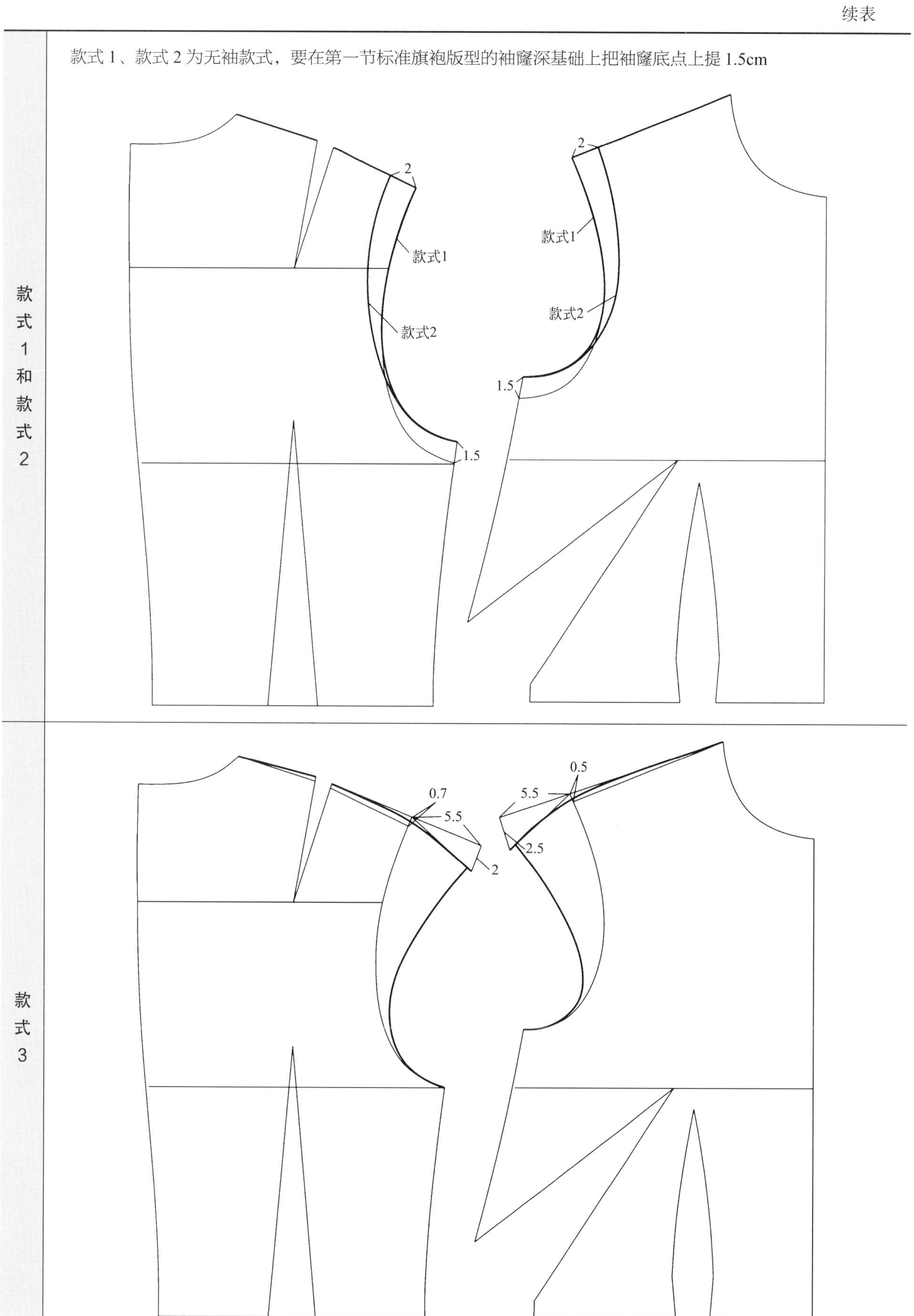
款式1和款式2
款式1、款式2为无袖款式，要在第一节标准旗袍版型的袖窿深基础上把袖窿底点上提1.5cm
2
款式1
款式2
1.5
2
款式1
款式2
1.5
款式3
0.7
5.5
2
0.5
5.5
2.5

3. 旗袍衣长变化

效果图

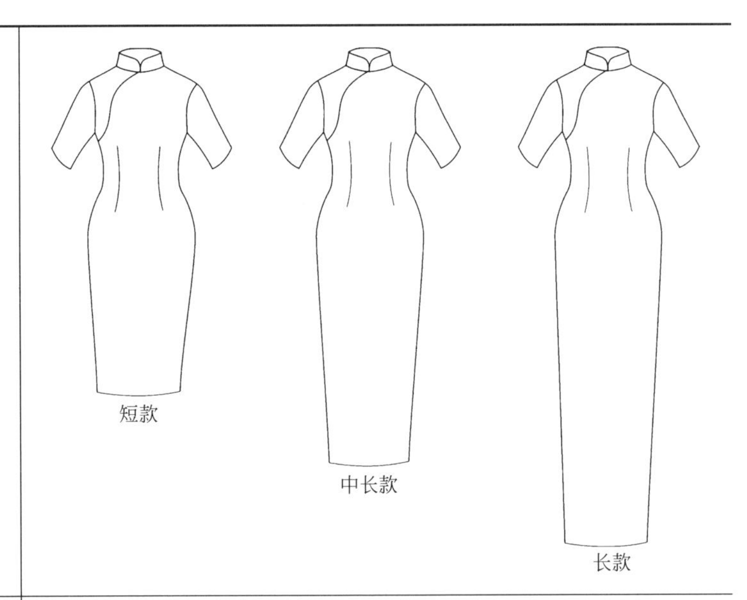

臀围线向下 22cm 为开衩位置 B 点。

1. 短款：长度在膝围线附近（后中长度 95cm）、从 B 点向内侧 1.2cm 为 C 点，连接 AC 并延长到底摆，连接 H ～ A，此段为直线；连接 A ～ C ～ D，此段为外弧线

2. 长款：长度在脚踝附近（160/84A 号型后中长度 128cm）

从 B 点向内侧 1.4cm 为 C 点，连接 AC 并延长至底摆，把此线画成外弧线。主要观察下摆的尺寸要适中，不要太宽，也不能太窄，可以通过调整 BC 的长度来调节下摆的宽度（此款前片下摆为 18.3cm，后片下摆为 18cm）

3. 中长款：长度在小腿肚附近（根据款式具体设定）BC 的调节量可以介于 1.2 ～ 1.4cm 之间，还要参考下摆的宽度

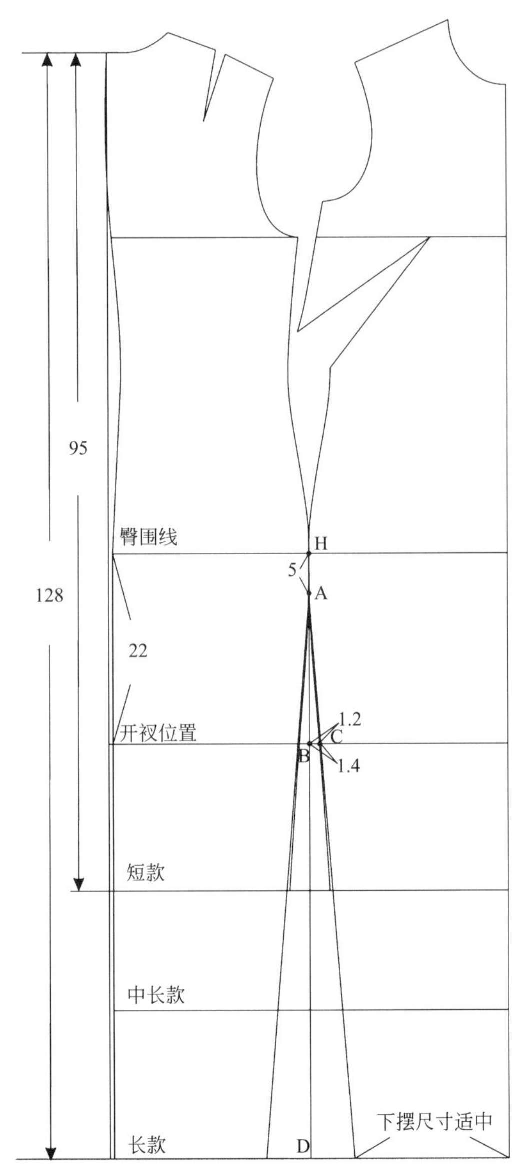

4. 旗袍襟型变化

旗袍大襟开口在右前片，开襟止点位置在胸围线上或胸围线下均可，视体型及个人喜好进行设计。

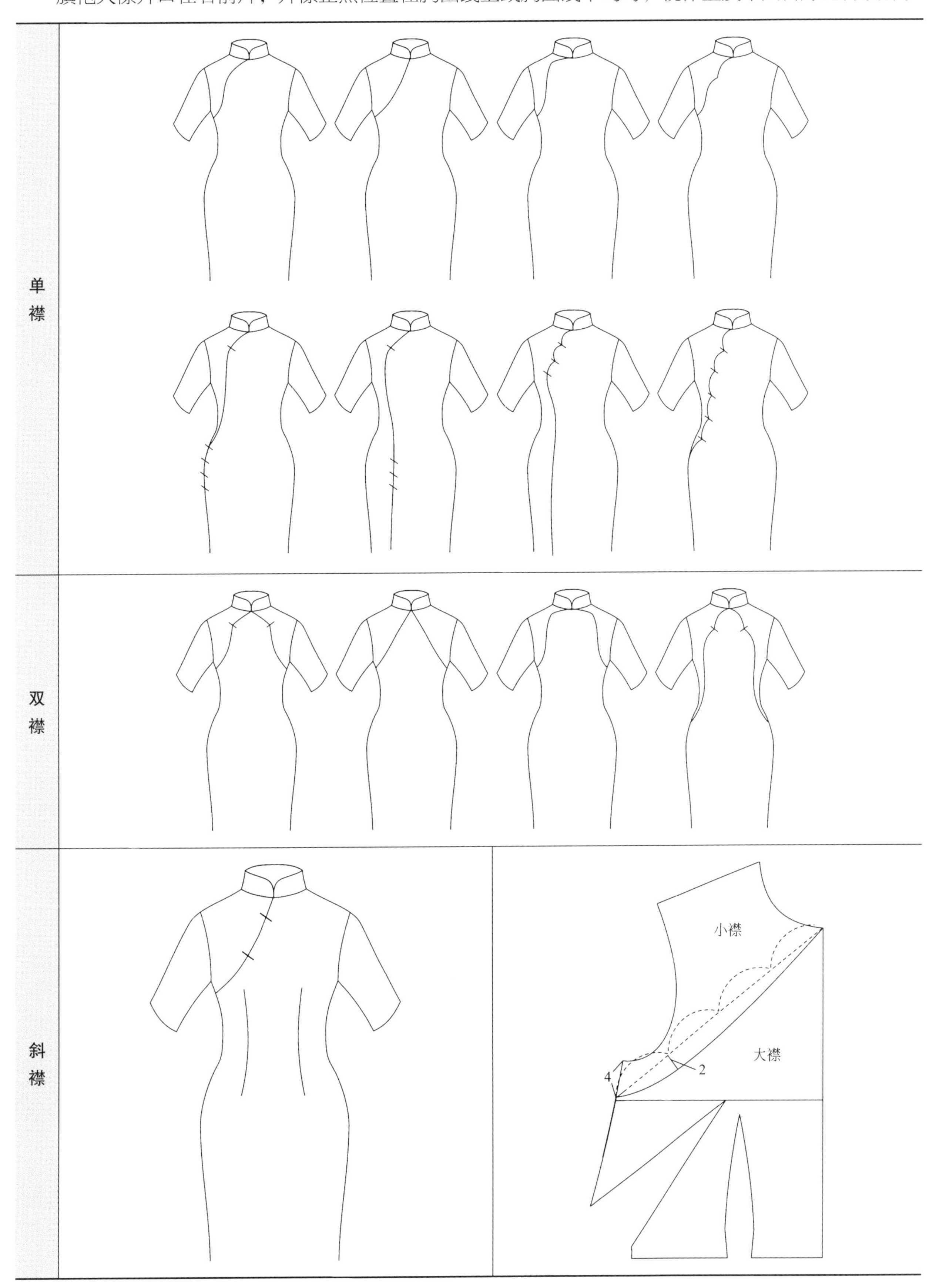

续表

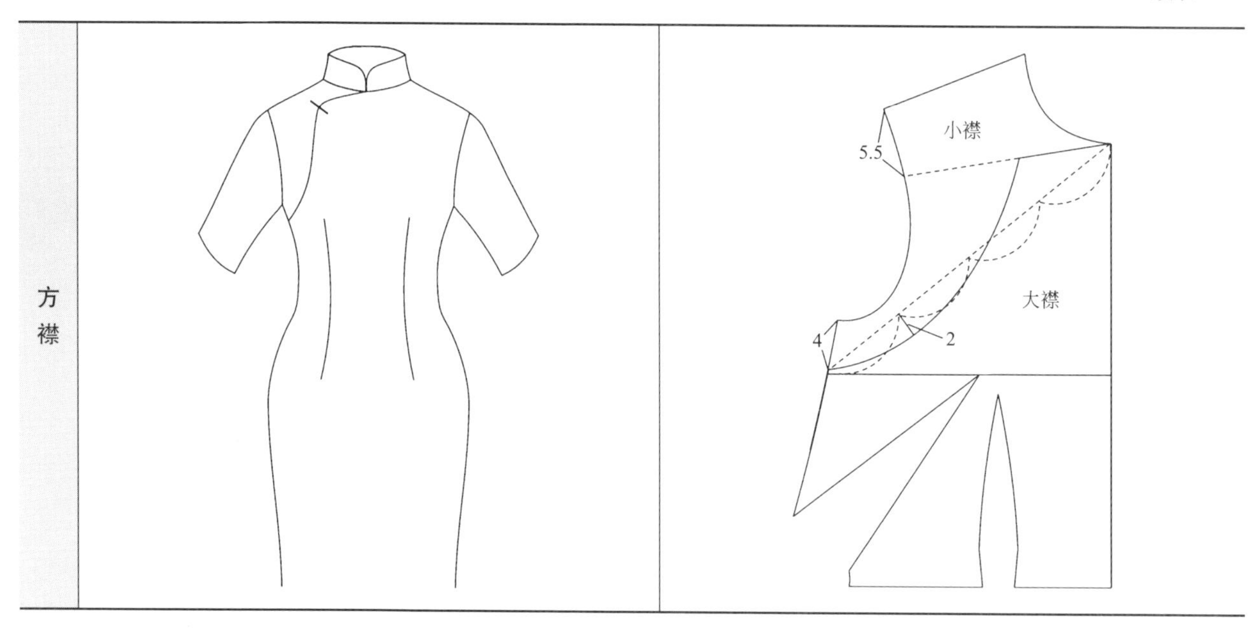

第三节　旗袍装饰工艺

一、镶滚嵌宕工艺

中国传统服装装饰工艺种类花样繁多，各式各样的装饰工艺能够反映出不同时期人们的生活状态、思想特征、审美情趣。传统镶滚嵌宕装饰工艺是属于中国传统服饰装饰工艺中非常典型的缘边工艺，在传统服装中的领口、衣襟、底边、衣袖、下摆等部位的边缘装饰屡见不鲜，承载着浓厚的时代特征。在清朝著作《说文解字注》中记载：“缘者，沿其边而饰也”。传统镶滚嵌宕工艺作为传统服饰中的一种缘边工艺，极具装饰性特征。清末女装重装饰，促使刺绣、镶滚等传统缝制手工艺发展至顶峰，设计造型及运用装饰丰富多彩，镶滚组合交相呼应，变化丰富不胜枚举，甚至达到服饰品“衣必锦绣”“十八镶滚”的程度。在这些传统缝制工艺的巧妙搭配和装饰之下，中式服装虽造型简练，但纹样色彩斑斓，美不胜收。中国传统服饰品在简单的造型之中呈现出立体纷繁的视觉效果，形成了具有中华文明特色的各种服饰品。镶滚嵌示例分别如图 2-1、图 2-2 所示。

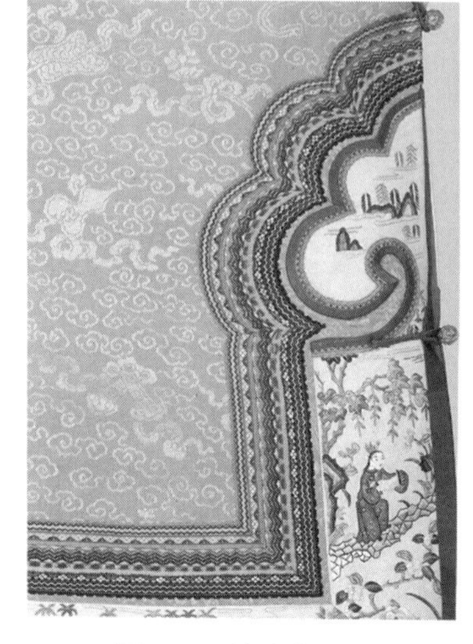

图 2-1　镶滚嵌示例（一）

图 2-2　镶滚嵌示例（二）

（一）镶滚嵌宕的基本概念

镶滚嵌宕的基本概念主要如下。

（1）镶　镶是指通过拼接或贴缝的方式将具有装饰性的布条、绣片或花边与衣料相连的工艺方式。镶可作为动词与其他工艺进行搭配，如镶边、

镶沿、镶嵌、镶滚。明代以前多为单层镶边，清代时期的镶边数量增多，且朝着越来越宽发展，谓之“大镶沿”。清代末期宽窄镶嵌组合多达十余道，即人们熟知的“十八镶滚”。

（2）滚　称为滚边、绲边或滚条，是服装边沿处理最普通的装饰工艺之一，指用沿斜丝裁剪而成的布条将衣料边缘的毛边包裹光滑的工艺方式。滚边不仅可以使衣服边沿光洁，增加实用功能，还可以利用各种不同颜色的面料起到装饰作用。滚边装饰工艺手法多运用在中国传统女装上，如旗袍，目前在现代女装的应用中也越来越广泛。按照滚边的宽度，可以分为阔滚（宽滚）、狭滚（细滚）、细香滚几种。

（3）嵌　常被夹于层层“镶滚”之间使用，是指将制作好的嵌线装饰夹缝在两片面料之间，进而形成纤细的条形缘饰的工艺方式。在民国时期旗袍缘饰设计中应用广泛，常与镶、滚工艺结合使用。

（4）宕　也作荡，常常被归为“镶滚”工艺之中，形态与“滚”相似。但“滚”是在衣缘的最外侧，而“宕”是在里侧，并且一般不与镶边紧密相连，而是隔开一小段距离露出衣身主体面料。

镶滚嵌宕工艺分别如图 2-3、图 2-4 所示。

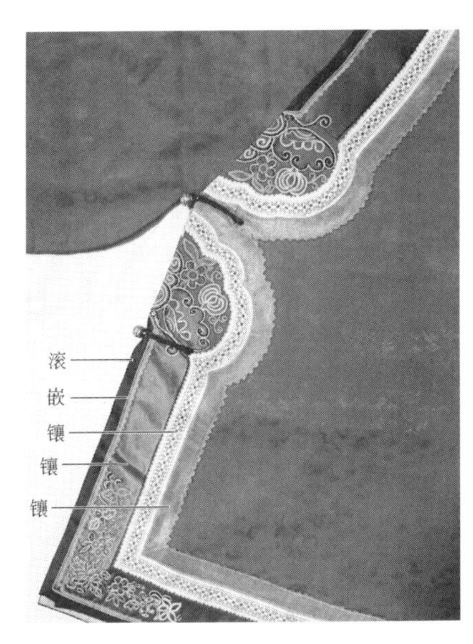

图 2-3　镶滚嵌宕工艺（一）

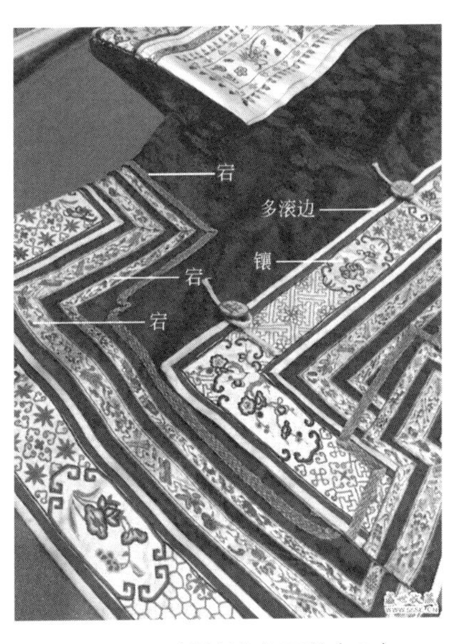

图 2-4　镶滚嵌宕工艺（二）

“镶”“滚”“嵌”“宕”4 种工艺手法常常搭配使用，它们无论从最终形态上，还是在工艺制作方法上，都有一些相似之处，却又存在着细微的差异。它们多使用与衣身面料颜色和质地不同的面料来制作，来与衣身形成层层叠叠的装饰对比。由于它们经常组合使用，人们习惯将这种沿衣边层层勾勒的装饰工艺统称为“镶滚”。图 2-5 ～图 2-9 是几种典型的镶滚嵌宕的搭配方式。

图 2-5　窄滚（赵莉作品）

图 2-6　阔滚加宕条（赵莉作品）

图 2-7　窄滚如意头（赵莉作品）

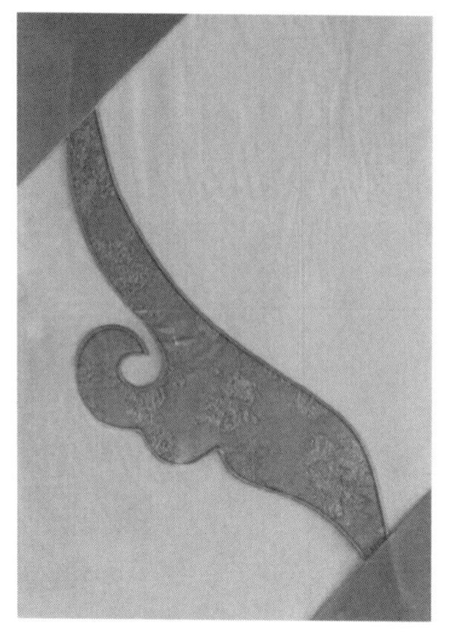

图 2-8　细香滚（一）（赵莉作品）　　图 2-9　细香滚（二）（赵莉作品）

（二）工艺制作

1. 滚边的基本操作方法

<table>
<tr>
<td>斜条的计算和标记</td>
<td>
① 滚边用的斜条要采用 45° 的正斜丝，并挂浆
② 斜条的宽度要根据滚边的宽度确定，下面以 1.5cm 的宽滚为例，1.5cm 的宽滚边，斜条的宽度如下图所示，为 2.8cm；并沿标记线扣烫
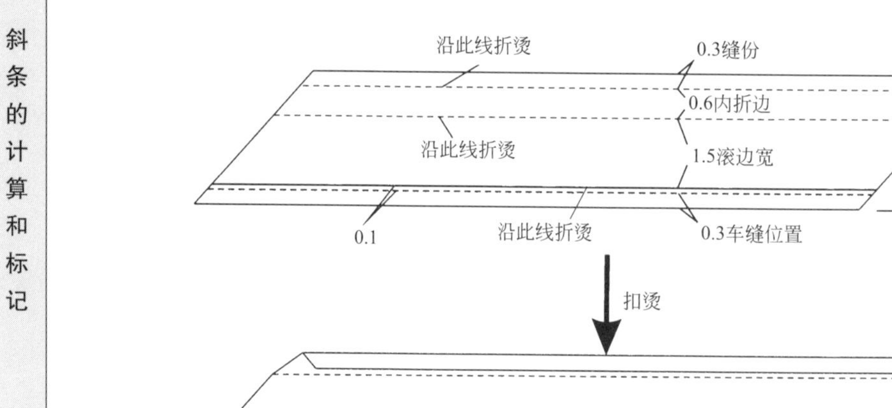

</td>
</tr>
<tr>
<td>衣身的标记</td>
<td>
在衣身正面画一条标记线，距边缘的距离 = 滚边宽度 −0.6cm。若滚边宽为 1.5cm，则此标记线距边缘为 1.5−0.6=0.9cm
衣身正面
滚边宽度−0.6
</td>
</tr>
</table>

续表

缝制斜条	把斜条放置于衣身正面，斜条的边缘距衣身标记线 0.1cm，然后手缝（倒回针）或车缝固定斜条，间距 0.3cm 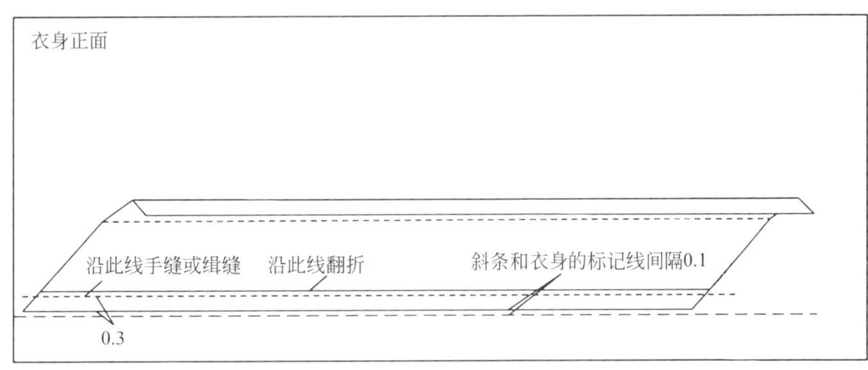 缝制斜条示意图 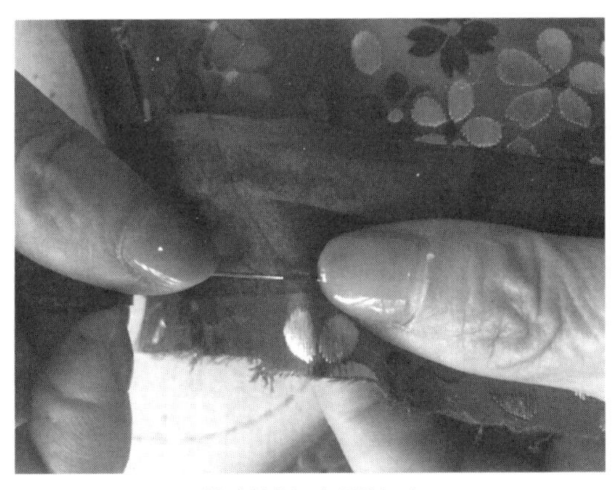 缝制斜条实例演示
翻折斜条	翻折线要距离辑缝线 0.1cm 左右，是为了翻折后能正好遮挡住缲缝线迹，使外观更加干净美观。斜条翻转后边缘距衣身边缘大约有 0.1cm 的空间，这样可以减少衣料边缘的厚度，隐藏针脚 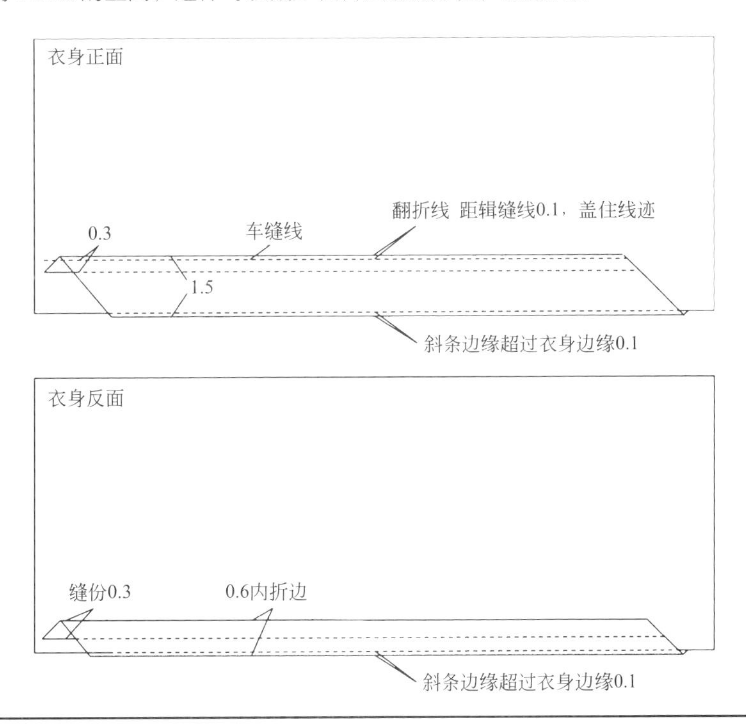

续表

暗针固定	熨烫平整后，在衣身的反面用暗缲针法固定斜条与衣身，注意针距保持一致；暗缲时只需要挑起一至两根纱线即可，不要穿透到衣料的正面，针距 0.2 ～ 0.3cm 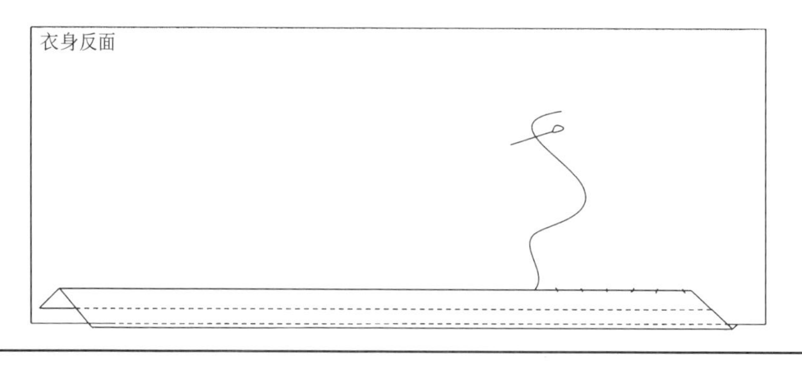

2. 直角形滚边的制作方法

在旗袍的下摆、领口等地方，经常会有直角形滚边。制作难点在于角分线的处理要平整对称。

第一步	在衣身上作出角分线的标记，然后先固定一侧的滚边条到接近拐角的地方，固定方法参照上一节“滚边的基本操作方法”中的“缝制斜条”部分 
第二步	使滚边条对折，滚边条的对折边和衣身边缘对齐，两层滚边条的上边缘也要对齐；然后用镊子或锥子按住对角线，要保证这条对角线和衣身的对角线标记要完全对齐，翻转上层的滚边条 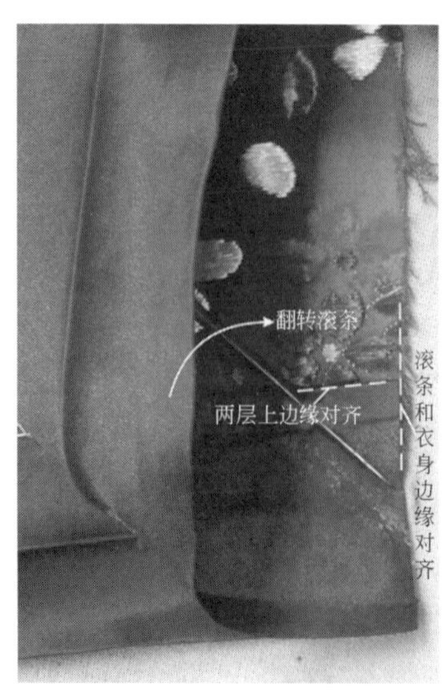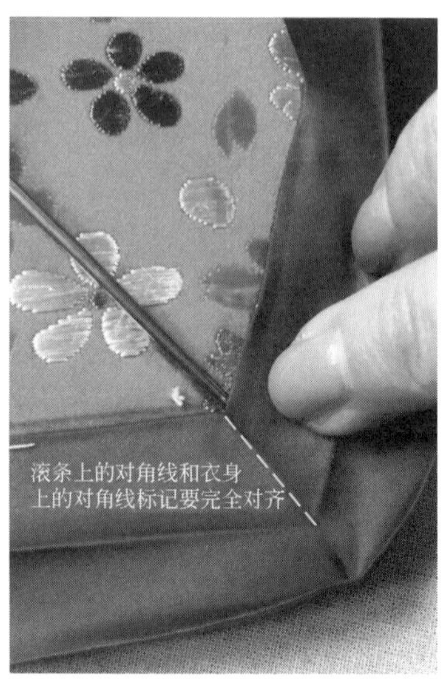

续表

<table>
<tr><td>第三步</td><td>用熨斗轻轻熨烫出折痕，并按折痕缝合固定转折角
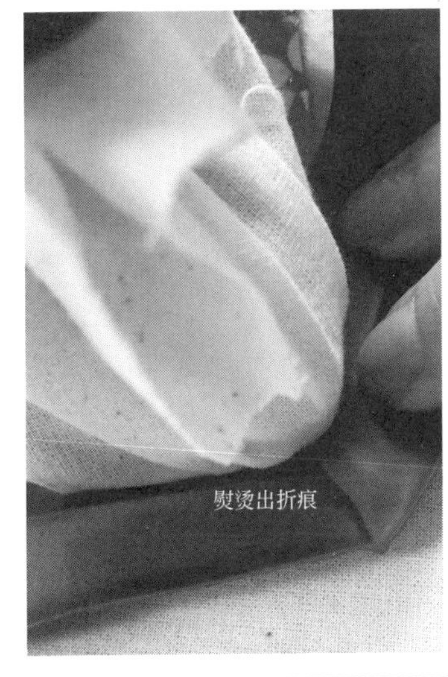
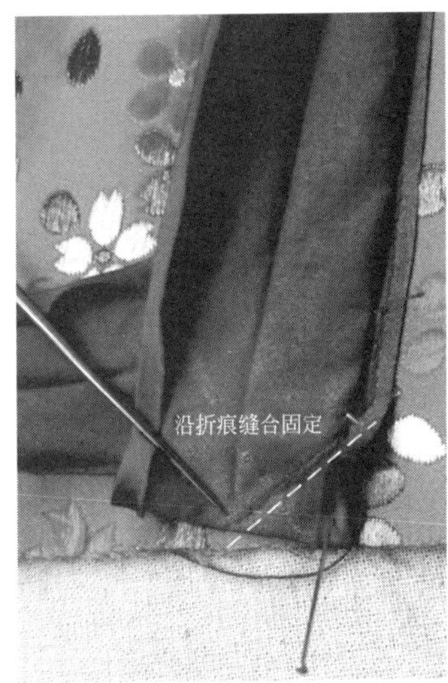</td></tr>
<tr><td>第四步</td><td>在正面把滚边烫平，形成平整干净的角，这时在滚边上就会形成一条对角线。在反面也可以看到一个整齐利落的角，用暗缲针固定

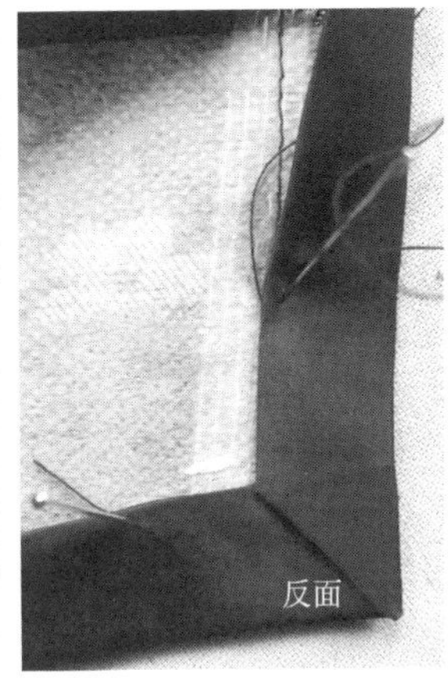</td></tr>
</table>

3. 宕条制作工艺

宕条经常和滚边配合，宕条的宽度可以根据滚边的宽度搭配。

<table>
<tr><td>裁剪斜条</td><td>① 宕条要采用 45° 的正斜丝，挂浆
② 宕条的宽度要根据滚边的宽度确定，一般为成品宽度的 2 倍左右。例如，成品宕条为 0.6cm 宽，斜条的宽度为 1.2 ～ 1.3cm</td><td>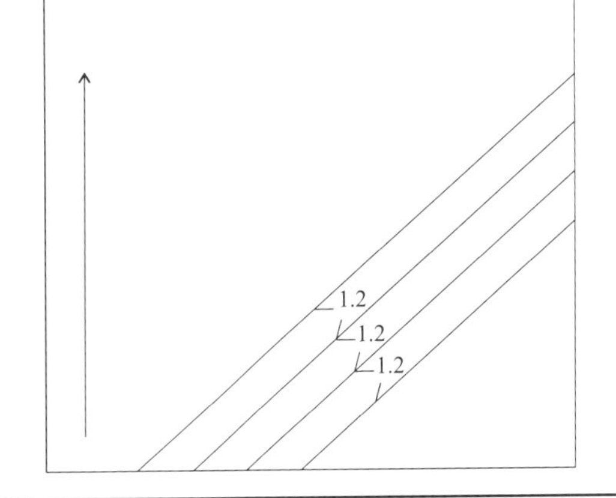</td></tr>
</table>

续表

扣烫斜条	沿斜条的一侧 0.2 ～ 0.3cm 打水线，边打水线边扣烫。以同样方法，另一侧也要先打水线然后扣烫，扣烫好的宕条宽度为 0.6cm 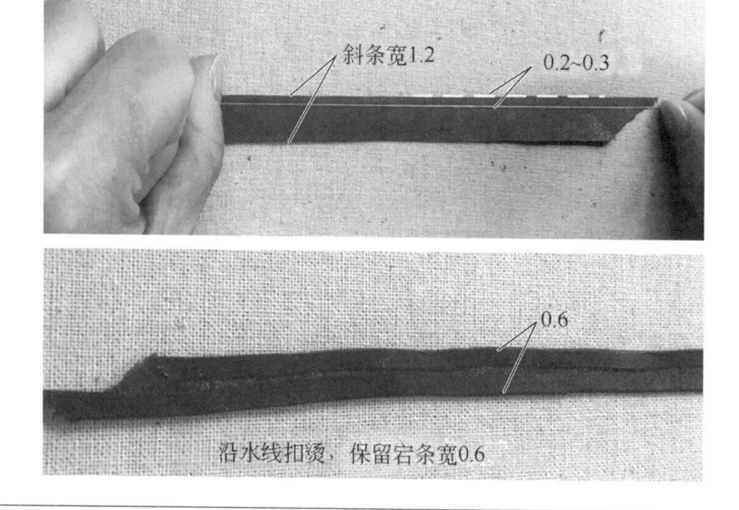
宕条与衣身缝合	① 在衣身上画出宕条的位置，在拐角处作出角分线的标记；如果面料不好用消失笔画线的话，可以用缝线的方式作出标记 ② 把扣烫好的宕条按照标记线放在衣身正面，绷缝固定，注意绷缝线尽量靠近边缘  
宕条转角处理	① 用镊子压住宕条的对角线，把上层的斜条翻转过去 ② 检查宕条的对角线和衣身上的标记线是否平齐，然后用熨斗在对角处轻压出印记 ③ 用同色针线沿印记把对角缝合 ④ 打开后，用同样方法完成另一侧的绷缝固定 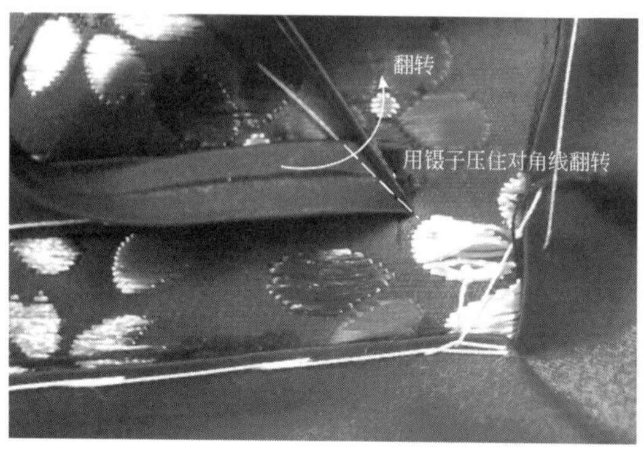 

续表

<table>
<tr><td>宕条转角处理</td><td>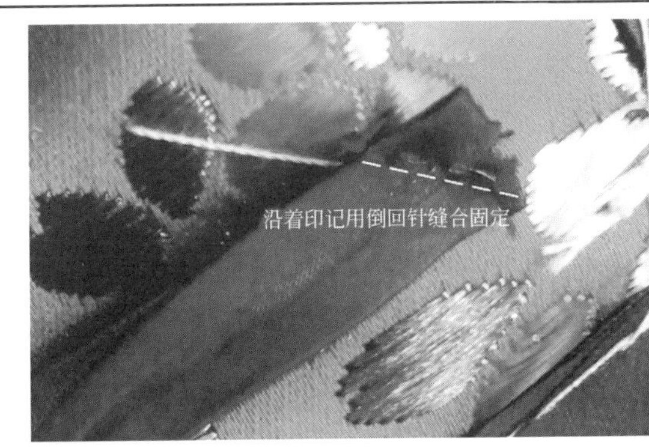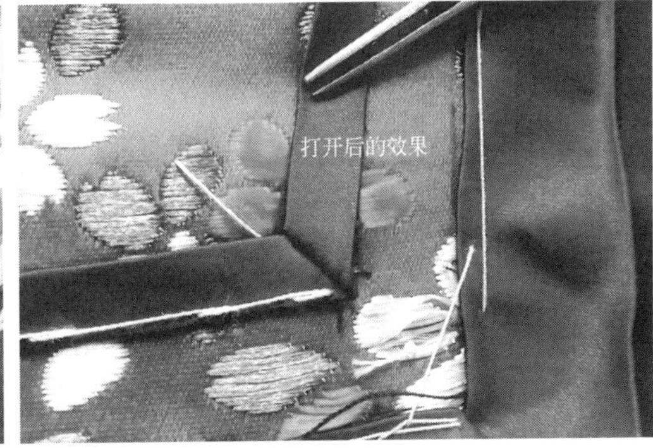</td></tr>
<tr><td>宕条的藏针缝技巧</td><td>① 绷缝固定后，掀开，先用倒回针针法固定下边线
② 下边线缝合好后，翻到衣身反面，固定上边线。注意，此时需要用手摸着宕条的边缘缝合，比较考验缝制者的手艺。但是，从反面缝合固定的方法会使线迹隐藏得非常好，外观效果美观且干净
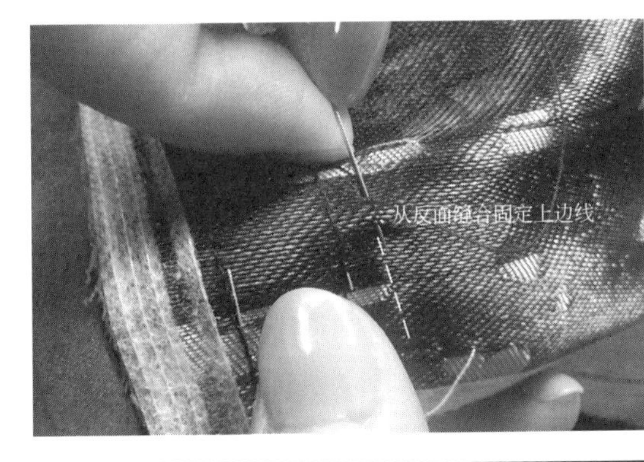</td></tr>
</table>

4. 嵌线制作工艺

下面就以夹线嵌为例介绍其操作方法。夹线嵌常和滚边结合在一起制作，也称出牙滚，嵌条也称牙子、牙边。

<table>
<tr><td>嵌条的准备</td><td>① 嵌条要采用 45° 的正斜丝，烫无纺衬
② 嵌条的宽度为 1.5 ～ 2cm</td></tr>
<tr><td>嵌条的制作</td><td>① 把嵌条对折，中间夹入一条 0.6mm 的鱼线，这样制作出的嵌条更立体饱满。夹的线的粗细会影响嵌条的粗细，可根据款式决定采用夹线的粗细程度
② 用单边压脚挤住鱼线，然后缉缝斜条，缝的时候上下要抻紧一些
③ 缝合好后修剪缝份，留 0.5cm 左右，其余缝份修剪掉</td></tr>
</table>

续表

嵌条的制作	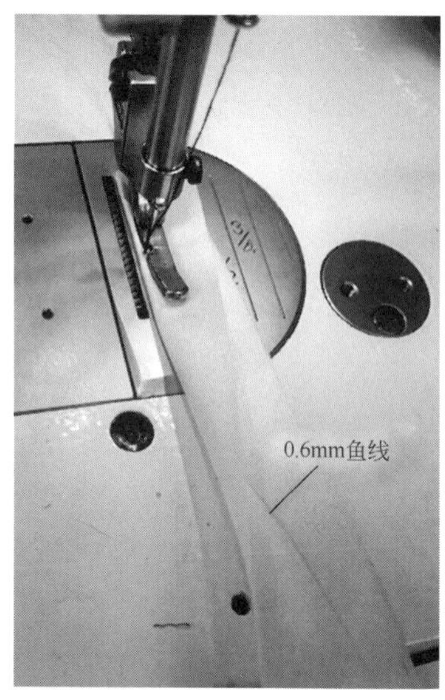 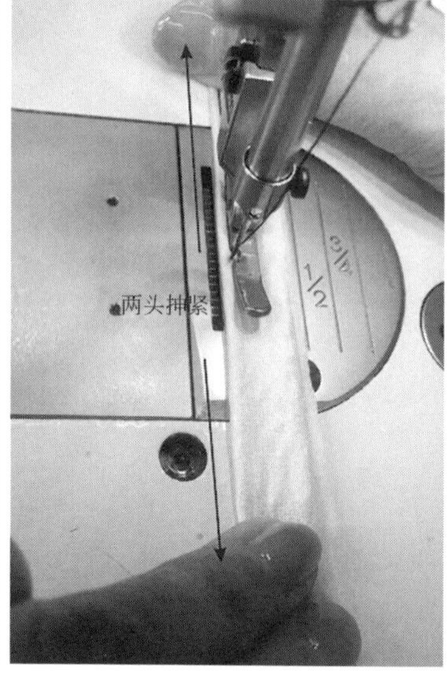 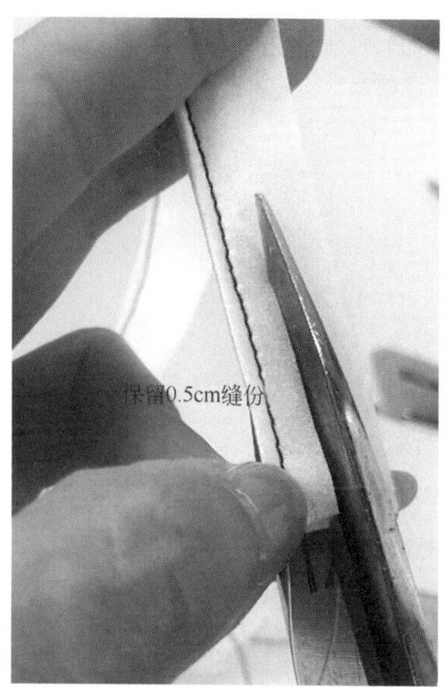
嵌条和滚边缝合 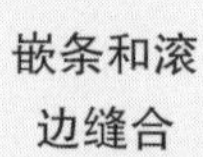	把缝好的嵌条（白色）和滚边（黑色）面对面放置，在第一条线的左侧 0.5mm 左右缉缝，把嵌条和滚边固定 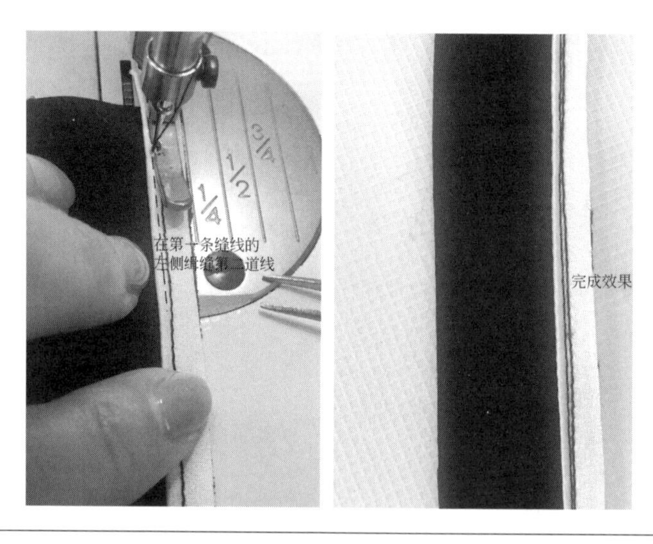
滚边和衣身固定	把缝好的滚边和衣身面对面放置，在缝线的左侧 0.5mm 左右缉缝，把滚边和衣身固定，然后翻转滚边 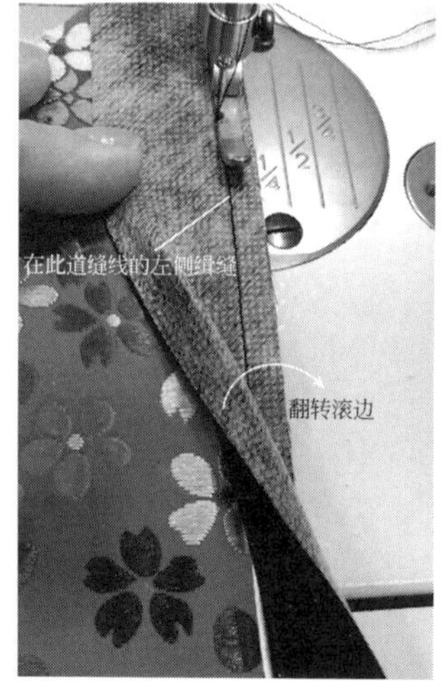 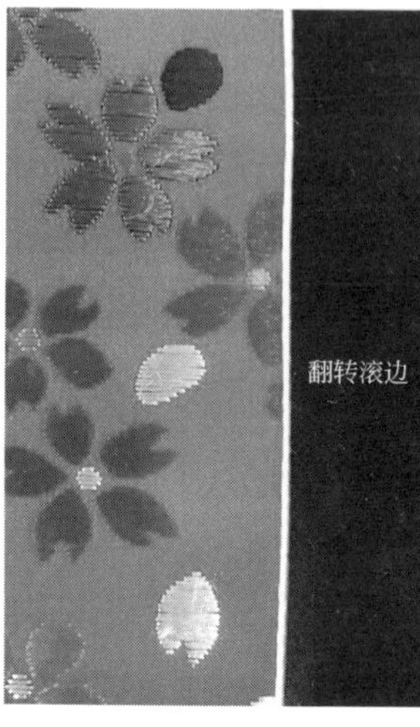

续表

扣烫滚边	翻转滚边后扣烫，上好里子后在反面用暗缲针固定 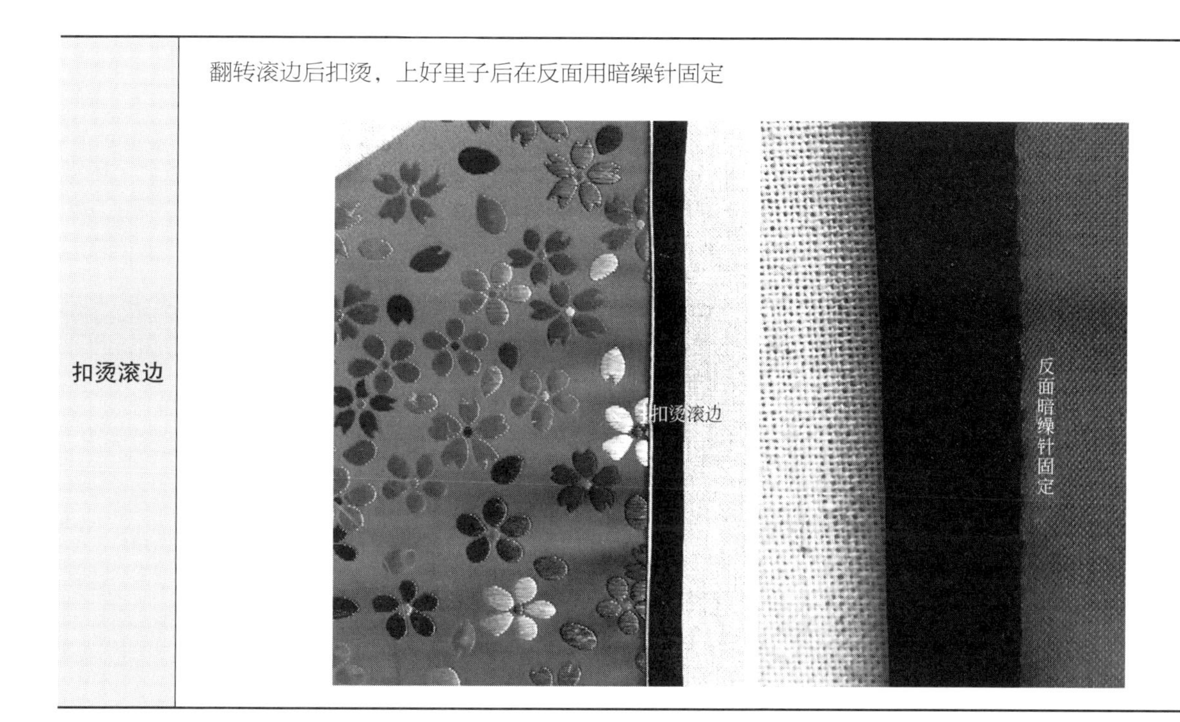

镶滚嵌宕工艺形式多样，方法很多。但最重要的是制作完成后的滚边都要符合工艺的质量要求。滚条要均匀对称，宽窄一致，顺直、方正、圆顺，不起皱、不扭曲、不起吊，外形美观，充分体现出镶滚嵌宕的精湛工艺和美化服装的整体效果。

二、盘扣工艺

盘扣是我国特有的工艺服饰品，小巧玲珑，仅用一根彩带就可以塑造出千变万化的造型。盘扣或盘花扣的作用在中国服饰的演化中逐渐改变，它不仅仅有连接衣襟的功能，更是装饰服装的“点睛之笔”，生动地表现着中国服饰重意蕴、重内涵、重主题的装饰趣味。在形形色色的传统旗袍及现代服装中，衣襟上的盘扣常常起到画龙点睛般的传神作用，是民族风韵的浓缩。手工盘扣有其特殊的工艺性，它运用细腻、婉约的手工扦边和盘扣或盘花扣，表现出一丝不苟的自我涵养，精巧的盘扣中蕴含着精致。同时，也赋予了其一定的观念和象征意义，使之具有招福纳祥、传情达意的含义。每一例盘扣都有表现其特征的名字，从普通直形扣到栩栩如生的蝴蝶扣、蜻蜓扣、菊花扣、梅花扣和象征吉祥如意的寿形扣等，有近百种之多。这一节中将讲解盘扣的制作方法，包括一字扣、琵琶扣和花扣的制作。盘扣的制作一般需要如下四个步骤：

（1）缝制袢条（有衬线手法和包细铜丝法等）；

（2）编结扣头；

（3）盘制花型；

（4）固定装订。

（一）制作工具与材料

制作工具与材料	
	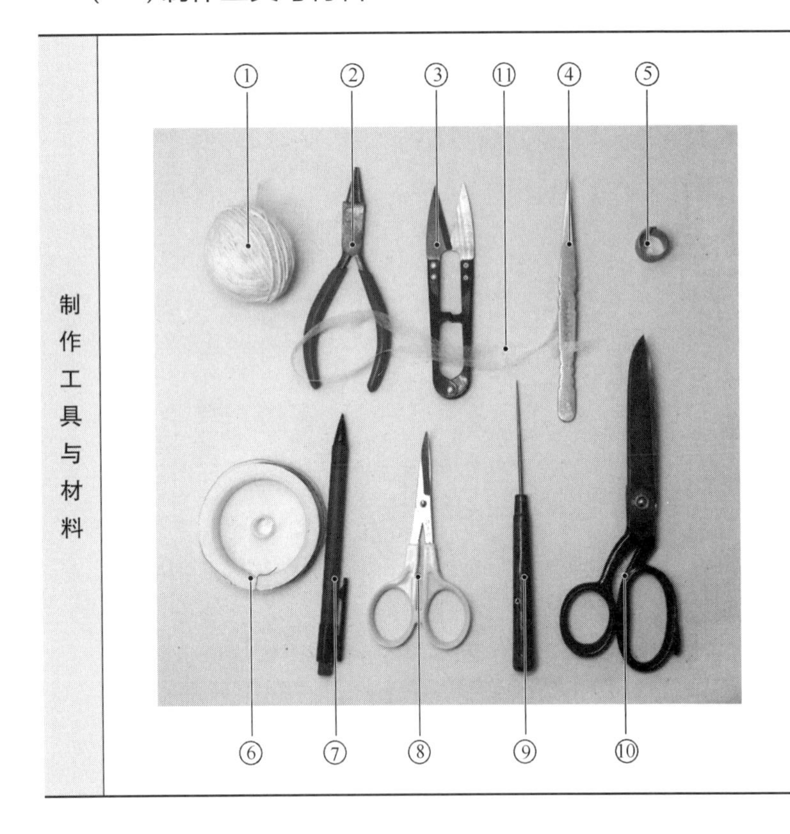
	① 棉线：用于制作袢条时加在其中，增加立体感和丰满度 ② 尖嘴钳：用于辅助拔针，做花扣时辅助造型 ③ 纱剪：用于剪线 ④ 镊子：辅助车缝，缝份的转角 ⑤ 顶针：用于辅助缝纫针插入布料，要尽量选择孔深而宽的 ⑥ 铜丝：用于制作花扣袢条时加在中间，便于造型 ⑦ 铅笔：用于画线 ⑧ 弯头纱剪：用于剪线 ⑨ 锥子：用于辅助做记号、转角、直角翻面以及拆线和辅助车缝 ⑩ 大剪刀：用于裁剪面料 ⑪ 双面黏合衬：用于做花扣袢条时代替针线缝合扣条

（二）工艺制作

1. 盘扣袢条的制作准备

在制作盘扣之前，首先要了解制作盘扣所使用袢条的制作方法，可以用手工缝制，也可以用机器缝制，这里介绍机器制作的方法。

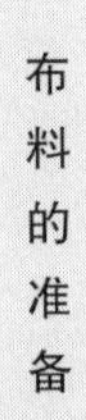布料的准备	制作袢条的布料一般采用真丝缎，如果做软扣可以在反面粘无纺衬，如果做花扣就必须在反面做上浆处理。糨糊以自制为佳，用面粉和水熬制而成  反面粘衬 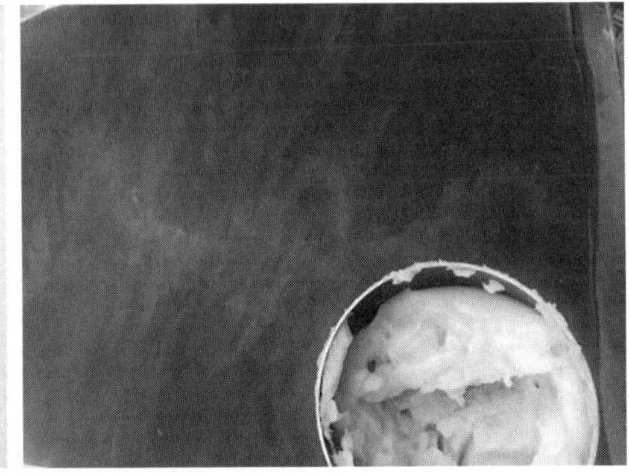 反面上浆
裁剪	不论做哪种盘扣，袢条用布必须为 45° 正斜纱。用笔画出袢条的宽度，然后用剪刀裁剪斜条。袢条宽度根据布料的薄厚与袢条完成后的宽度确定，参考宽度如下：盘扣 2.5cm，花扣 1.2 ～ 1.6cm

续表

裁剪	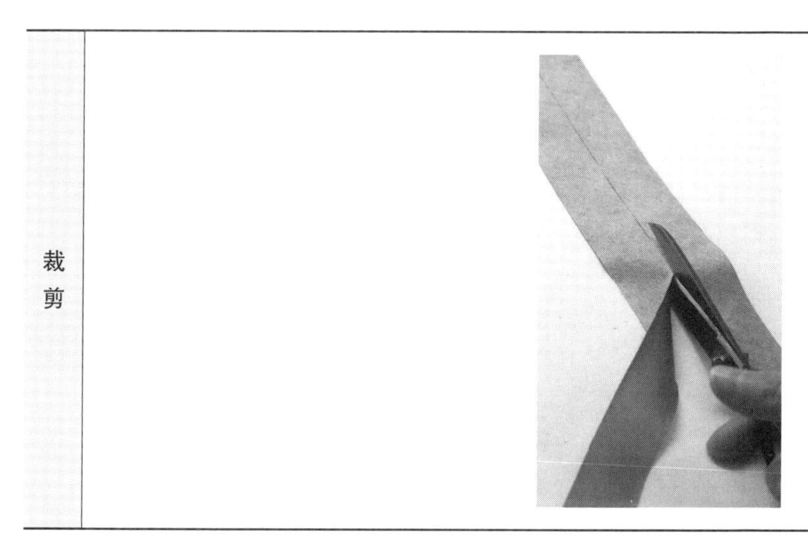

不同盘扣建议使用的袢条如表 2-2 所示。

表 2-2　不同盘扣使用的袢条

序号	盘扣类型		面料处理方式	袢条制作方式	特点	图片
1	软扣	直扣	反面粘衬	内加棉线芯，手缝或机缝	袢条饱满立体	
2		盘扣	反面粘衬	内加棉线芯，手缝或机缝		
3	花扣		反面上浆	内加铜丝，用双面黏合衬粘接	便于造型	

2. 软扣袢条的制作

软扣是指直扣、琵琶扣等不需要做复杂造型的一类盘扣，这类盘扣的袢条采用内衬棉线、机缝的方式。

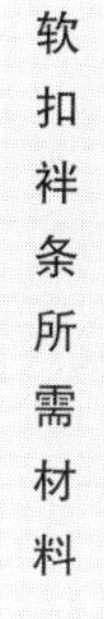

① 棉线：直径 2mm
② 45° 斜条：宽 2.5cm

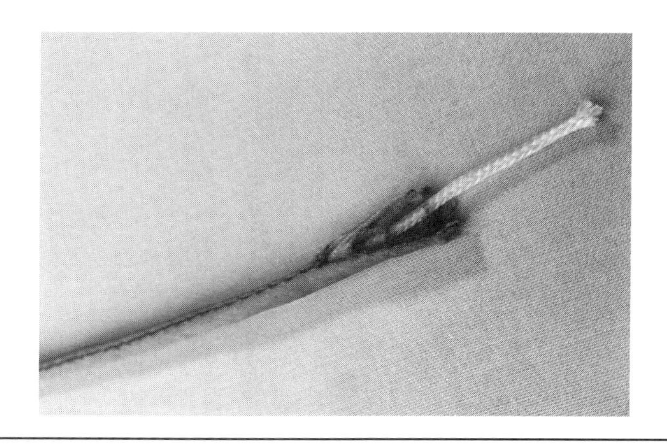

续表

第一步	把裁好的扣条正面相对对折，加入棉线芯，内衬棉线芯的直径大约 2mm。加入棉线芯的袢条饱满立体，适用于直扣和盘扣的制作。缝制时换用单边压脚，这样可以使缝合线紧贴棉线芯，有助于车缝得更顺利与整齐	
第二步	缝好后留 0.3cm 缝份，修剪掉多余面料	
第三步	翻转袢条。把棉线芯的一端固定到缝纫机上，拉直袢条，先慢慢地把另一端的头部拉出，然后再慢慢地推袢条，直至将袢条翻至正面；同时，推平皱褶	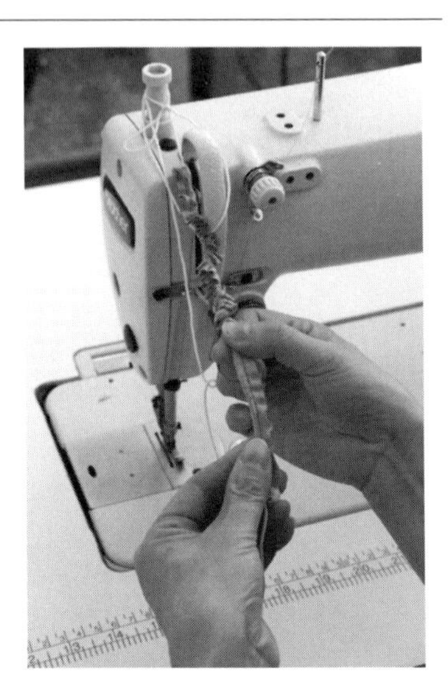

续表

完成图	

3. 花扣袢条的制作

花扣是指花型较复杂的一类盘扣。这类盘扣的袢条采用内加铜丝、用双面黏合衬粘接的方式制作。此种袢条外形硬挺薄扁，更方便造型，成品方圆分明，应用很广，但是不宜清洗。若要清洗钉有花扣的衣物时，建议先将花扣拆下，以免变形。铜丝的粗细规格不一，以采用 0.6mm 粗的铜丝效果为最好。

花扣袢条所需材料	① 45° 斜条：宽 1 ~ 1.6cm ② 6 号铜丝：直径 0.6mm
流程示意图	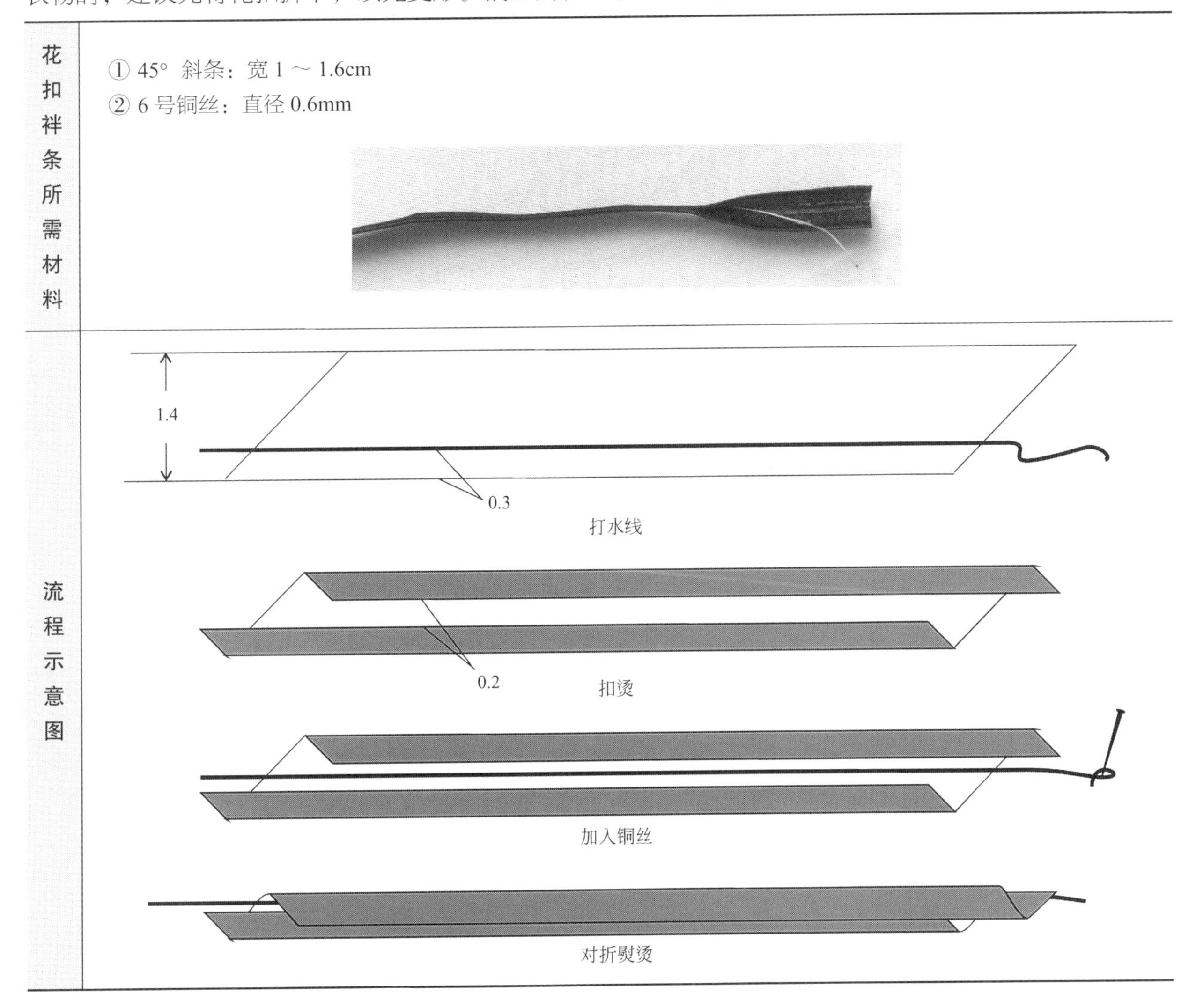

续表

<table>
<tr><td>第一步</td><td colspan="2">把袢条两端用大头针固定在烫台上，一边打水线一边按水线印记折烫。注意，折烫的缝份中间要为铜丝留0.2cm的空间，不能完全对合没有空隙
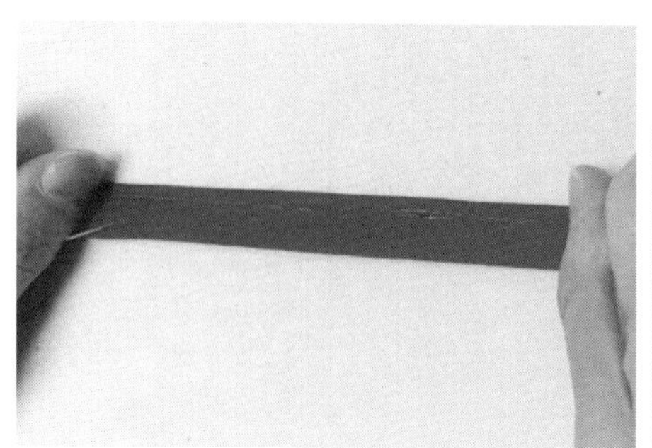
打水线

折烫</td></tr>
<tr><td>第二步</td><td>裁剪一条双面衬，宽度为袢条完成宽度的2倍，把它塞在缝份的下面；然后熨烫，目的是把两侧缝份固定住</td><td>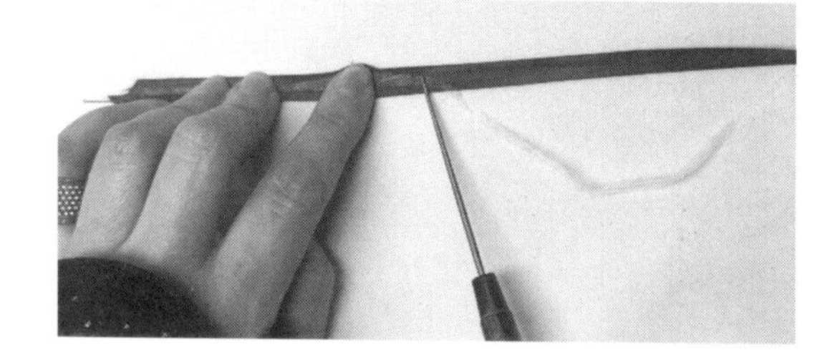</td></tr>
<tr><td>第三步</td><td>把铜丝放在袢条中间，两端缠绕在左右的大头针上固定</td><td>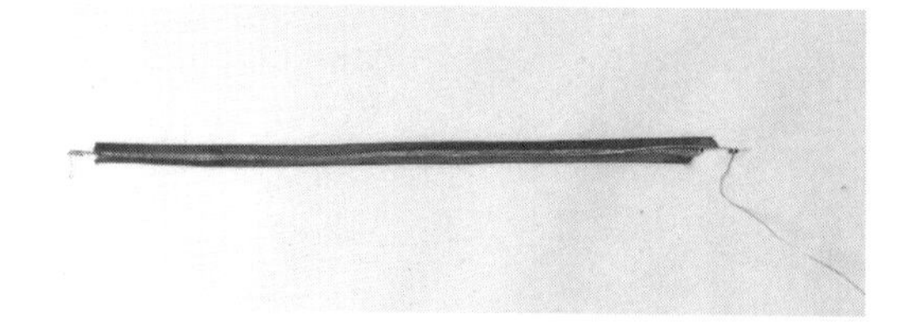</td></tr>
<tr><td>第四步</td><td>再放上一条双面衬，目的是袢条对折时使其粘接在一起</td><td>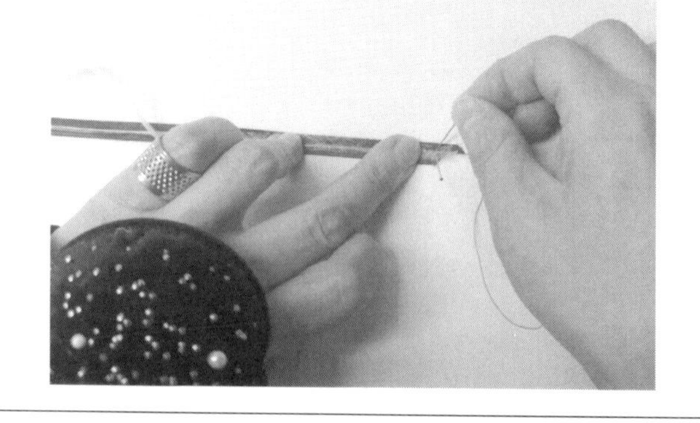</td></tr>
<tr><td>第五步</td><td>对折捏合袢条并熨烫，用高温使其粘接在一起，铜丝一定要在中间的位置，烫平后即告完成</td><td>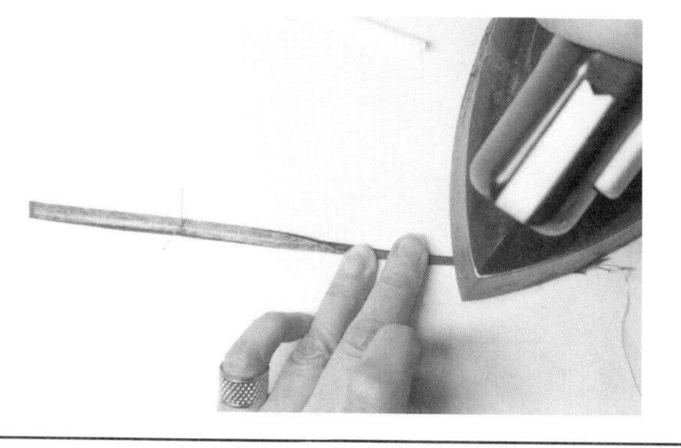</td></tr>
</table>

4. 扣头的制作

步骤	说明
第一步	将袢条绕到左手的食指上 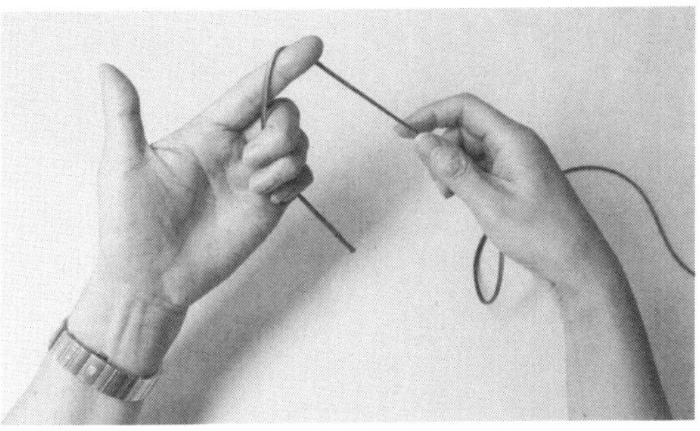
第二步	接着在大拇指上也绕一圈 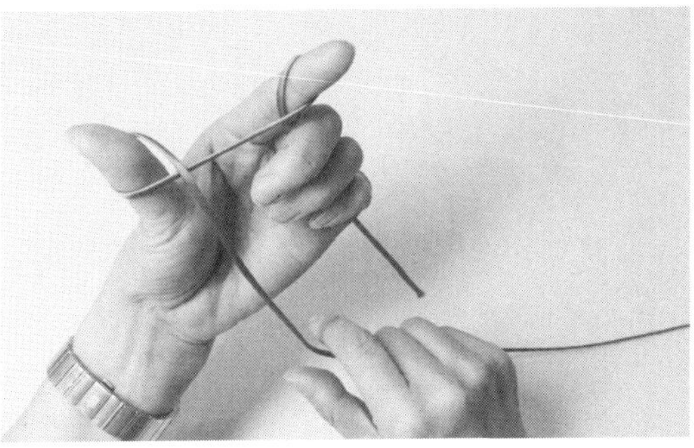
第三步	取下大拇指上的环，翻转压到食指的环上 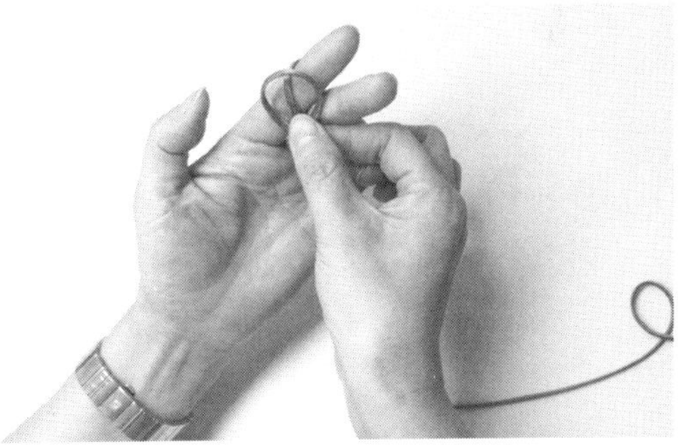
第四步	拿起食指上的袢条端，准备盘绕 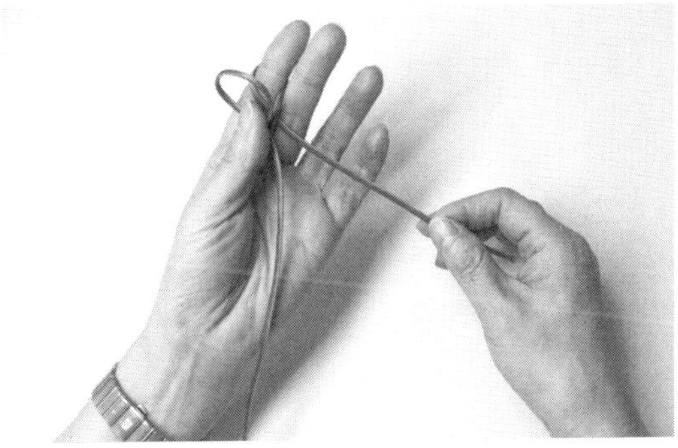
第五步	用食指上的袢条一端穿过线环 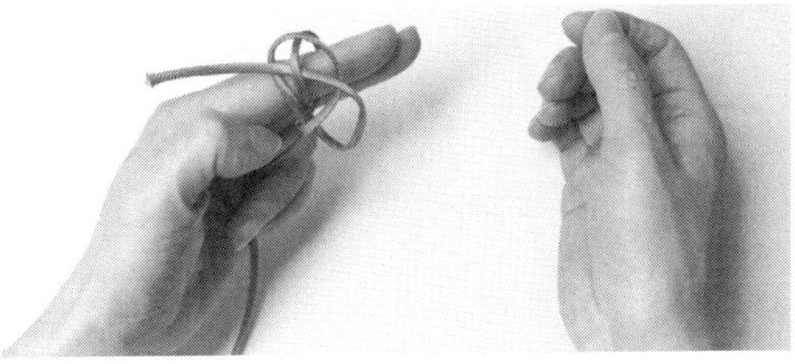

续表

第六步	拉紧两端的袢条，调整成双钱结 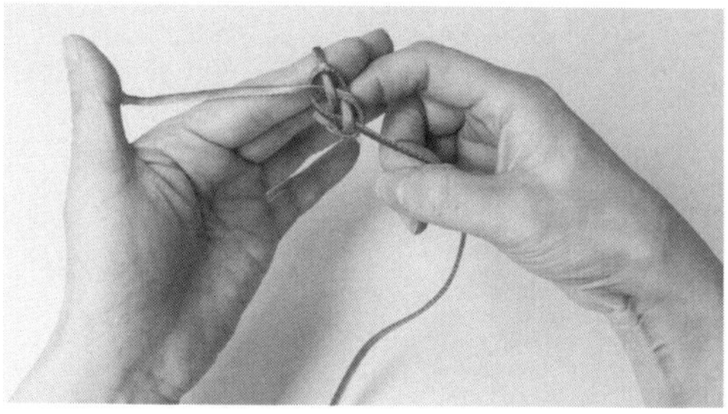
第七步	食指反翻 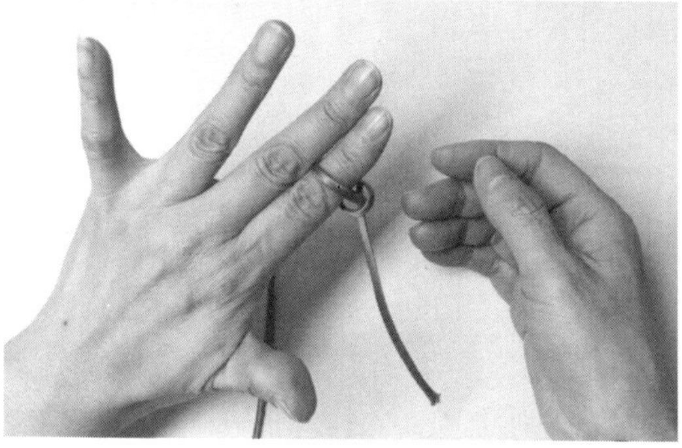
第八步	食指抽离线环 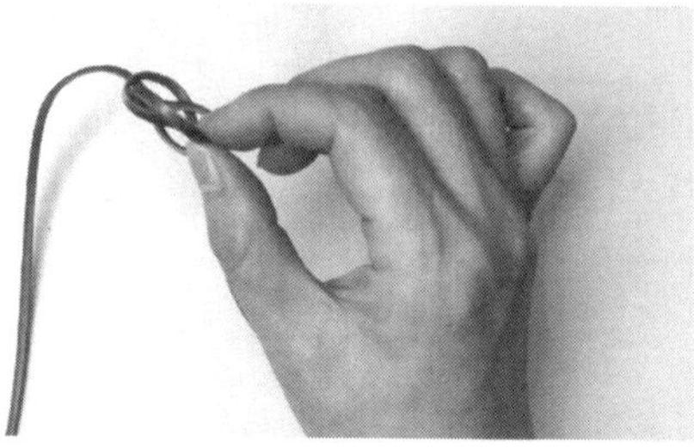
第九步	拿起袢条的任意一端，准备盘绕 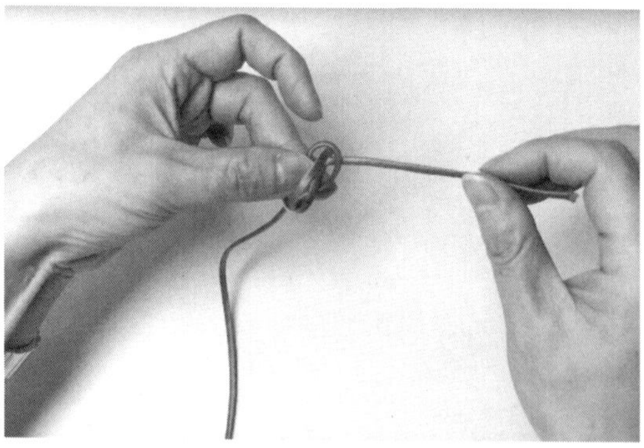
第十步	拿起的这一端以顺时针方向绕过花篮提手后，穿入中间的井字内 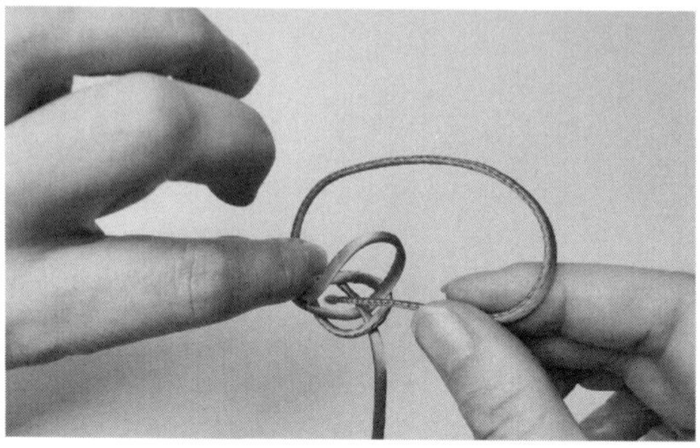

续表

第十一步	再拿起另一端，还是以顺时针方向绕过花篮提手后，穿入中间的井字内。注意，两端穿入的是同一个孔洞	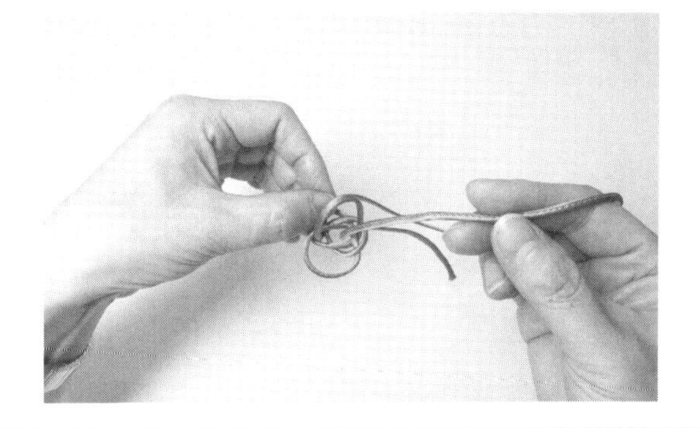
第十二步	两手分别拉住提篮及袢条的两端，反向拉紧，形成扣结的造型	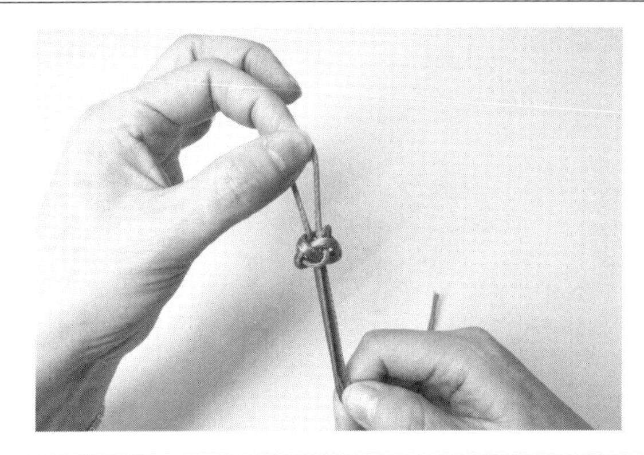
第十三步	接着顺着袢条的走向调整扣头，可以将袢条的一端穿入提环中间，以防止抽拉过程中扣头变形，而且也需要使用此拉绳拉出扣鼻形状。调整过程可能需要多次，直至调整出既美观又松紧合适的扣头为止。调整时注意不可有扭曲的现象，且为了美观，袢条的缝合线迹一面要尽量朝下或朝内	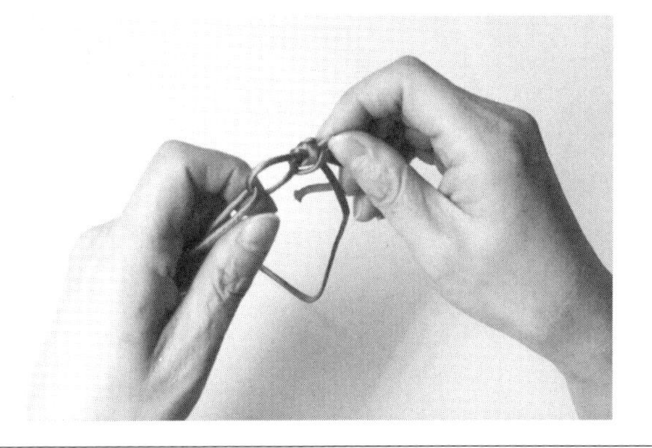
完成图	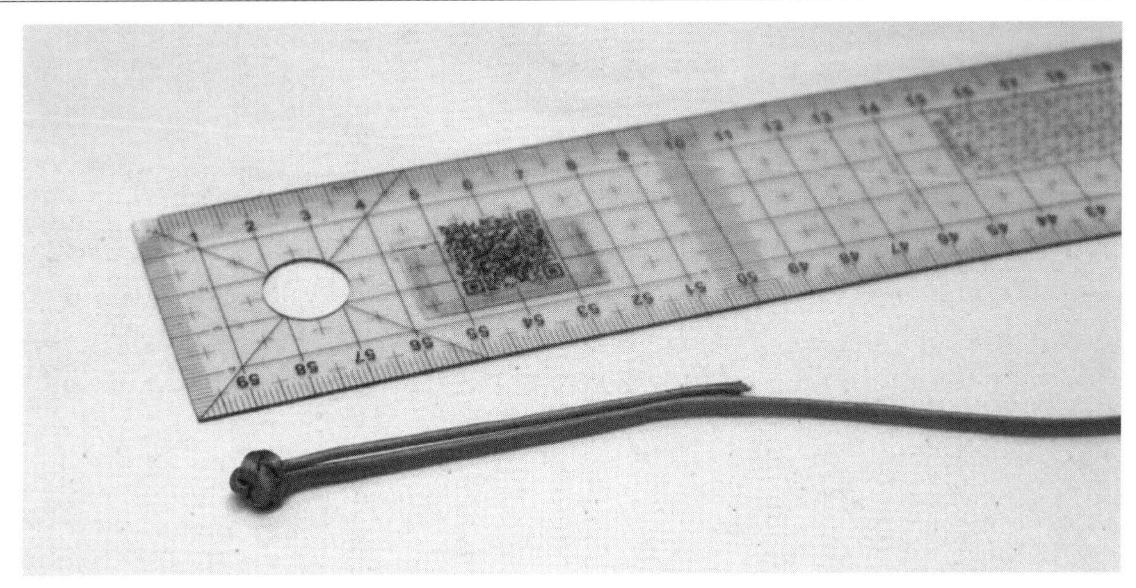	

5. 一字扣（直扣）的制作

直扣是最简单的中式纽扣。以棉线芯袢条制作，一般直扣完成的长度为4.5～5cm，视个人喜好调整。

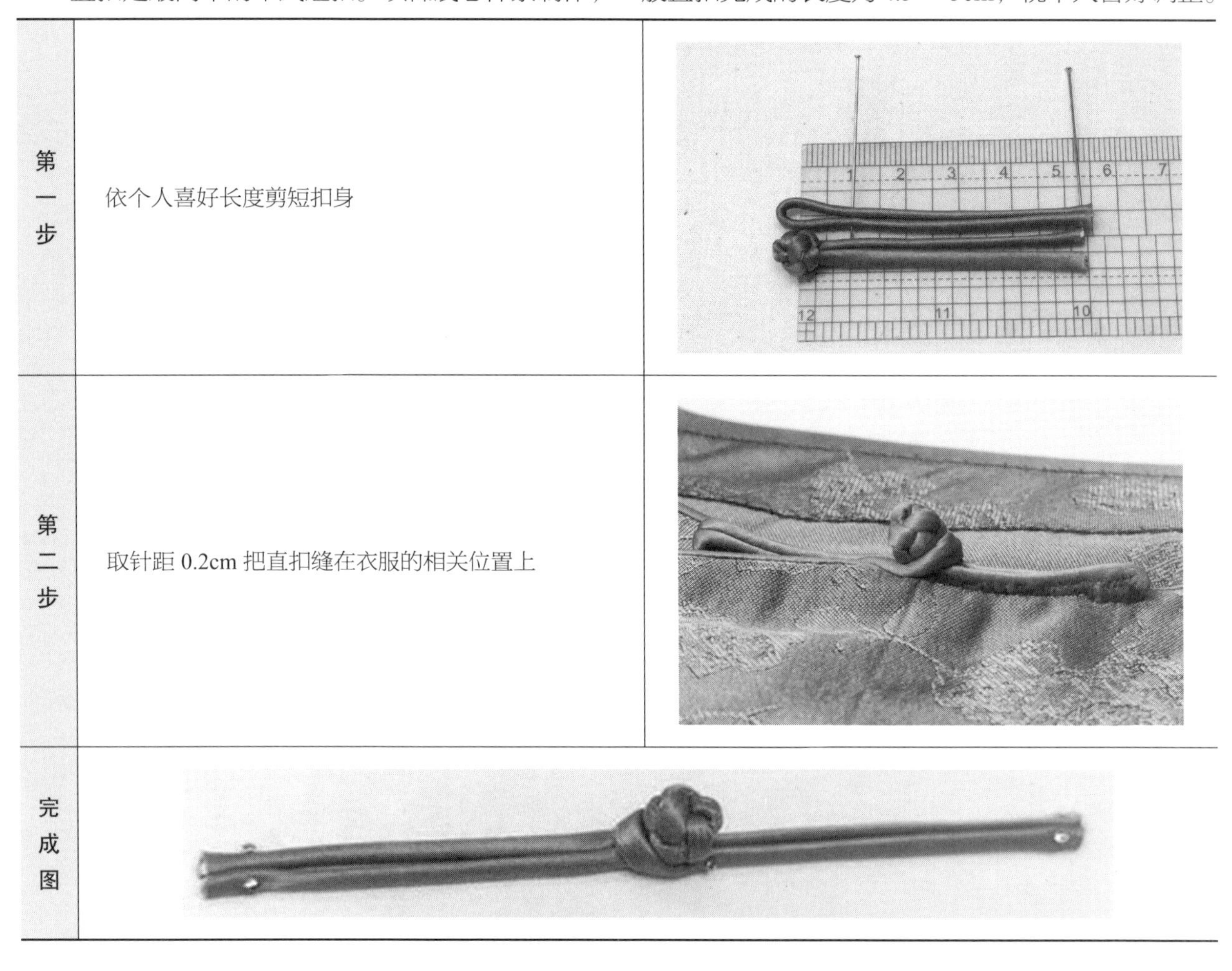

步骤	说明
第一步	依个人喜好长度剪短扣身
第二步	取针距 0.2cm 把直扣缝在衣服的相关位置上
完成图	

6. 琵琶扣的制作

步骤	说明
第一步	弯出扣袢的长度
第二步	以食指为圆心，呈 8 字形盘绕

续表

第三步	回到起始位置后，沿着第一道的内圈绕出第二圈，8字形下面圆的第二圈也要在第一圈的上部	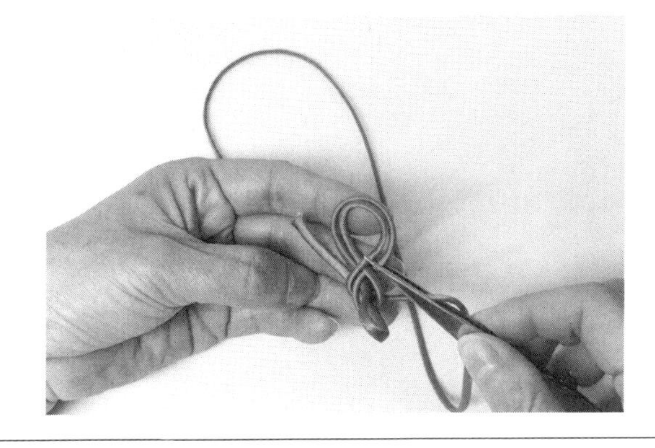
第四步	重复上述步骤，盘绕第三圈	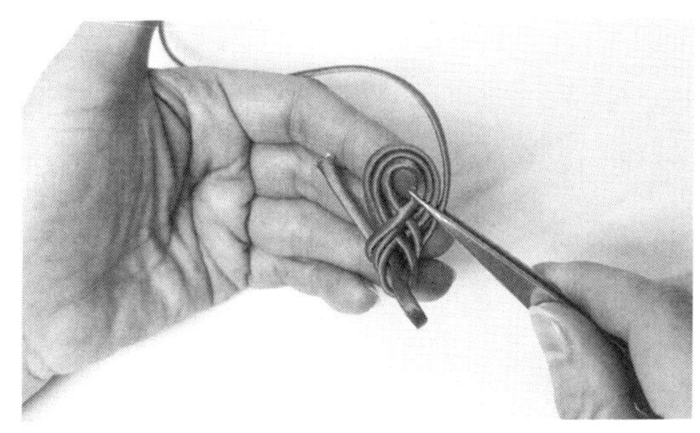
第五步	第三圈完成后，将袢条的一端穿入中间的孔洞	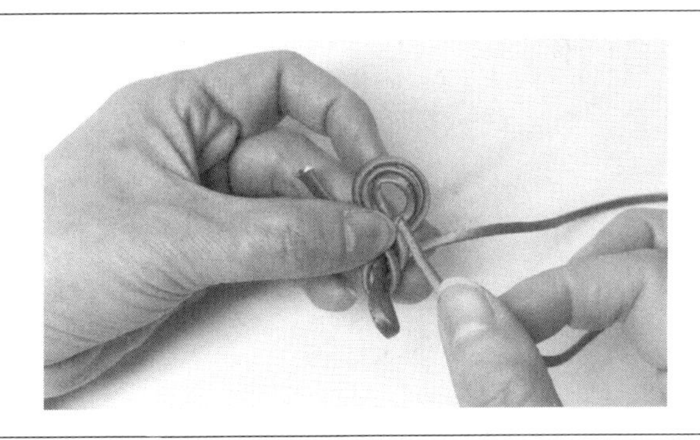
第六步	将袢条从背面拉出	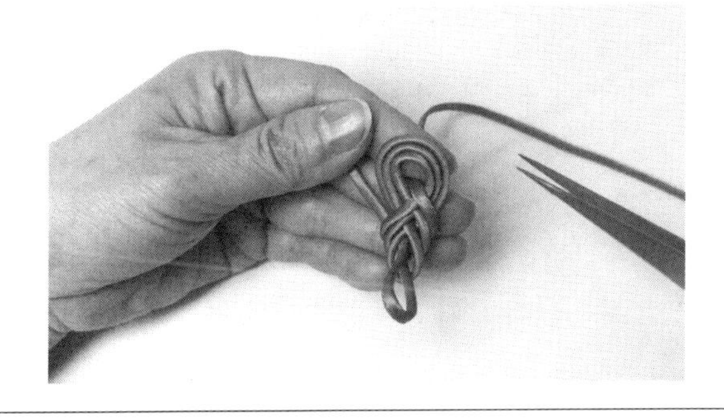
第七步	然后翻过琵琶扣，将袢条从背面的第三道横向盘线中拉出	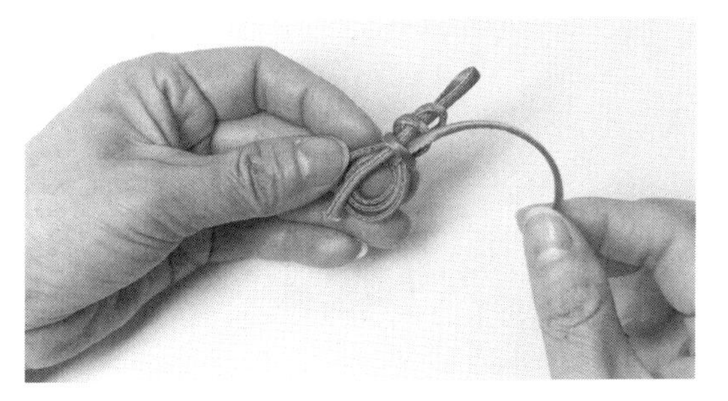

续表

第八步	沿着线的走向，调整扣子的形状和松紧度，完成图如下	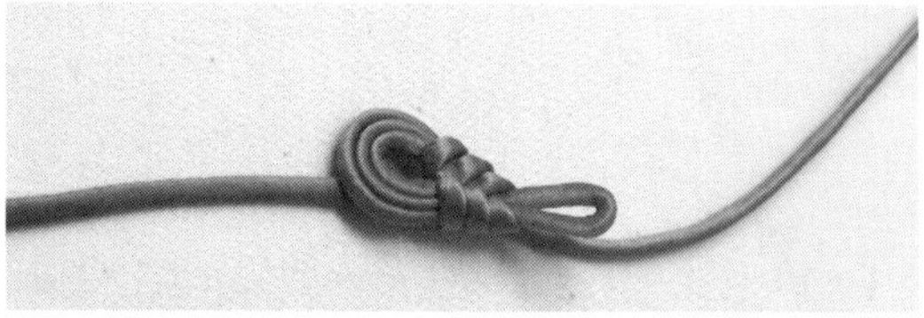
第九步	形状调整好后，需要缝合固定形状。先在扣袢的底部缝合几针后固定	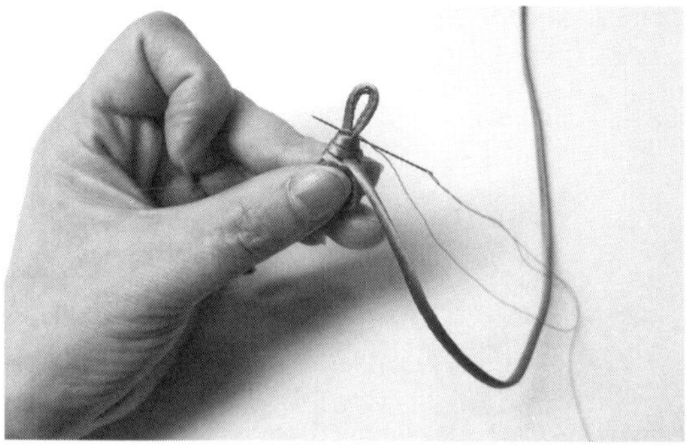
第十步	固定好后，就可以剪掉袢条短的一侧的多余部分，留0.3cm左右缝份	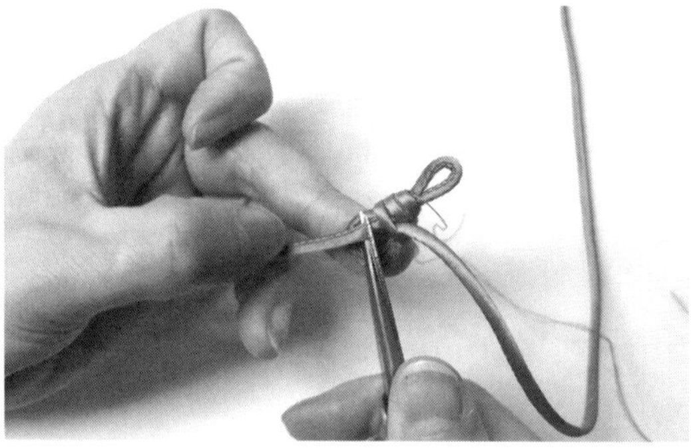
第十一步	然后，藏好缝份毛边，从上到下手缝固定每层的横向袢条	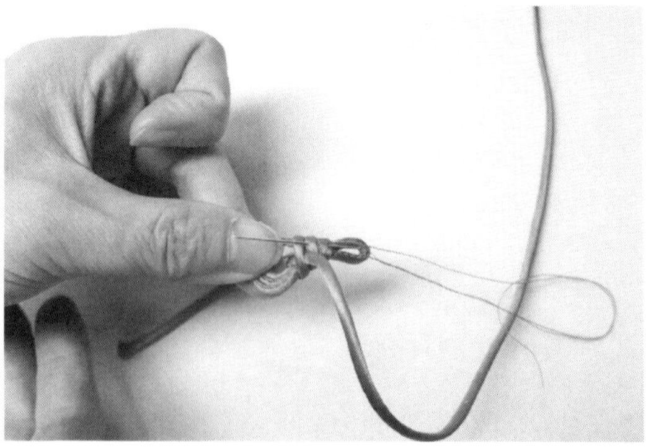
第十二步	再剪掉另一端多余的袢条	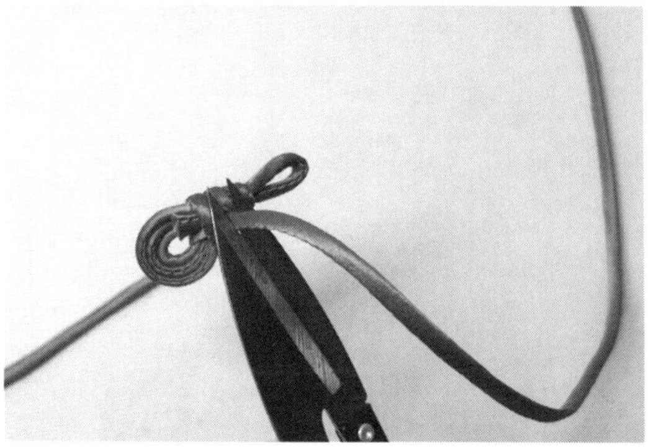

续表

第十三步	接着缝合固定琵琶扣的底部圆，先从圆的根部缝起	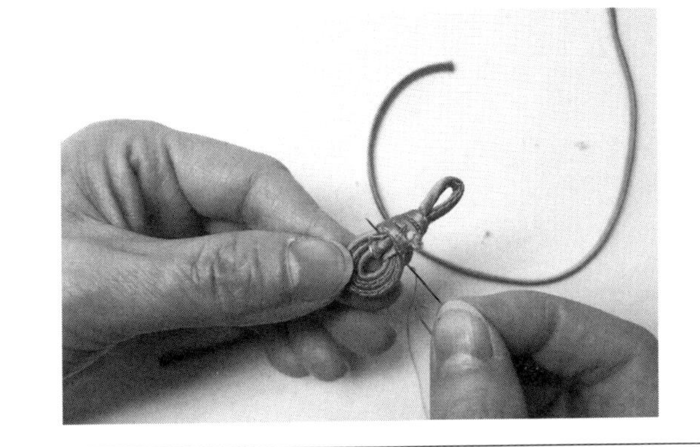
第十四步	然后再继续固定圆，固定时需要三层圆一起缝合固定	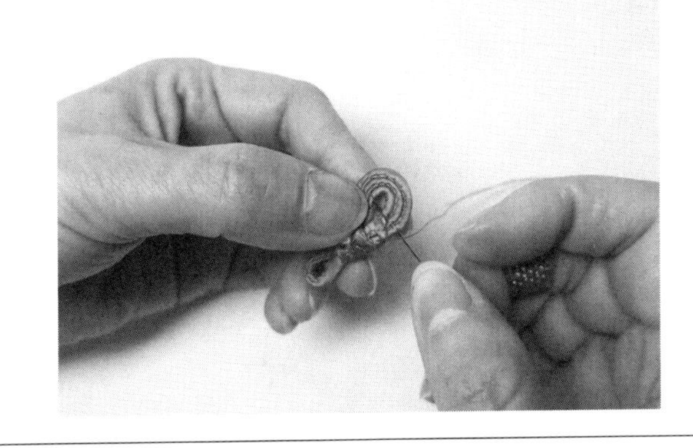
完成图	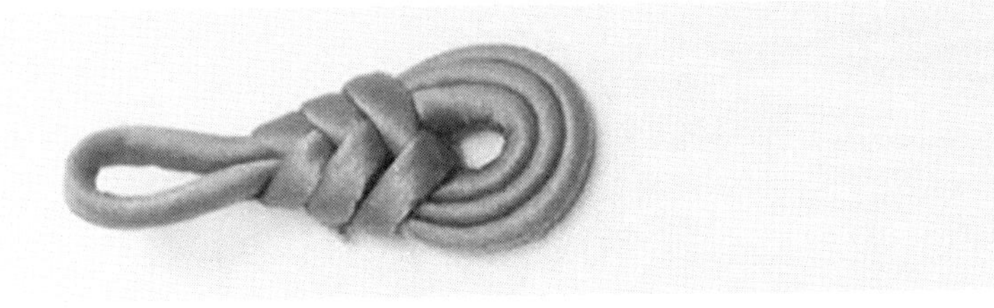	

7. 花扣的制作

第一步	花扣的样式千变万化，在制作前要先进行初步设计，画出样式，并测量出每一段弧线所需的大概尺寸	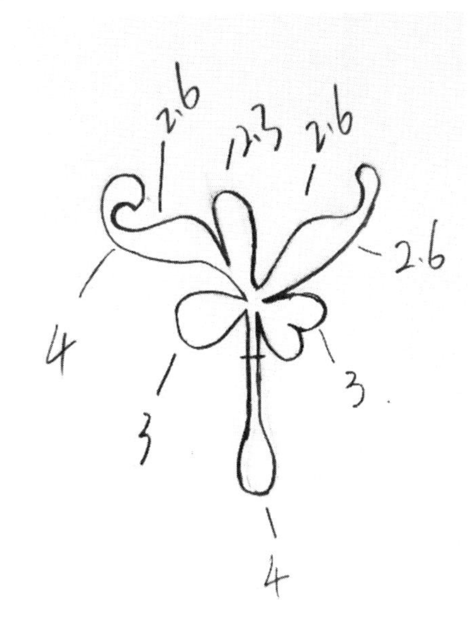

续表

第二步	对照设计稿的尺寸，依序在袢条上做好标记；在摆放袢条时，把粘接侧向下（朝向自己）摆放 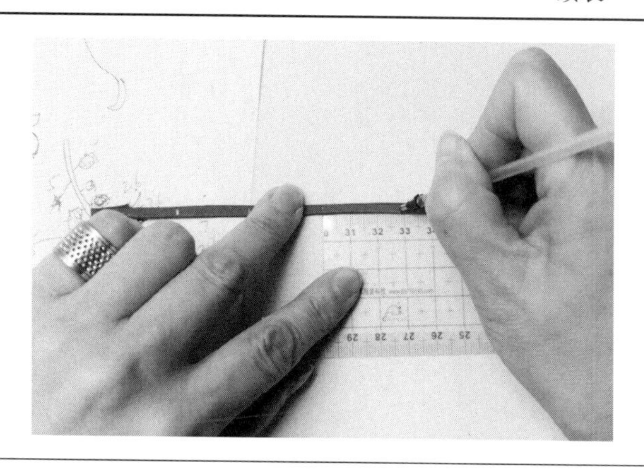
第三步	准备工作完成后，利用钳子、镊子等辅助工具按照标记凹造型，镊子和钳子可以辅助夹紧压扁每一个转折的位置 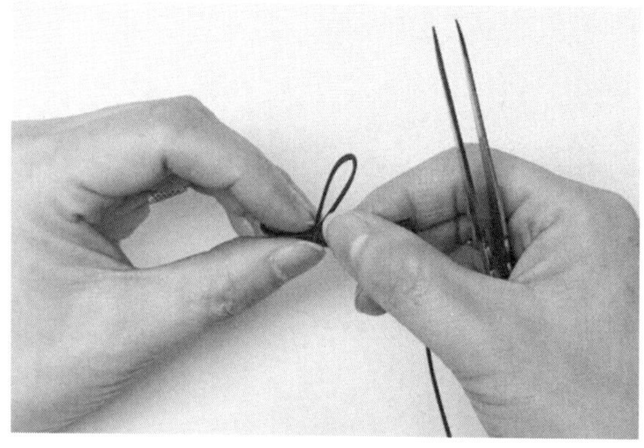 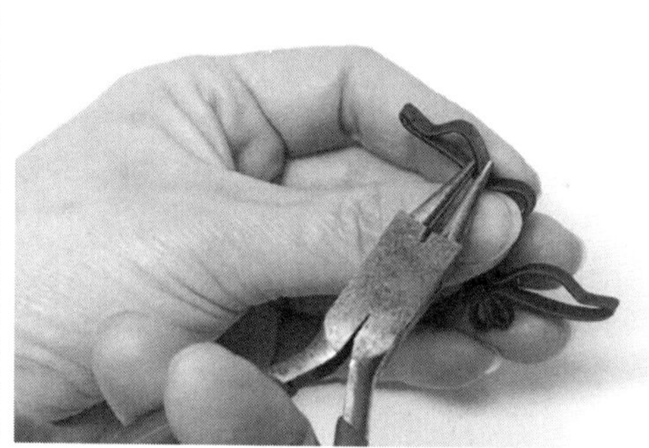
第四步	手针串缝花心，将针依次插入已经凹成型的花瓣尖端，然后用力拉紧缝线串成花心，串缝回到扣颈于背面打结固定。注意针插入的地方尽量靠近尖端，若离得太远，最后成型的花心会不够紧密，影响美观 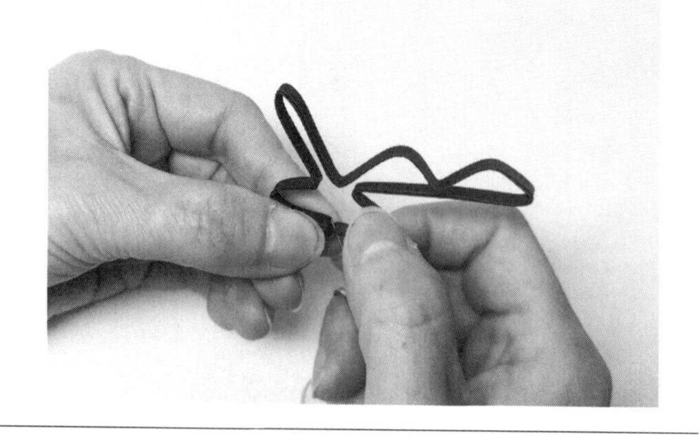
第五步	调整好后的花扣如下图 

续表

第六步	夹铜丝的袢条，不易打扣头且容易变形。因此，准备打扣头和做扣袢环的区段，要换成棉线芯的同色袢条，这里为了演示方便，换用了撞色的袢条	
第七步	扣颈端斜剪一刀，把缝份做掏薄处理，然后把收口处的缝份向内凹进去	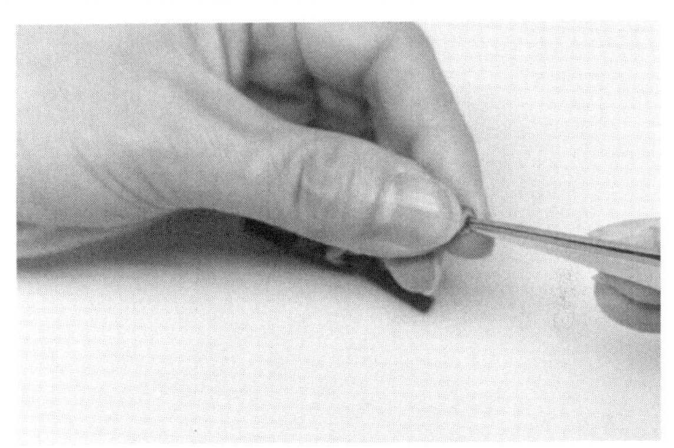
第八步	把棉线芯的扣袢条插入花扣的扣颈	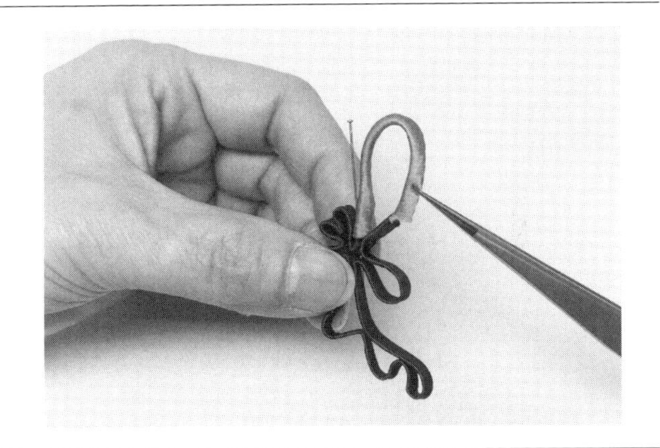
第九步	本色线缝合两三针固定接口	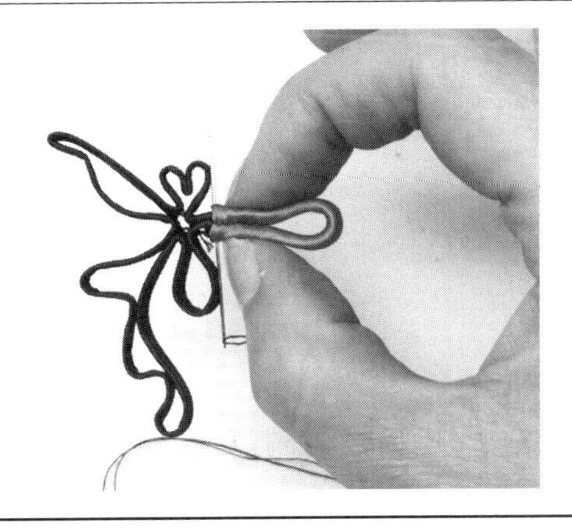

续表

完成图	

第三章　现代汉服结构与纸样设计实例

汉服是经过自然演变形成的具有独特历史特色和汉族特色的服饰。在中国源远流长的文化历史中，汉服毫无疑问是中国文化的国粹之一。汉服作为中华传统服饰体系，经过千年的发展沿袭，形成了浓郁独特的民族风格，汉服蕴含的宽博飘逸、端庄大气、柔静安逸的美学气质，汉服展现的天人合一的文化底蕴，是中国五千年传统文化的精华，因此它不仅是汉族的服饰，更是一种民族传统文化的象征。

如果对“现代汉服”下个定义的话，“现代汉服”应该是指现代社会中人们依据“古装”而重新建构的汉族服装样式。对于“现代汉服”的理解，应该不是以汉朝、唐朝、宋朝或明朝某一个历史时代的具体样式为依据做考古复原，而是基于对传统服装文化的理解，在时代背景下保留传统民族服装框架的再创造、再“发明”与再重构，更多的是对传统服饰文化的一种认同性的表现。换言之，与传统文献中记载的“汉服”不同的是，当下中国青年提倡的“汉服”，其实是对历史的再发现与再接续。

一项初步调查显示，2019 年中国“汉服”市场销售规模达到 45.2 亿元，同比增长 318.5%，产业迎来“井喷”。汉服运动的规模持续扩大，表明它立足于草根人民的生活实践，故能不断地扩大其影响力，现在“汉服”早已发展成为中国一种独特的社会文化现象。但我们也不得不承认，汉服其形制、结构形态、穿着方式，以及在符合大众实用审美、融入当代生活场景中，仍存在不足之处。现代汉服的发展处于起步阶段。人们经常说：“被保护起来的是非遗，活下去的才是文化。”汉服要想更好地生存下去，更好地传承与发展，必须要与时俱进，进行改良和创新，让汉服融入人们的日常生活，接轨现代才是最好的传承。

第一节　现代汉服的设计元素

一、现代汉服的廓形

服装廓形是指服装的整体外形轮廓，廓形以其剪影形态展现，它的变化直接影响服装的款式风格，是构成服装造型的最重要的因素之一。现代汉服的廓形风格以“T 形”“H 形”为主。汉服宽松飘逸，袖子又肥又长，其用料也远大于覆盖人体的需要，不太注重体现人的体态特征。汉服在裁剪时多使用直线条，在穿衣时，配合束腰等手段，其线条流畅、飘逸洒脱，与大自然融为一体，虚实合一，相映成趣，而这也正是现代服装设计所要追求体现的一种服装廓形。汉服的廓形（T 形）如图 3-1 所示。

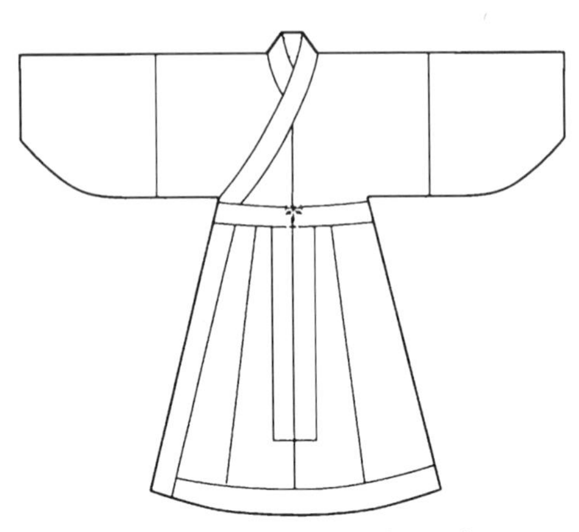

图 3-1　汉服的廓形（T 形）

二、现代汉服的版型

传统汉服其主要结构形式为：平面裁剪，前后衣片为十字形结构并连裁，衣身无肩缝、肩斜和袖窿，无省道，肩袖连裁，交领右衽，上衣下裳，宽袍大袖（泛指礼服），衣裾，袖口缘边等。为了尽量避免面料的浪费和对图案的

破坏在袖子处设计拼接，其袖缝拼接处为直线，衣身系以绳结。汉服的版型传承了几千年的整体化、十字形平面化结构特征，是中国古代人民一脉相承、经久不衰的智慧结晶，也是居安思危、戒奢以俭等传统观念的延续。现代汉服的版型如图 3-2 所示。

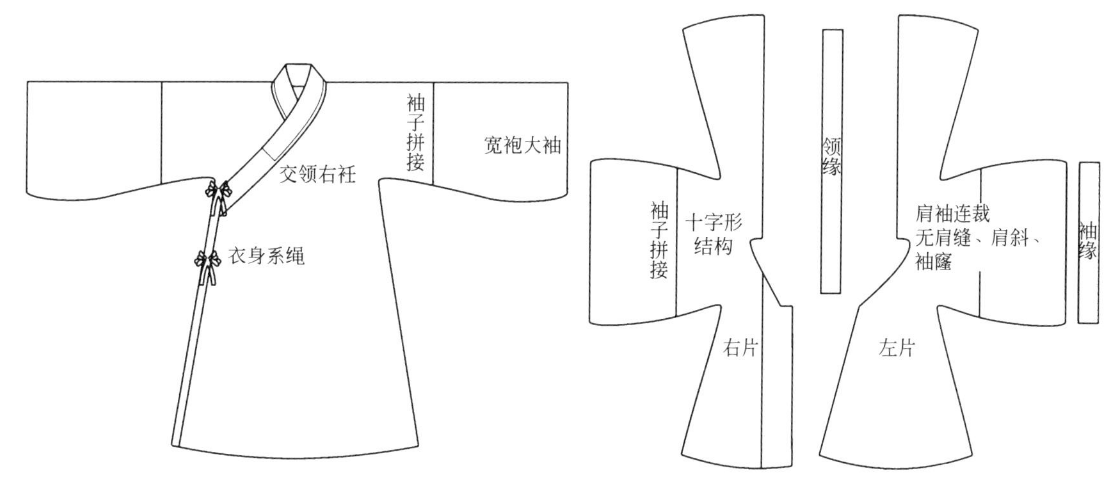

图 3-2　现代汉服的版型

三、现代汉服的款式

汉服主要分为上衣下裳制、深衣制、袍服制三大基本形制，其中上衣下裳是汉服中经久不衰的形制，也是汉服形制的基础。

（一）衣裳制（上衣下裳分裁制）

上衣下裳制即把上衣和下裳分开来裁，上身穿衣，下体穿裳，下裳中的“裳”即裙子，上衣下裳制是汉服体系中最古老的形制。汉语所谓“衣裳”就是来源于此。“上衣下裳”是我国古代最基本的服饰形制，也是历代男子礼服的最高形制，一直到明朝都是如此。比如冕服、玄端。上衣下裳制产生流行的主要时代是先秦，是汉服的源头、基础形制。深衣制、袍衫制都是在上衣下裳的基础上演变出来的。上衣下裳也是适应性最广的穿法，不限男女，既可以是华贵严肃的礼服，也可以是方便轻松的常服。汉代以后流行的上襦下裙制、上衣下裤制本质上也都属于“上衣下裳”。

1. 襦裙

衣裳制发展到春秋战国之后往往称为襦裙，汉朝以后又被特指为女子襦裙：短衣长裙，腰间以绳带系扎，衣在内，裙在外。几千年在襦裙的基本形制下衍生出交领襦裙、对襟襦裙、齐胸襦裙，以及高腰襦裙、半臂襦裙等样式，多作为常服，普及面广。襦裙如图 3-3 所示。

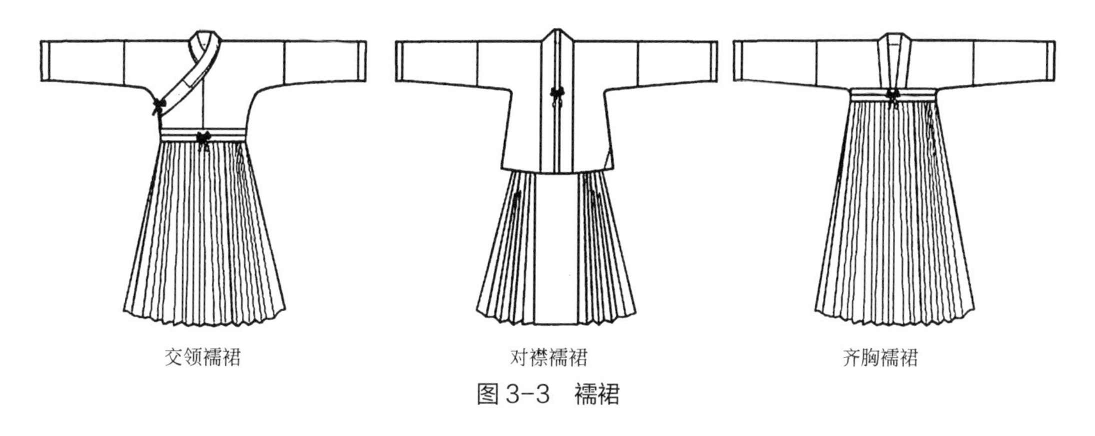

图 3-3　襦裙

2. 袄裙

为典型的上衣下裳制，为活动方便及美观，在袄裙的上衣两侧要开衩，一般开到胯部并利于活动即可。外衣多为收袖口的琵琶袖，可加较窄的袖缘，领子一般加白色护领，下裳可以是马面裙，也可以是普通褶裙。短袄、大袄如图 3-4 所示。马面裙如图 3-5 所示。褶裙如图 3-6 所示。

图 3-4　短袄、大袄

图 3-5　马面裙

图 3-6　褶裙

3. 半臂

半臂又称“半袖”，是从魏晋以来由上襦发展而来的一种短外衣，大致可分为交领和对襟两种。与长袖上衣相比，其不同之处是袖长及肘即可。对襟半臂还可分为直对襟半臂和斜对襟半臂两种，外形上是非常相似的，区别仅仅在于领子的形式。半臂如图 3-7 所示。

在唐朝时，半臂就已经成为一种男女都可以穿的流行服饰，在漫长的岁月里其穿法也基本限为套在其他长袖衣服之外，因为在正式场合，古代人是绝对不会单穿半臂而露出胳膊的。但若以现代审美角度来看，今天的交领半臂完全可以在夏天单穿，这有些类似现代人所穿的短袖 T 恤。女子也可以直接把交领半臂作为半袖的袄裙来穿，又因其袖长较短，搭配现代裙其实也无妨。男子也可穿半臂，而下身配时尚裤装。

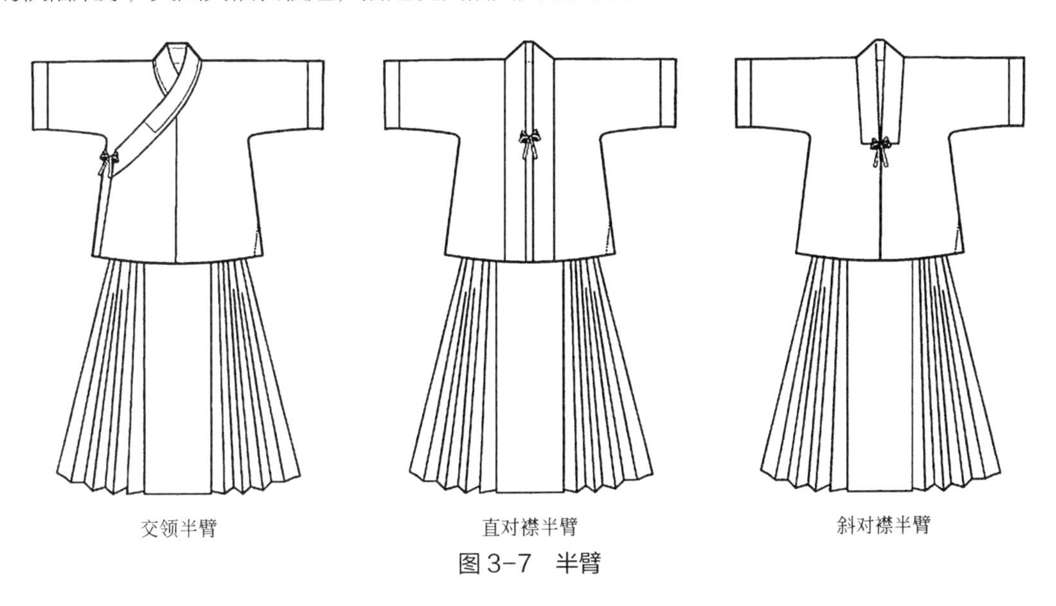

图 3-7　半臂

（二）深衣制（上下连缝制）

深衣制形成于周朝，是汉服体系中最值得探讨、最值得研究的形制，它的裁剪形制有着十分明确的规范和要求，是汉服体系的精髓，成为后世中华服饰的核心。

深衣制是上衣和下裳分开裁剪的直筒式的长衫，在腰部相连、缝缀为一体，即上下连裳。深衣的基本特征为交领，袖根肥大，袖口收祛，用大带作为腰带。深衣男女皆穿，作礼服，又可作常服，各阶层普及率很高。从先秦到明末，流传数千年，其规范几乎没有变动。深衣如图 3-8 所示。

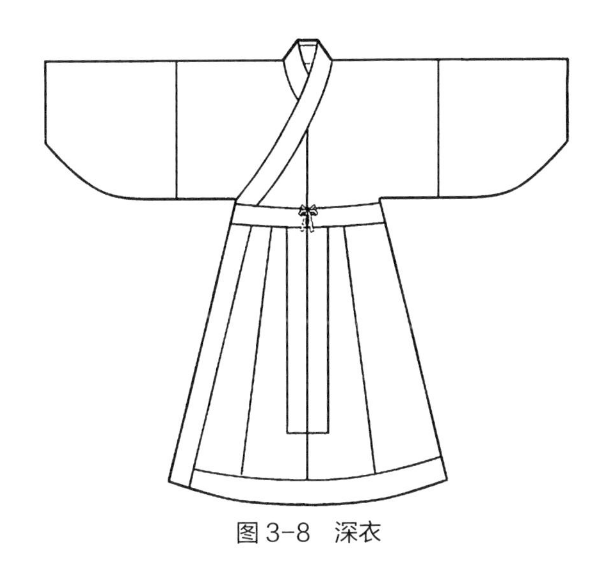

图 3-8　深衣

深衣有两大类：直裾和曲裾。

直裾：左大襟从前胸绕到右后方之后垂直而下，故称直裾。

曲裾：曲裾就是弯曲盘绕的裙子。穿着时，拿着曲裾边的角，缠绕身体两圈，最后再用腰带固定上。和直裾相比，它的襟是围着下体层层盘绕，最后系于腰部。曲裾如图 3-9 所示。

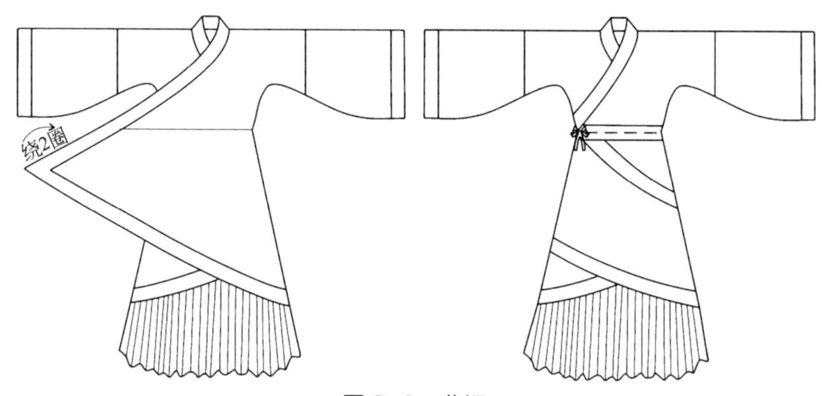

图 3-9 曲裾

（三）袍服制（上下通裁制）

袍服制即上衣和下衣为用一块布料，通体裁剪，中间无接缝，明显区别于上衣下裳分制和深衣分裁连缝制。这一形制始创于隋唐，通裁制的种类很多，包括圆领袍、襕衫、直裰、直身、道袍、褙子、长衫、僧衣等。这些最流行的时期在宋代和明代，皇帝贵族平时也喜欢这么穿，更是文人骚客们的休闲装。直裰直身道袍如图 3-10 所示。

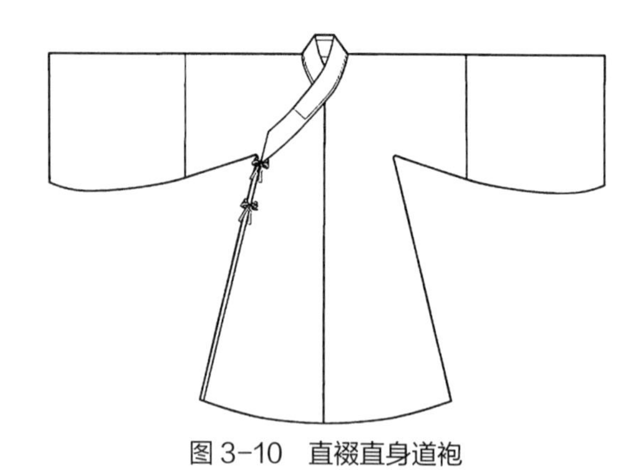
图 3-10 直裰直身道袍

（四）典型局部款式

1. 衣领

汉服领型结构以交领、直领和圆领（盘领）为主，也有其他领型，如立领、方领、袒领和翻领。其中交领右衽的形制被历朝历代服饰传承下来，其外观形态似字母 Y 形，合拢后与现在的 V 字领形似相近。“方领矩步”折射出儒家价值体系中“仁义礼智信”的核心思想。汉服的衣领如图 3-11 所示。

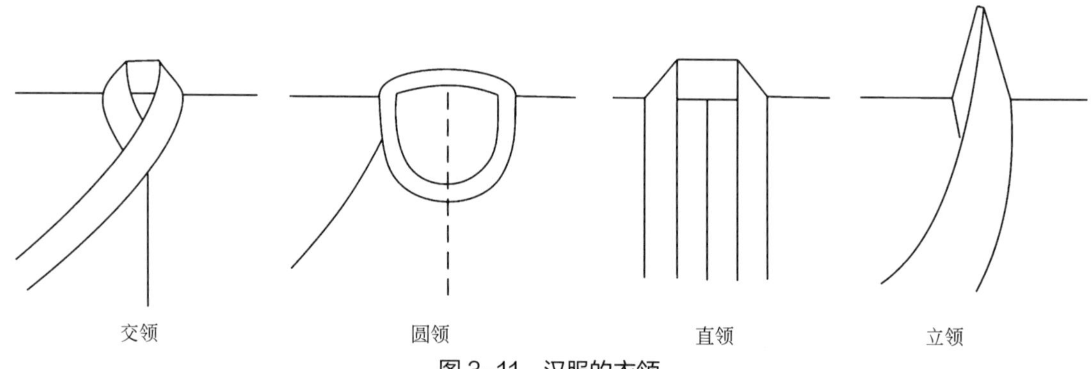

图 3-11 汉服的衣领

2. 衣襟

衣襟，亦作“衣衿”，指衣服开门的部位。严格来讲，衣襟并不能算是单独的服装部件，它是前衣身的一部分。汉服左右衣襟在胸前交叉相叠，呈现出斜襟造型，形成了鲜明的风格特征。斜襟是传统汉服样式中极具特色的一类门襟，是从领口斜向下开至腋下的一种造型。对襟，两门襟相对，纽扣在胸前正中，以两襟平行相对而得名。对襟并不是汉服所独有，如主流现代西式衬衫也是两襟相对。但西式服装前襟相互接触，使用纽扣或拉链固定，而汉服对襟样式前襟不接触，也没有扣子和拉链，通过绳带系结。但对襟与其他中式元素相配合后，其传统服饰的中式风格便被呈现得淋漓尽致。现代汉服开衫式设计，对开襟一般为两门襟彼此对开且平行，可以在前衣片的门襟部位故意造成空缺，既增强了人体的饱满感和曲线度，又与内衣的搭配设计互相映衬，形成整体造型的层次感与灵动性。汉服的衣襟如图 3-12 所示。

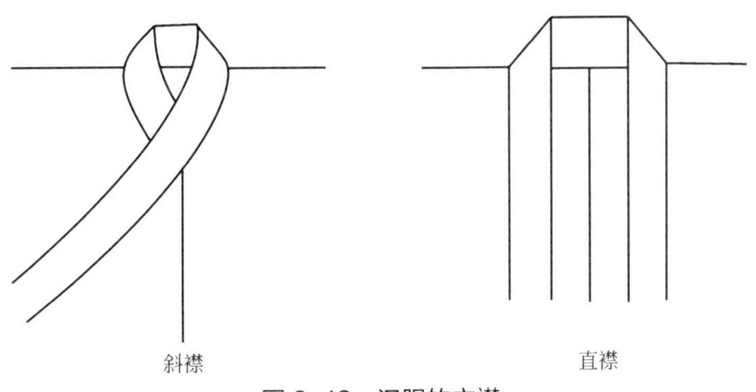

图 3-12 汉服的衣襟

3. 袖子

汉服袖子形制大体可分为大袖和窄袖，礼服上大多是以大袖为主，宽袖的设计具有舒适透气、快速散热的优点，具有华丽大气的风范。日常穿着则是以小袖为主的汉服，方便人们的日常生产和生活。汉服的袖型不仅种类繁多，而且功能也各不相同。袖子从长度上看，可分为无袖、短袖、中袖和长袖；从形状上来看，常见的有直袖、方袖、广袖、垂胡袖、琵琶袖、箭袖等。汉服的袖子如图 3-13 所示。

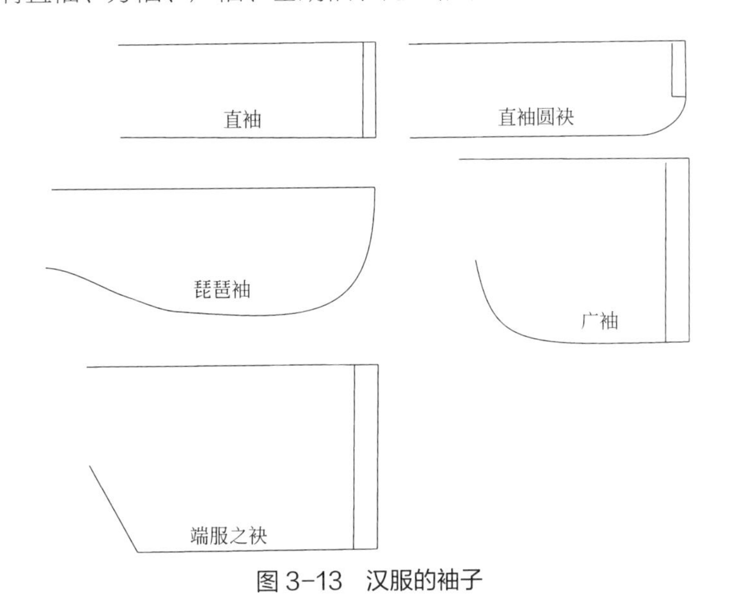

图 3-13 汉服的袖子

汉服的袖长相比现代服装要长得多。汉服袖长按放量大小大致可分为三种：劳作服、常服、礼服。劳作服和中衣的袖子至少要达到手腕，可稍稍超过中指指尖一点儿，这是为了活动方便。常服类的袖子至少要达到中指指尖，但长度不宜超过中指指尖 6 寸以上，如袄裙、直裰、直身等。礼服类的袖长通常在“超过中指指尖6寸”至“反屈回肘”之间，比如道袍、大袄、盘领袍，其通臂长超过2米也不足为奇；同时，袖子也比较宽大，往往给人一种飘逸而端庄大气的感觉。汉服的袖长如图3-14所示。

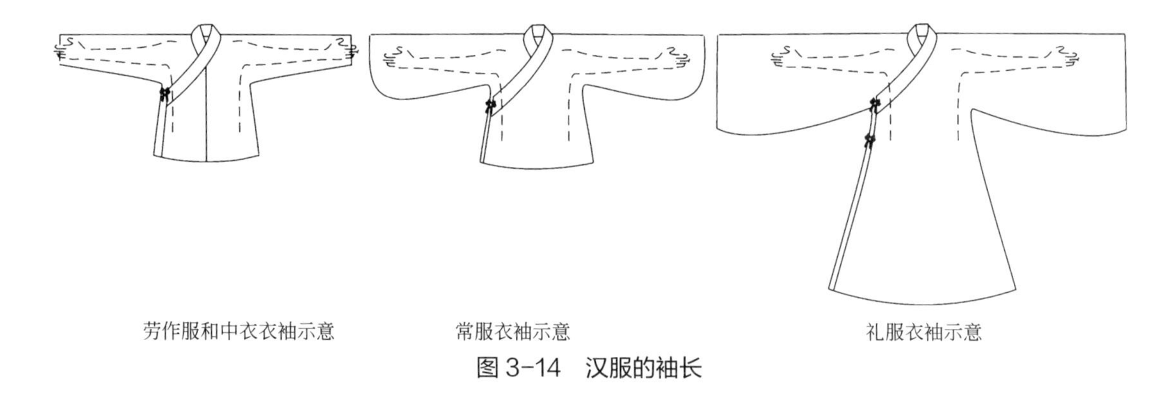

图3-14　汉服的袖长

第二节　现代汉服的典型形制结构 

一、襦裙

襦裙是上襦下裙的套装，风格较灵活多样，选用不同的面料可适合不同年龄、气质的女性穿着。

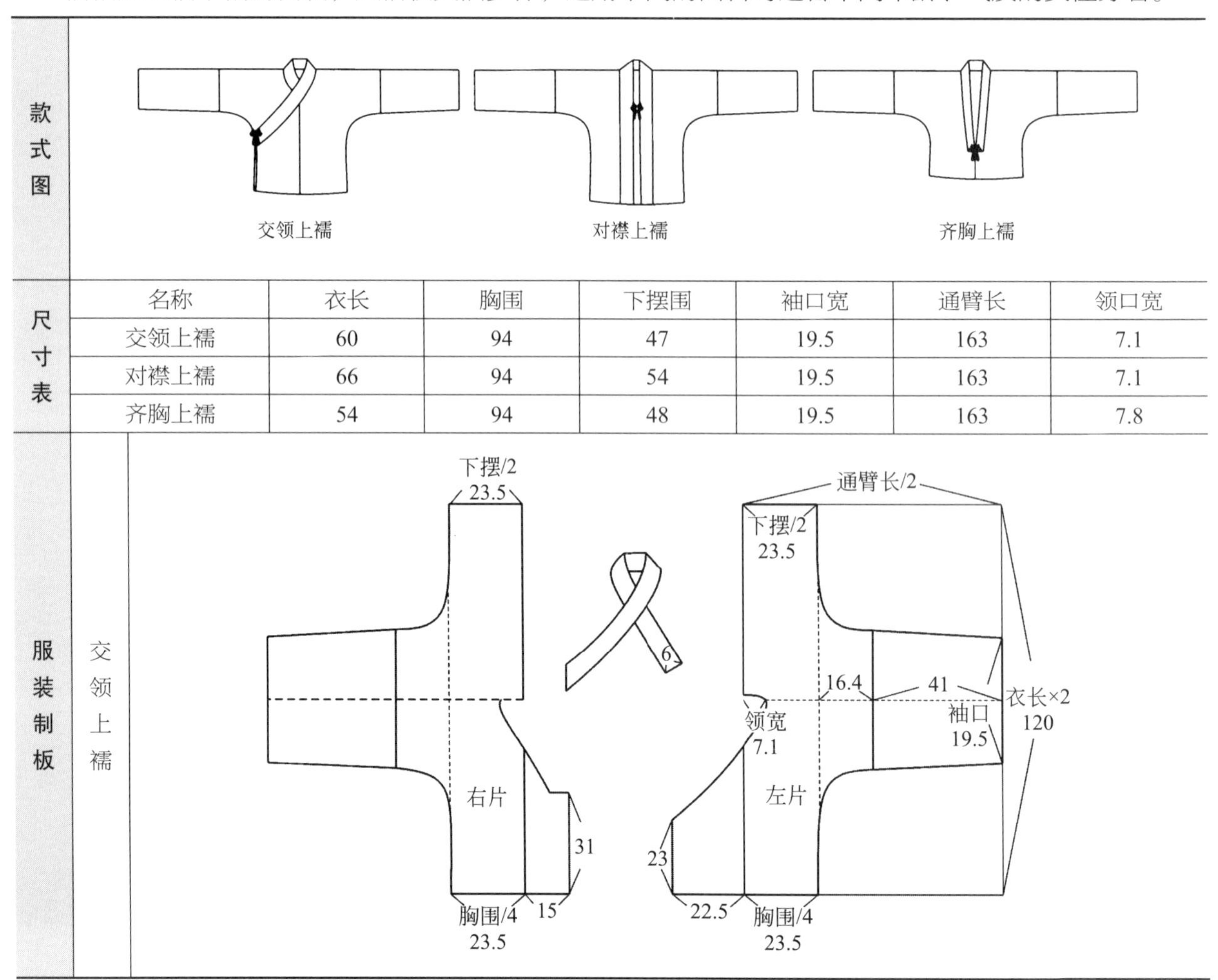

尺寸表

名称	衣长	胸围	下摆围	袖口宽	通臂长	领口宽
交领上襦	60	94	47	19.5	163	7.1
对襟上襦	66	94	54	19.5	163	7.1
齐胸上襦	54	94	48	19.5	163	7.8

续表

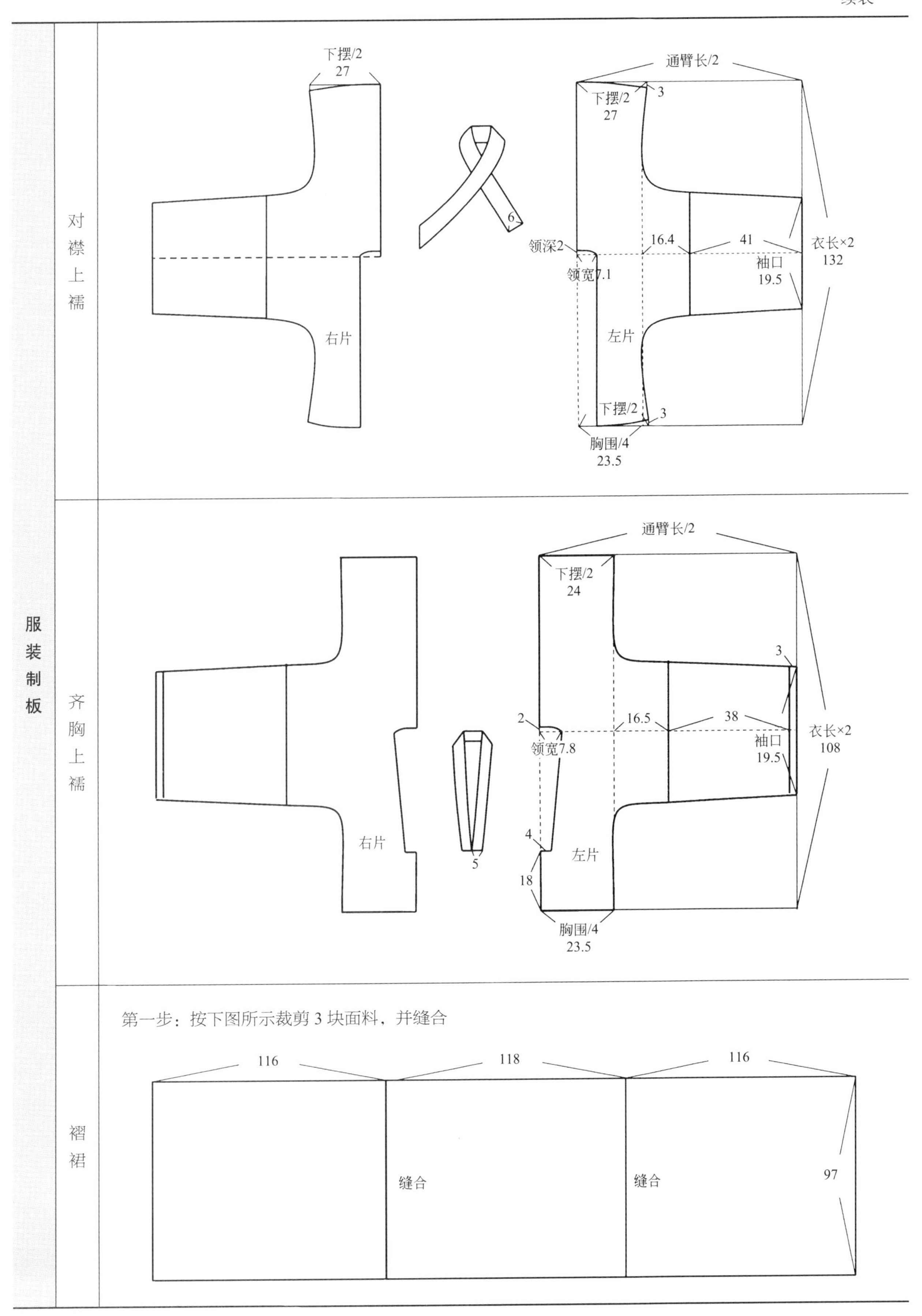
服装制板
对襟上襦
下摆/2
27
6
通臂长/2
3
下摆/2
27
领深2
16.4
41
衣长×2
132
领宽7.1
袖口
19.5
右片
左片
下摆/2
3
胸围/4
23.5
齐胸上襦
通臂长/2
下摆/2
24
3
2
16.5
38
衣长×2
108
领宽7.8
袖口
19.5
右片
4
5
左片
18
胸围/4
23.5
褶裙
第一步：按下图所示裁剪3块面料，并缝合
116
118
116
缝合
缝合
97

续表

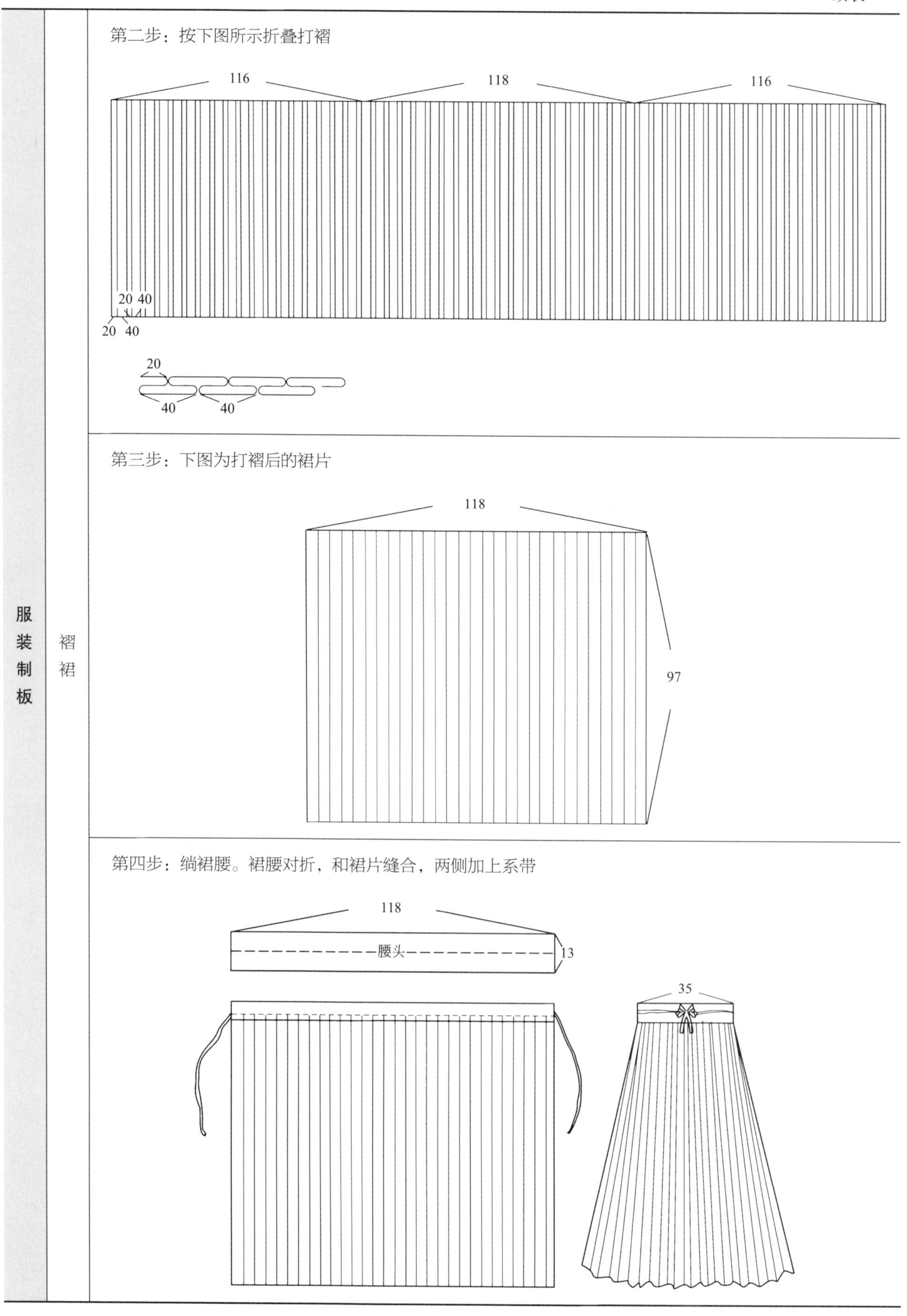
服装制板
褶裙
第二步：按下图所示折叠打褶
116
118
116
20 40
20 40
20
40
40
第三步：下图为打褶后的裙片
118
97
第四步：绱裙腰。裙腰对折，和裙片缝合，两侧加上系带
118
腰头
13
35

二、褙子

褙子是一种采用对襟形式，依靠胸前两条系带打结固定，因而必须罩在其他衣服之外穿着的上衣，其衣长过膝，两侧需开衩，在明代也被称为“披风”。男女均可穿着褙子，男子多用其作为便服，而女子则用其作为礼服。褙子有斜对襟和直对襟两种，袖子有宽有窄，下身搭配马面裙或褶裙。另外，对于直对襟褙子，可自行扩大尺寸及稍加改动制作男士褙子，也可以将袖子缩小变短做成女式窄袖褙子。

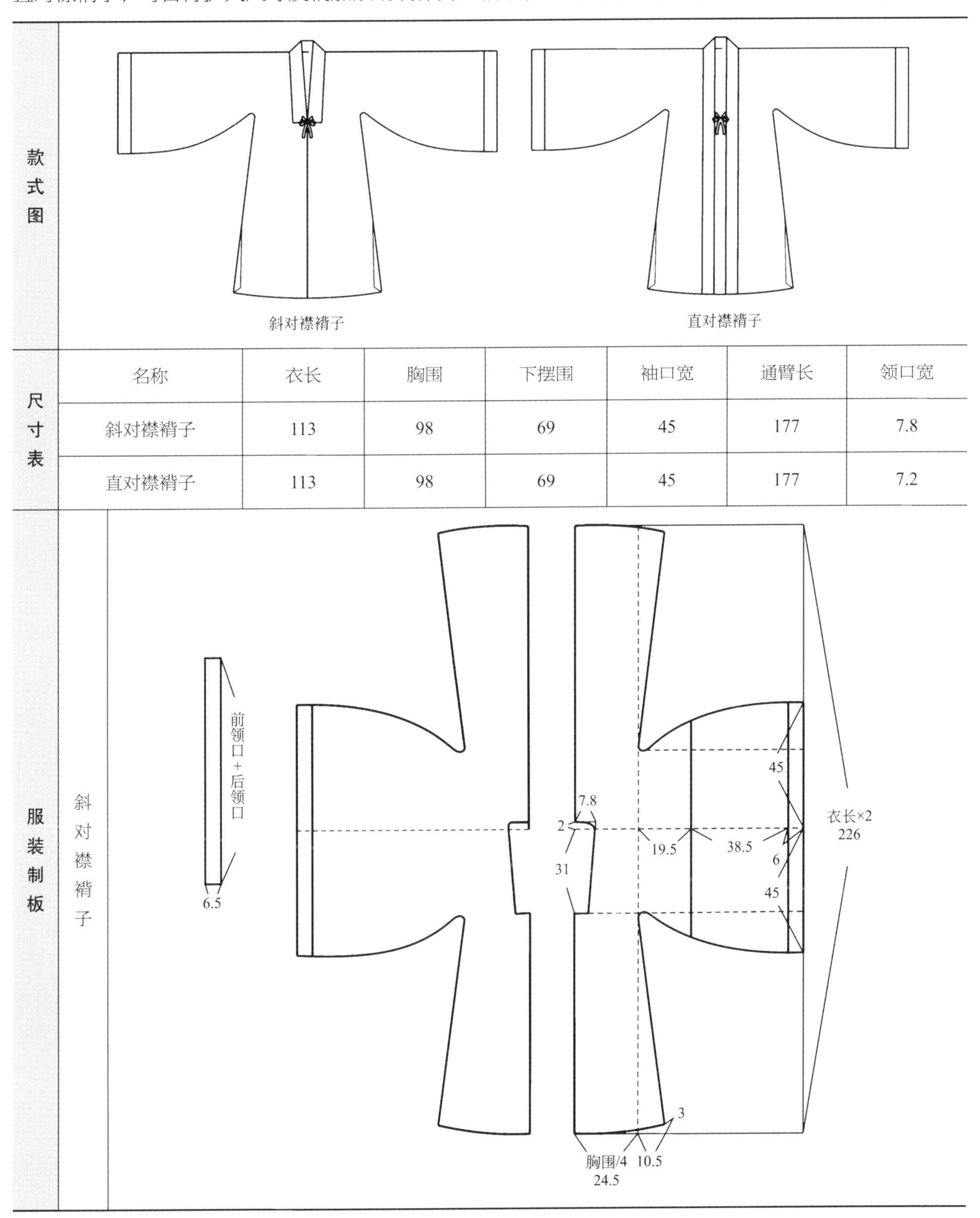

名称	衣长	胸围	下摆围	袖口宽	通臂长	领口宽
斜对襟褙子	113	98	69	45	177	7.8
直对襟褙子	113	98	69	45	177	7.2

续表

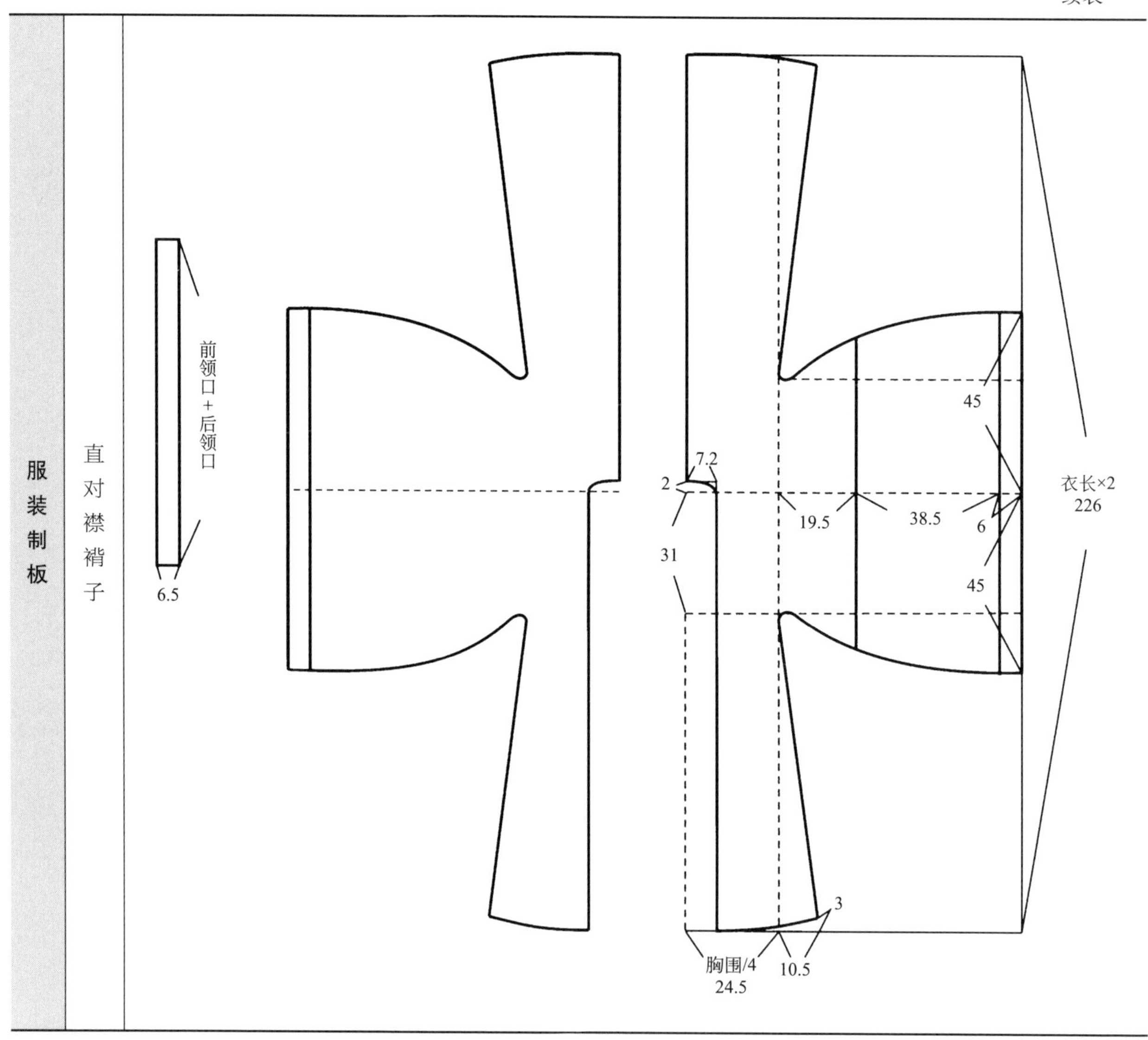

三、曲裾

曲裾的基本样式是交领右衽，左片衣襟接长，加长后的衣襟形成三角，经过背后再绕至前襟，然后腰部缚以大带，可遮住三角衽片的末梢，下身搭配襦裙。曲裾在未发明袴的先秦至汉代非常流行，男女均可穿着，男子曲裾的下摆比较宽大，有些女子曲裾下摆呈现出了独特的“喇叭花”的样式。后来，男式曲裾逐渐消失，而在相当长的时间内，曲裾仍处于主流女装的行列。但到了魏晋，穿着方便、更利于行走的襦裙开始广泛流行，在后来漫长的历史长河中，大行其道的女装便是襦裙体系。

曲裾虽然很早便在历史上消失了，但在今天仍受到很多人的喜爱。现代人在古代曲裾形制的基础上，根据一些相关的历史资料结合现代人的审美观，制作出了改良后的现代曲裾，但是与历史上有确凿历史依据的传统曲裾有一定差别。本章节所绘曲裾图，便含有一定的现代审美元素，但依旧符合汉服的基本特征，具有曲裾的基本形制，仍属于现代汉服范畴。

续表

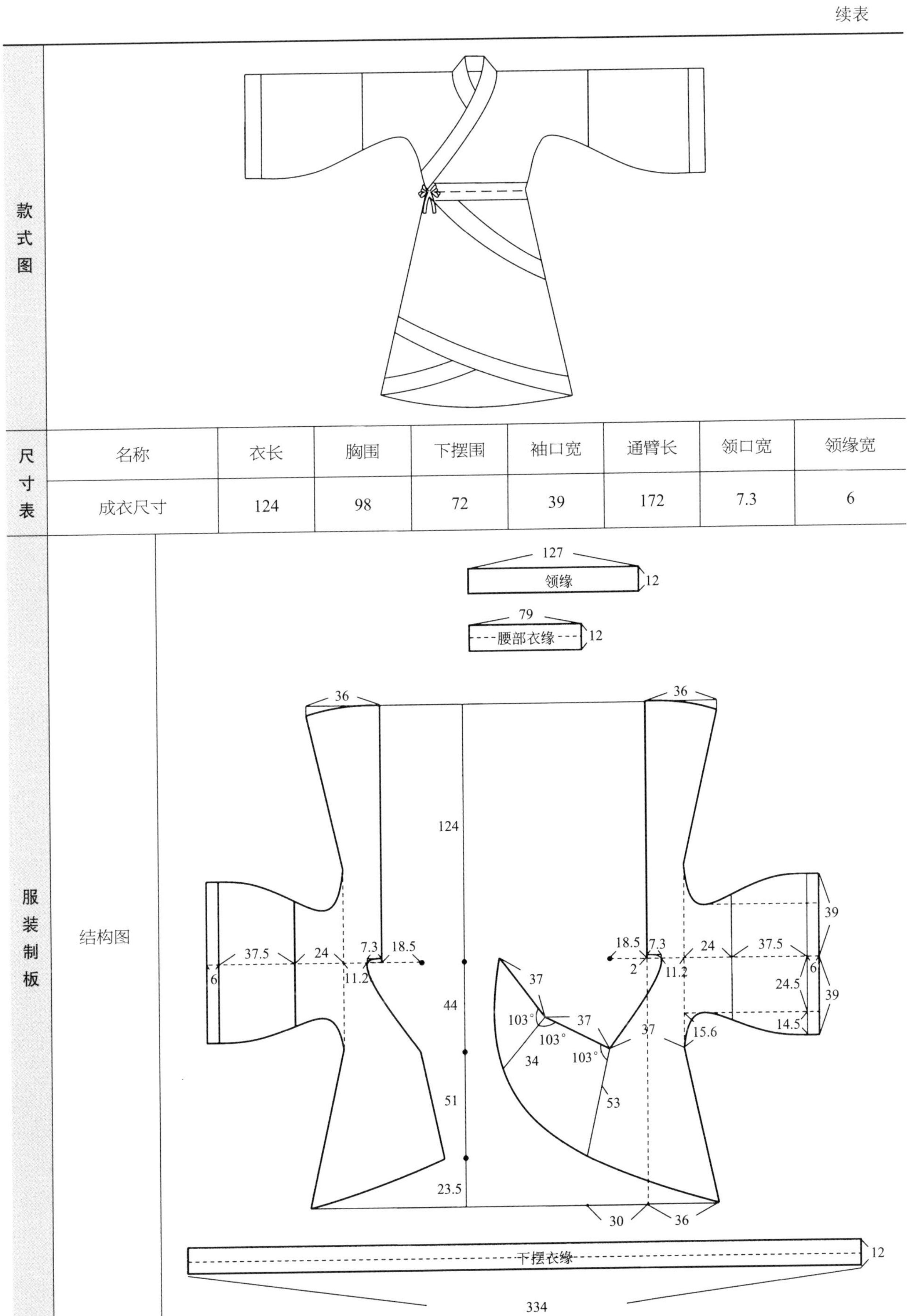

名称	衣长	胸围	下摆围	袖口宽	通臂长	领口宽	领缘宽
成衣尺寸	124	98	72	39	172	7.3	6

续表

服装制板	裁剪示意图	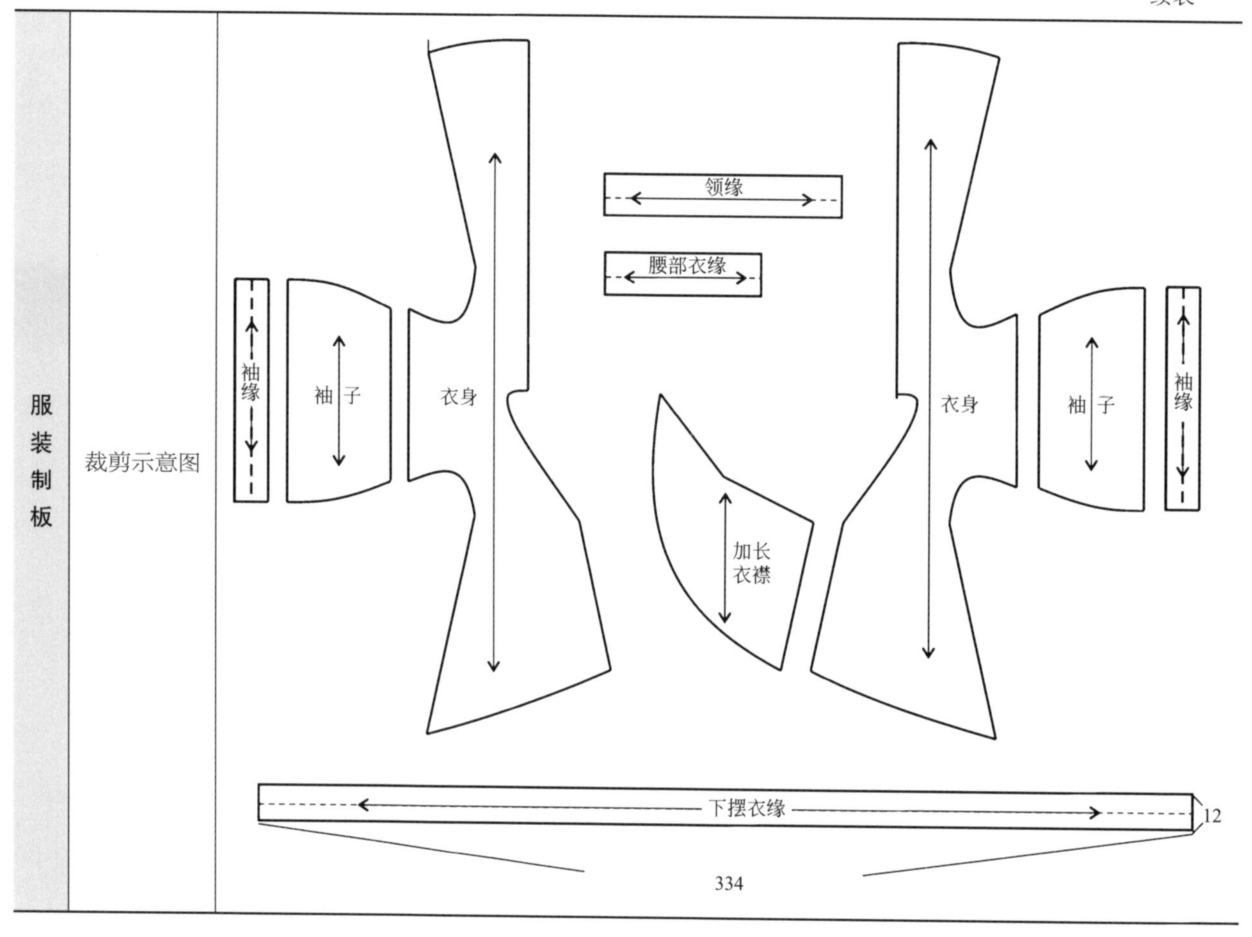

第四章　西式礼服结构与纸样设计实例

第一节　紧身胸衣

紧身胸衣在西方的服装史中有着极其重要的地位，可以说紧身胸衣的演化展示了西方社会的审美变化以及西方女性服饰的发展，并对现代服装设计产生了深远的影响。在现代的礼服设计中，设计师经常依据紧身胸衣的造型或曲线的设计作为灵感来源进行系列服装设计。

最基本的紧身胸衣基样有两种：罩杯式分割基样（图 4-1）、公主线式基样（图 4-2）。

紧身胸衣样板的获得可以通过平面裁剪，也可以通过立体裁剪。为了更好地了解两种制板方式，罩杯式紧身胸衣将采用平面裁剪的方式讲解，公主线式紧身胸衣采用立体裁剪的方式讲解。

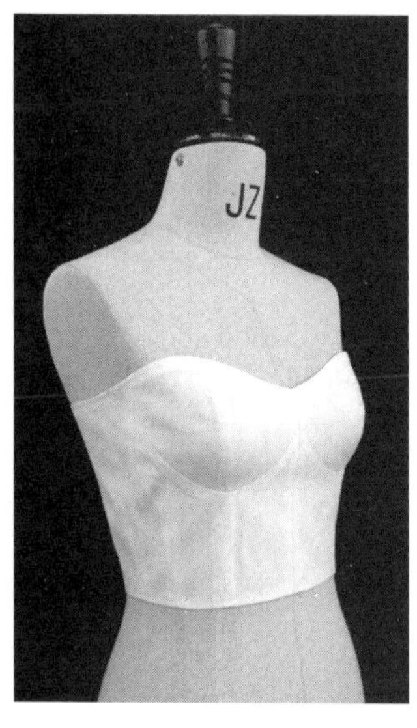

图 4-1　罩杯式分割基样

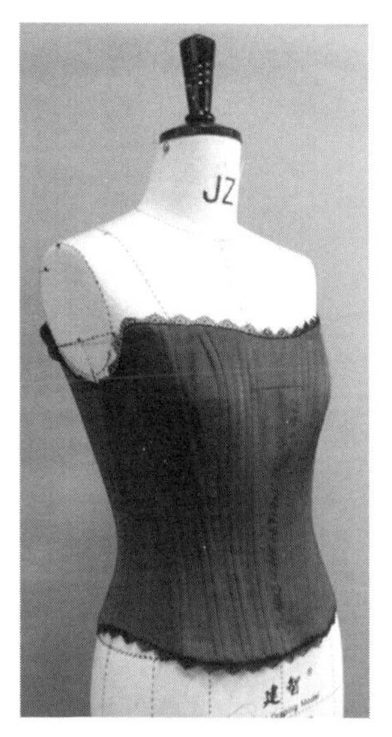

图 4-2　公主线式基样

一、罩杯式紧身胸衣制板（平面裁剪）

用平面裁剪的方式制作紧身胸衣，需要增加两个测量部位：胸上围和胸下围。

胸上围：这个尺寸会使面料和胸部的曲线尽可能地贴合。

胸下围：这个尺寸可以较精确地调整胸部轮廓，有助于重塑、突出胸型。

紧身胸衣的胸围、腰围尺寸在原型的基础上各减少 4cm，具体规格尺寸如下。

完成图	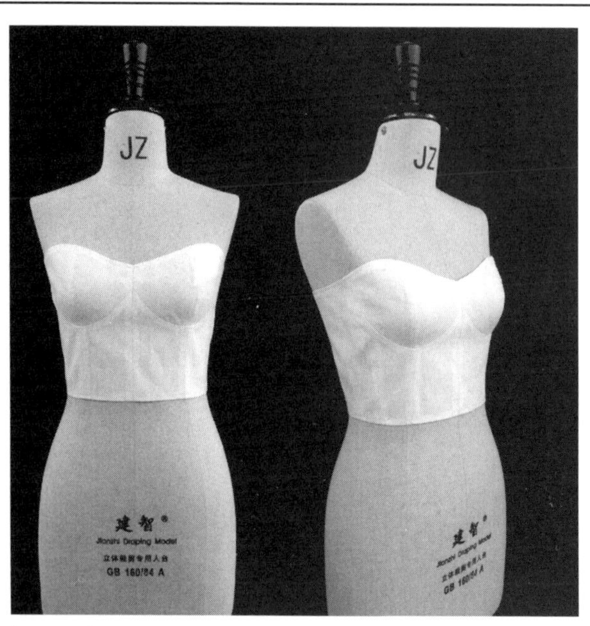 紧身胸衣的制作一般要配合鱼骨。根据款式的不同，可以把鱼骨放在抽带条中或直接缝在缝份里，具体的操作方法在后文中做具体讲解

续表

规格尺寸	部位	胸围	腰围
	原型	90	70
	紧身胸衣	86	66

制图方法		
	调整胸围尺寸并绘制抹胸曲线	从前、后片侧缝处各减少 1cm，并从胸围线向上延长 3cm，按款式图绘制抹胸的造型，紧身胸衣的罩杯上口距胸点 7cm，下口距胸点 6cm。上口弧线为设计线，设计得过高会显得保守，设计得过低视觉上会产生不安全感
	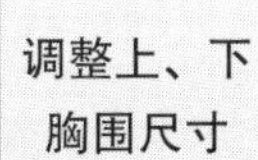调整上、下胸围尺寸	为了增加罩杯的合体度，测量纸样上胸上围、胸下围尺寸，减去人体实际尺寸。其差值在上胸围处、下胸围处增加省量，达到贴合人体、塑造体型的作用 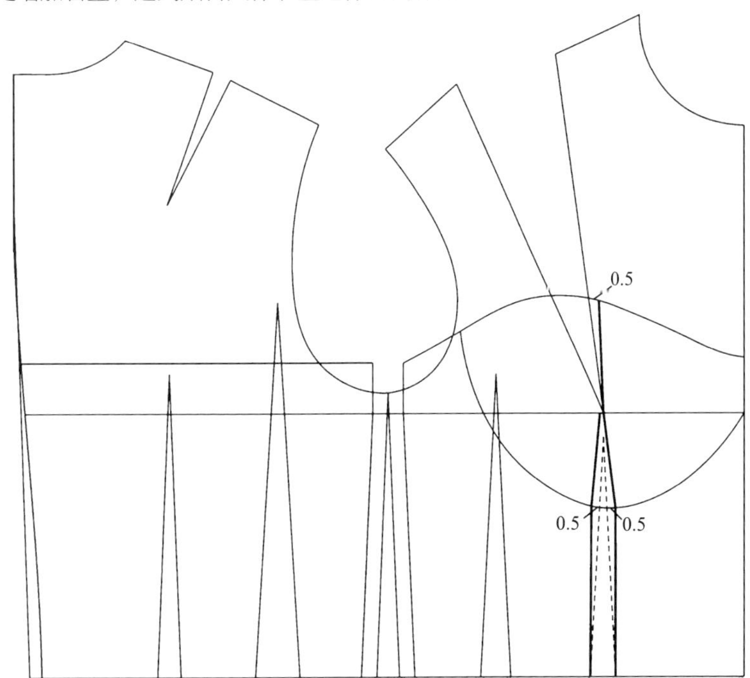

续表

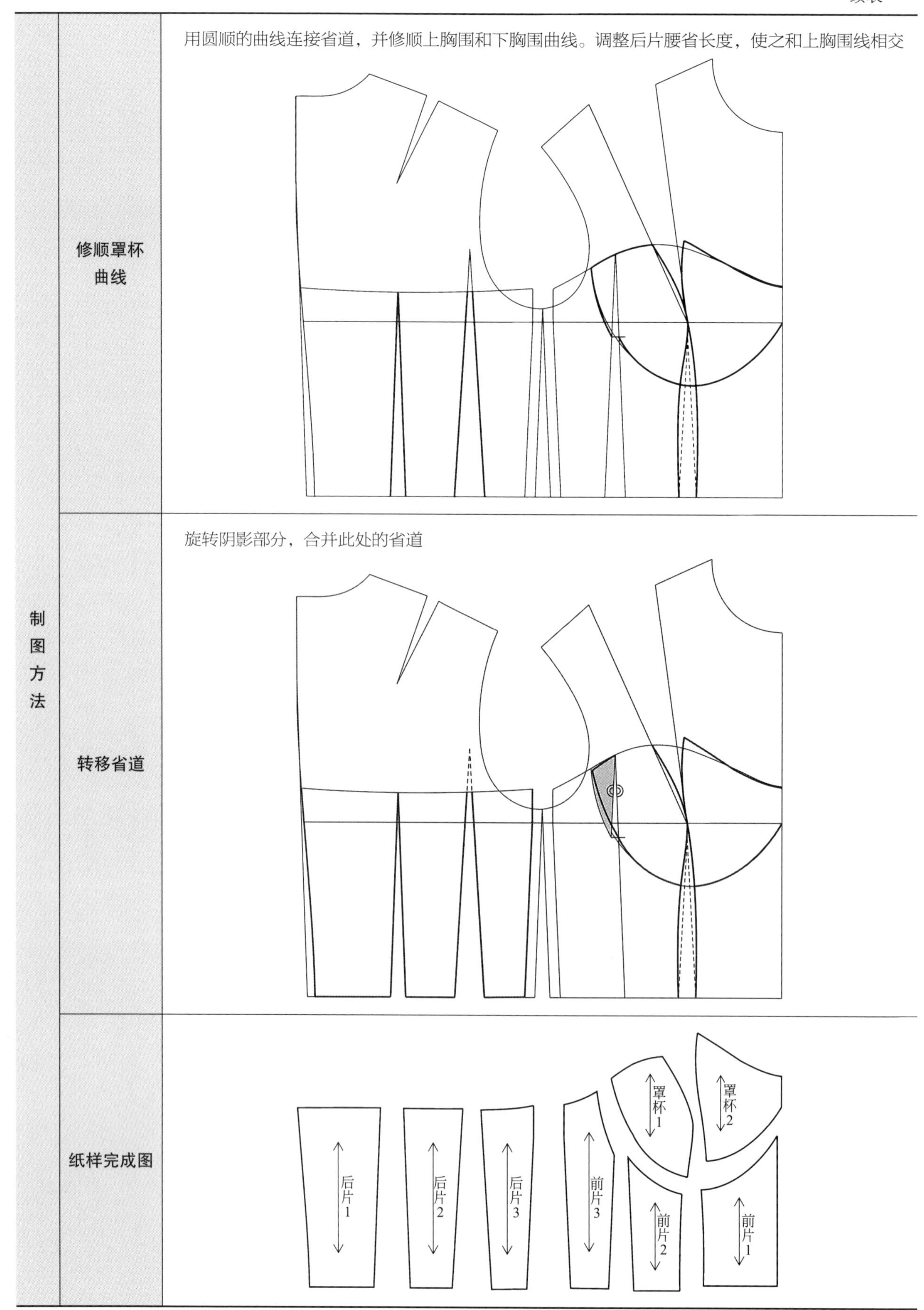

制图方法	修顺罩杯曲线	用圆顺的曲线连接省道，并修顺上胸围和下胸围曲线。调整后片腰省长度，使之和上胸围线相交
	转移省道	旋转阴影部分，合并此处的省道
	纸样完成图	

二、公主线式紧身胸衣制板（立体裁剪）

公主线式紧身胸衣采用竖向分割线，衣长可以裁剪到腰线位置，也可以到胯部位置，或者需要的任何长度。

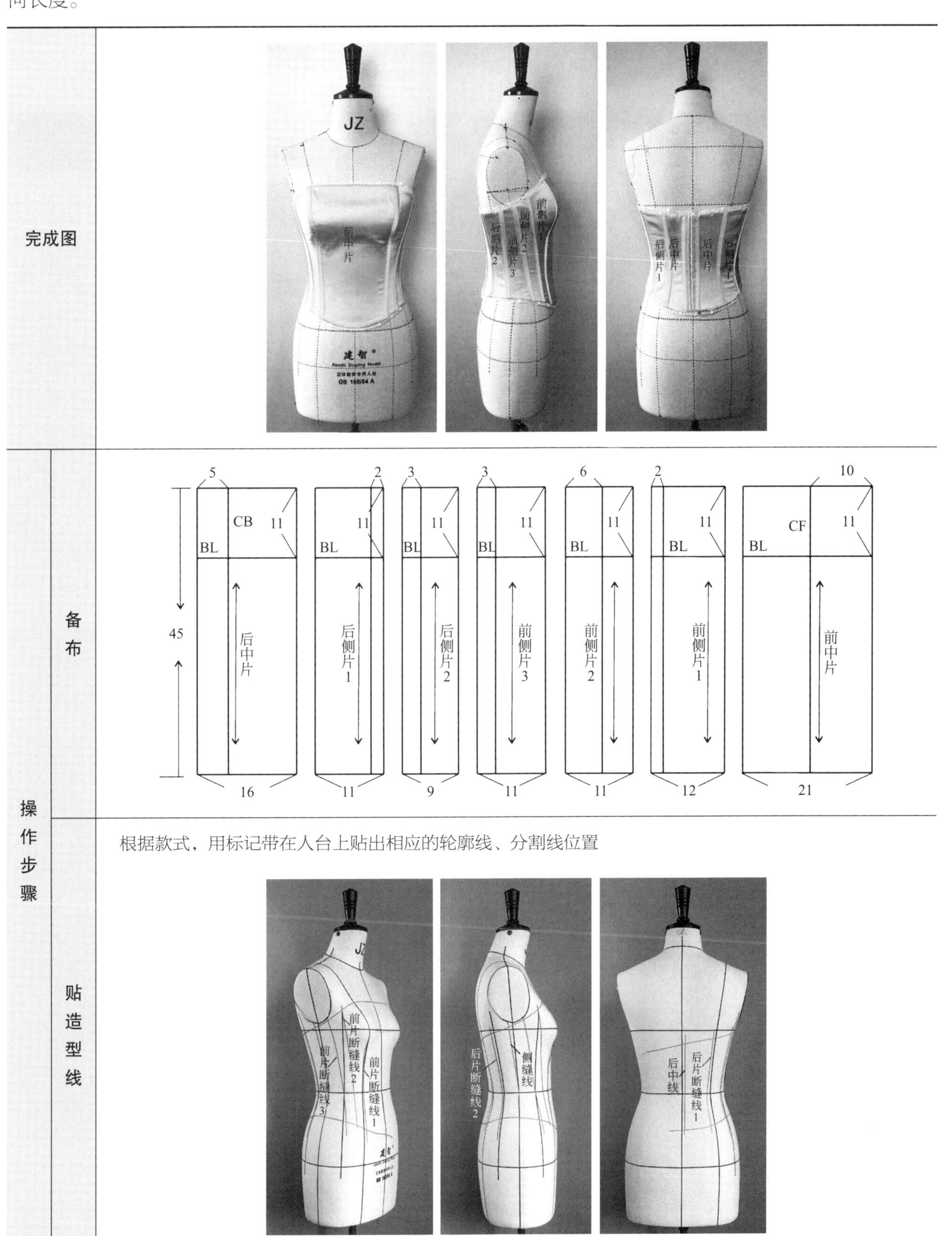

续表

操作步骤	前中片	① 将坯布上的 A 点对齐人台的前中线和胸围线的十字交叉点，确保各辅助线横平竖直，并与人台标记线相对应。在左右胸点、胸上围、胸下围、腰线、下摆处别针固定 ② 抚平胸围线以上部分的面料，在腰围线和前片断缝线 1 交点处打剪口 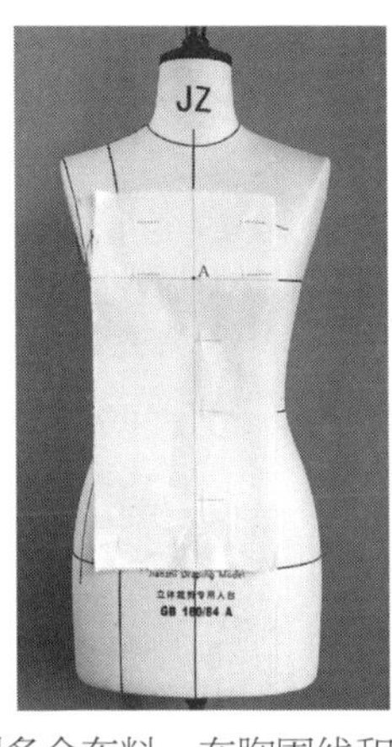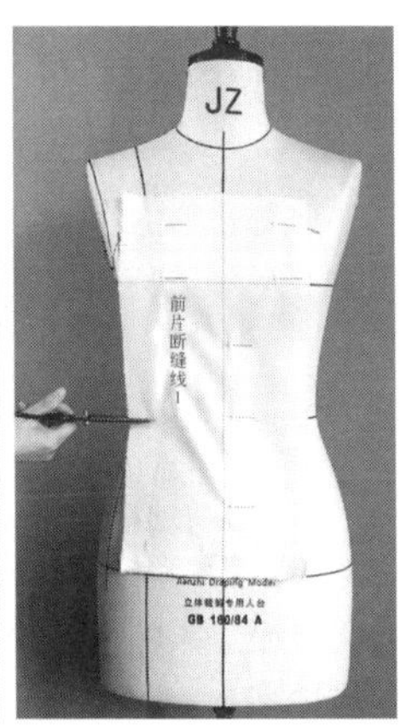 ③ 沿前片断缝线 1 修剪左侧多余布料，在胸围线和前片断缝线 1 交点处打剪口 ④ 在前中片上拷贝第一条断缝线 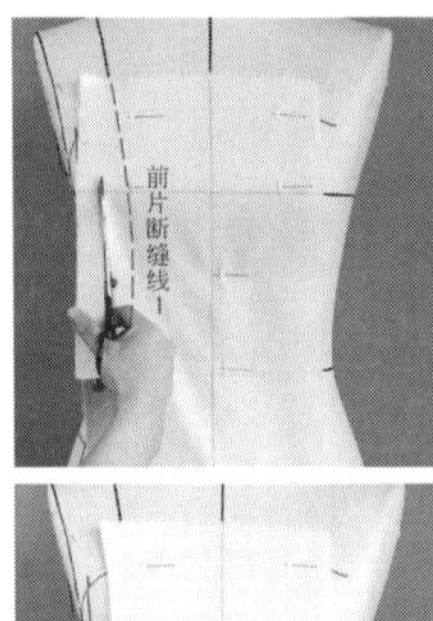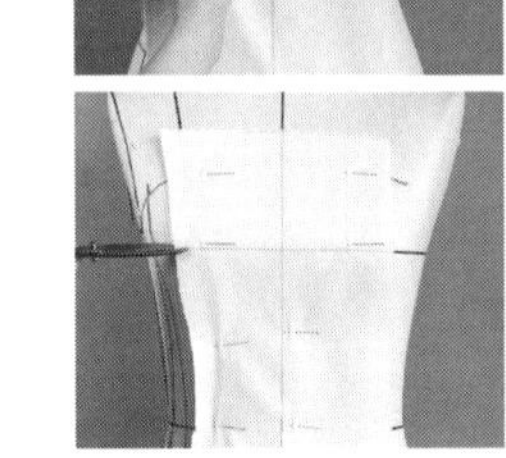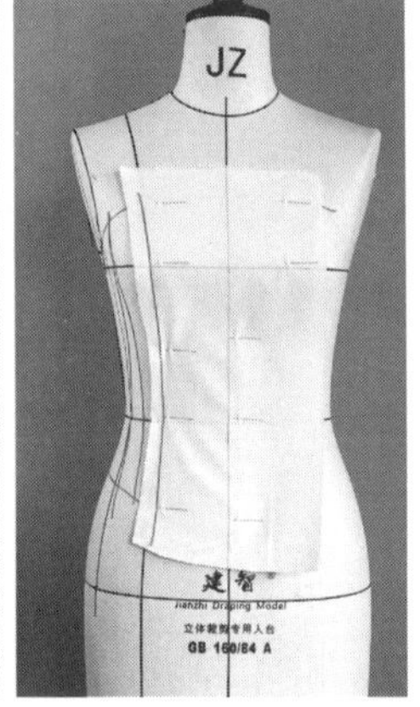
	前侧片1	① 将坯布上的 B 点对齐人台的前侧垂直线和胸围线的十字交叉点，确保各辅助线横平竖直；并与人台标记线相对应，沿前侧垂直线别针固定 ② 修剪袖窿处、标记线右侧的多余面料，抚平胸围线上的面料，并在胸围线上沿标记线别针固定 ③ 沿前片断缝线 1 边缘打剪口，抚平面料，沿标记线别针固定 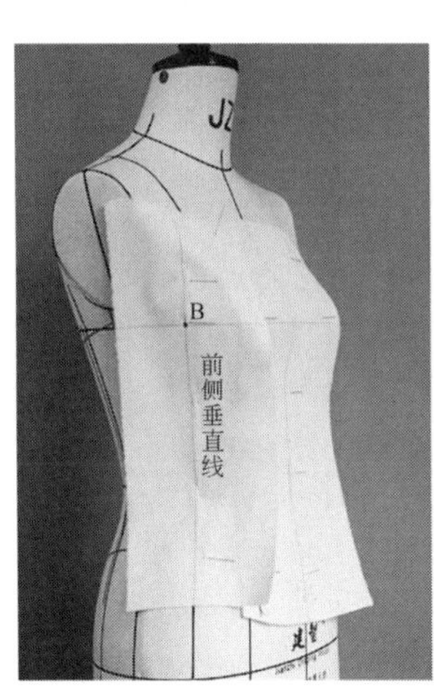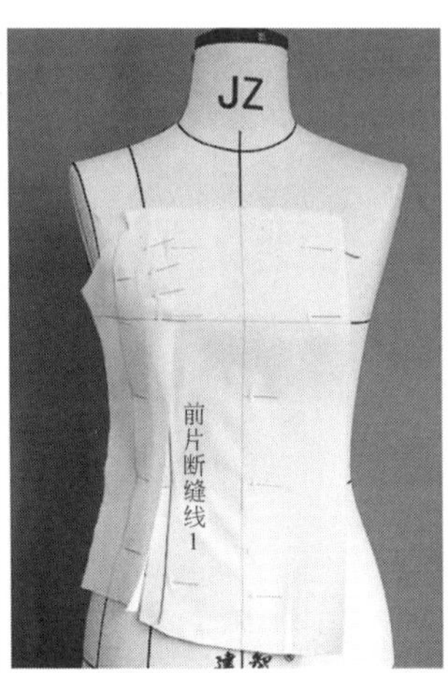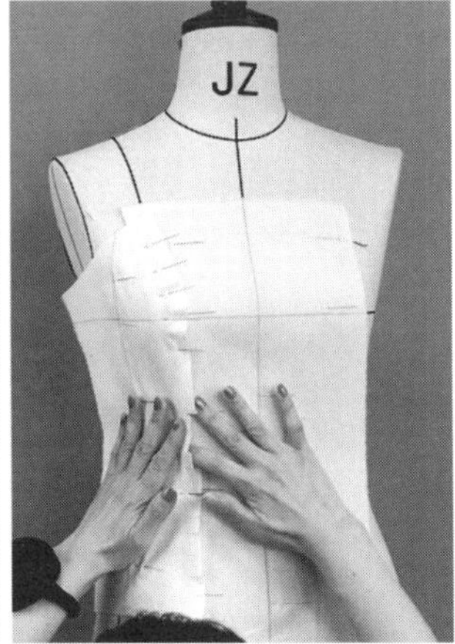

续表

<table>
<tr>
<td rowspan="2">操作步骤</td>
<td>前侧片1</td>
<td>④ 复制前片断缝线 2 的标记线
⑤ 修剪标记线左侧的多余面料
⑥ 在边缘处打剪口
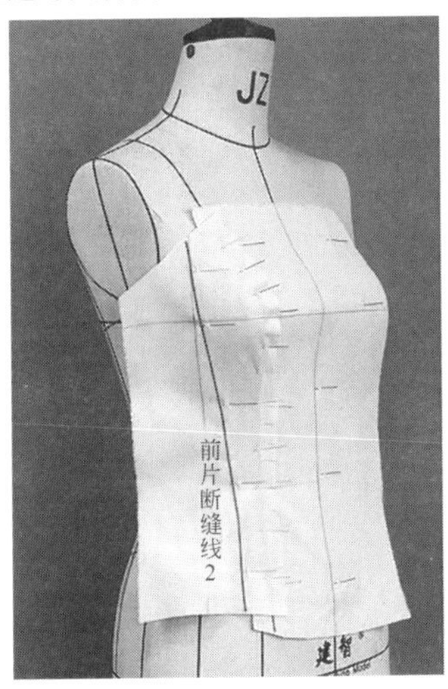

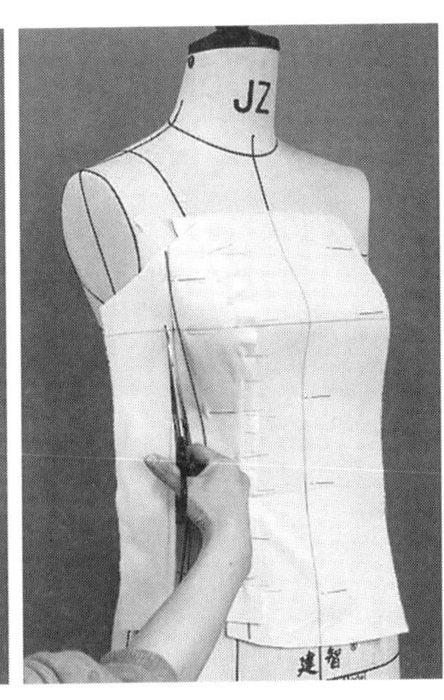

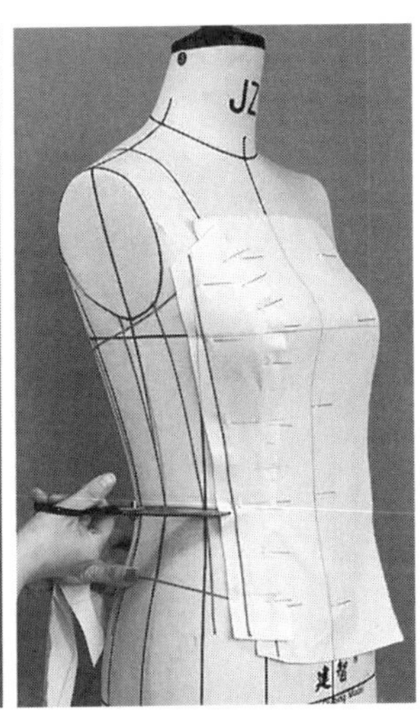
</td>
</tr>
<tr>
<td>前侧片2</td>
<td>① 将坯布上的 C 点对齐人台的前侧垂直线和胸围线的十字交叉点，确保各辅助线横平竖直，并与人台标记线相对应，沿前侧垂直线别针固定
② 修剪上口处、前片断缝线 2 右侧的多余面料
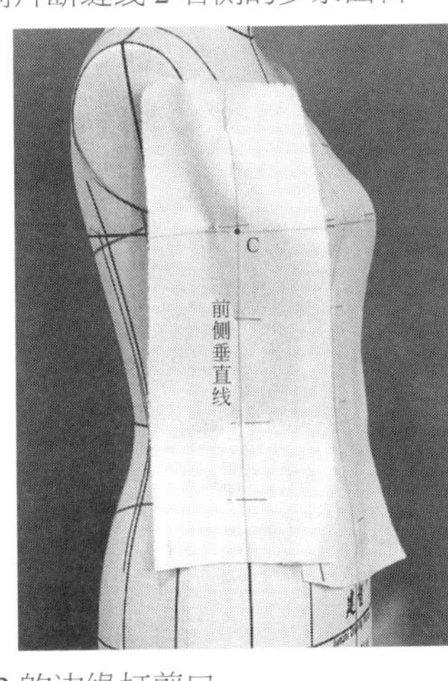

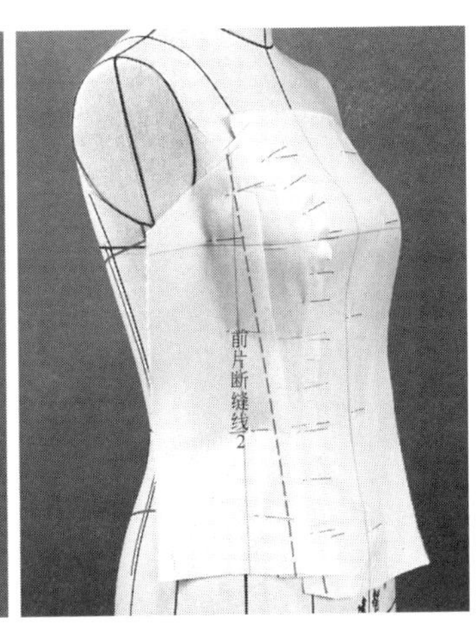

③ 沿前片断缝线 2 的边缘打剪口
④ 沿前片断缝线 2 别针固定，复制前片断缝线 3 的标记线，修剪其左侧的多余面料，在边缘处打剪口
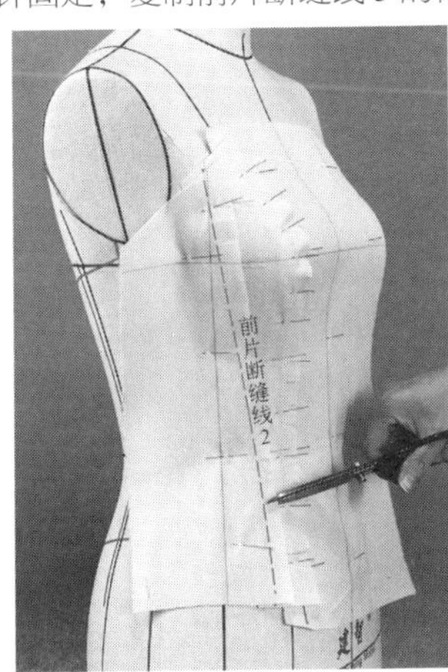

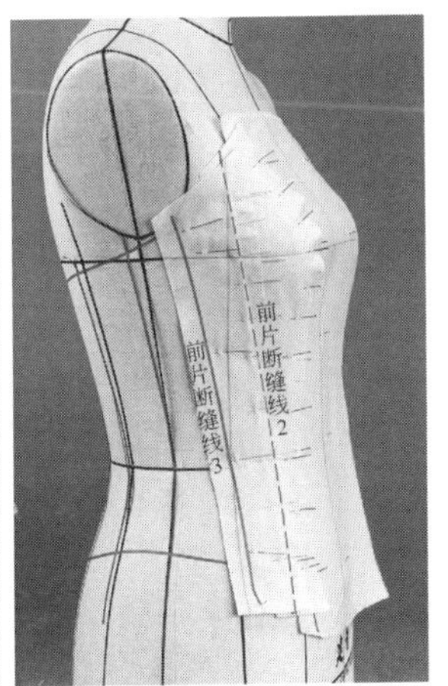

</td>
</tr>
</table>

续表

<table>
<tr>
<td rowspan="2">操作步骤</td>
<td>前侧片3</td>
<td>① 将坯布上的 D 点对齐人台的侧缝线和胸围线的十字交叉点，确保各辅助线横平竖直，并与人台标记线相对应，沿侧缝线别针固定
② 修剪上口处、前片断缝线 3 右侧的多余面料，沿标记线打剪口
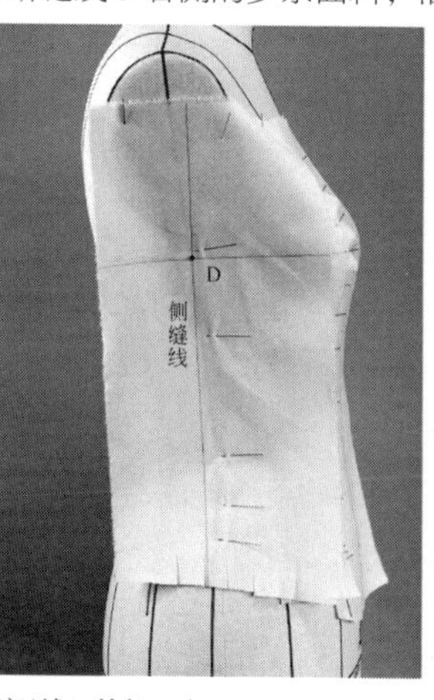

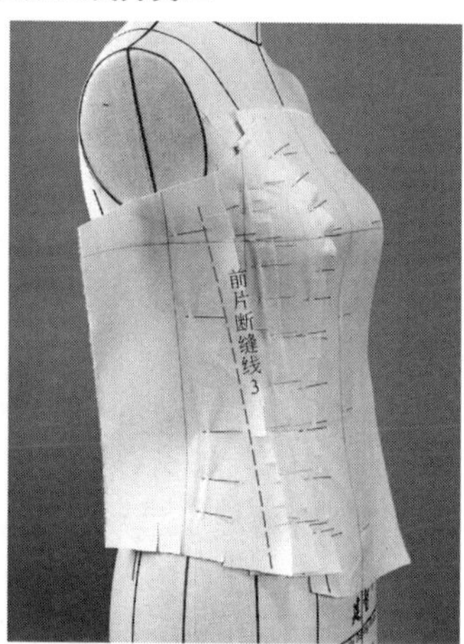

③ 沿前片断缝线 3 标记线别针固定
④ 修剪侧缝，并把侧缝处的多余面料暂时掀起反折到前片固定，以便不影响后片的操作
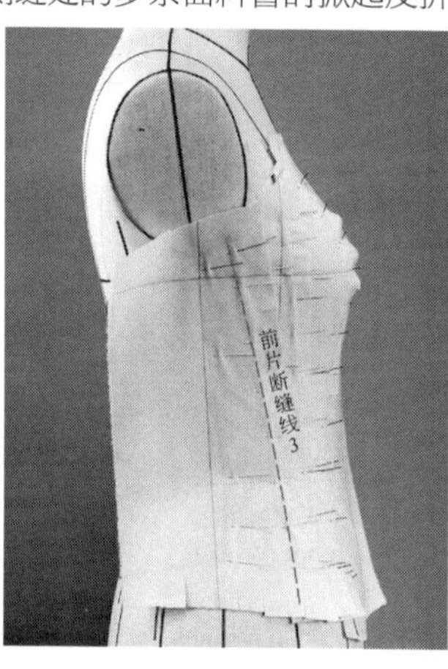

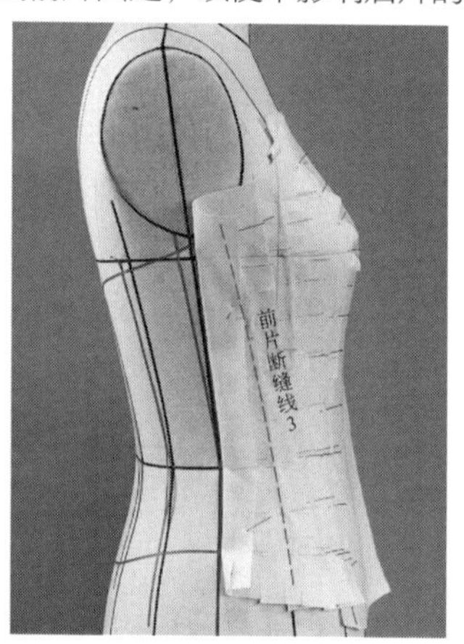
</td>
</tr>
<tr>
<td>后中片</td>
<td>① 将坯布上的 E 点对齐人台的后中线和胸围线的十字交叉点，确保各辅助线横平竖直，并与人台标记线相对应，沿后中心线别针固定
② 在腰节线处打剪口，从上到下抚平面料不留松量，使得坯布上后腰节部分向左偏移出来，即收取了一个后腰省，沿后中线别针固定
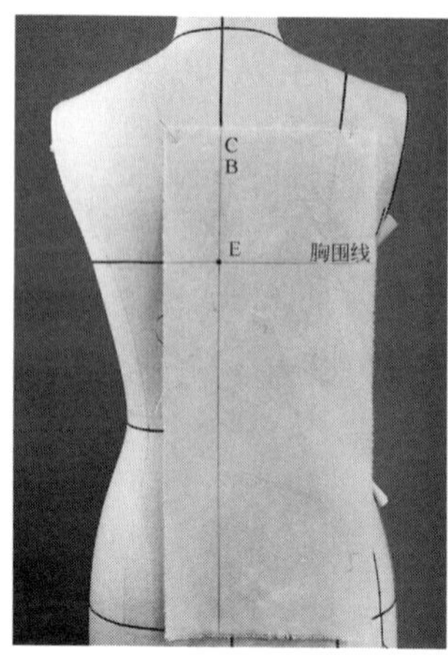

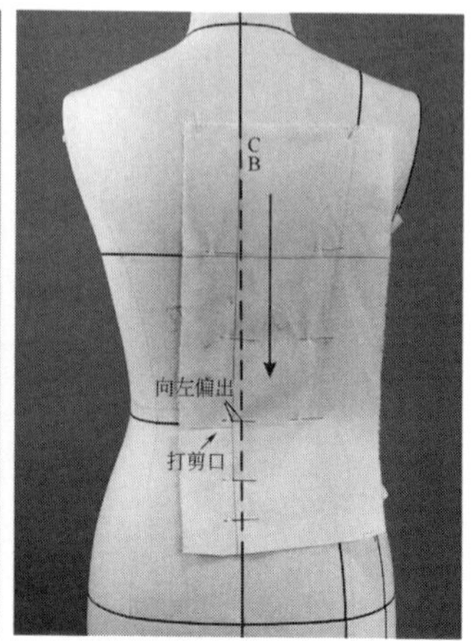
</td>
</tr>
</table>

续表

<table>
<tr>
<td rowspan="3">操作步骤</td>
<td>后中片</td>
<td>③ 沿上侧和右侧的标记线修剪多余面料，上侧留 3cm 的缝份；然后沿右侧标记线打剪口并别针固定
④ 复制标记线
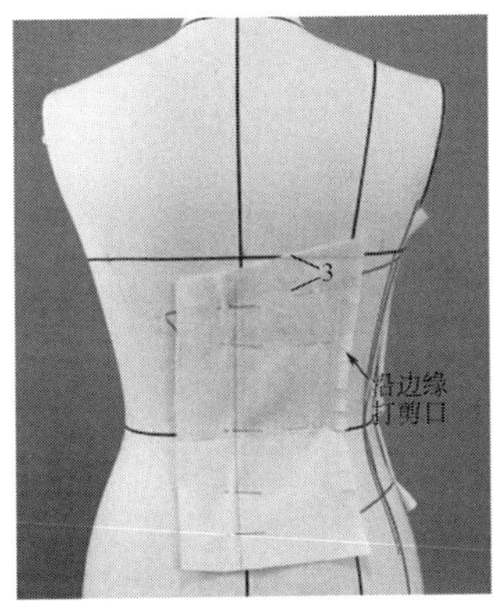

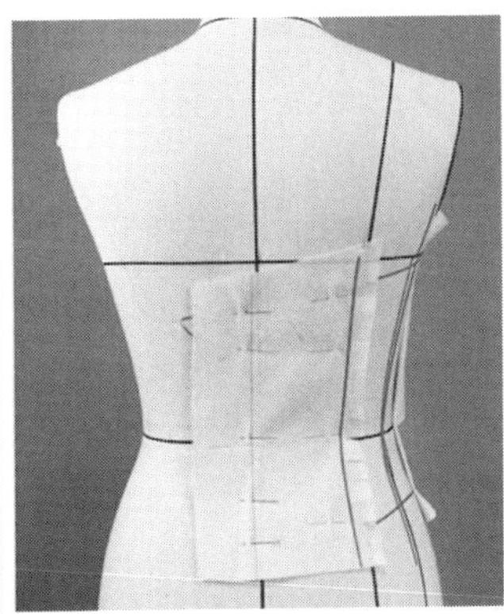</td>
</tr>
<tr>
<td>后侧片1</td>
<td>① 将坯布上的 F 点对齐人台的后侧垂直线和胸围线的十字交叉点，确保各辅助线横平竖直，并与人台标记线相对应，沿后侧垂直线别针固定
② 抚平面料后，沿后侧片断缝线 1 打剪口并别针固定
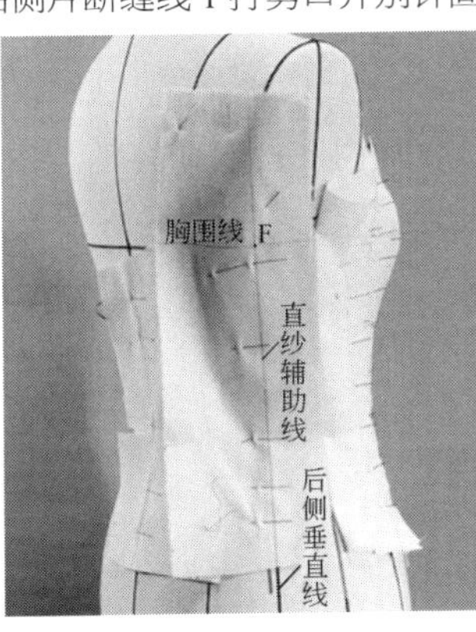

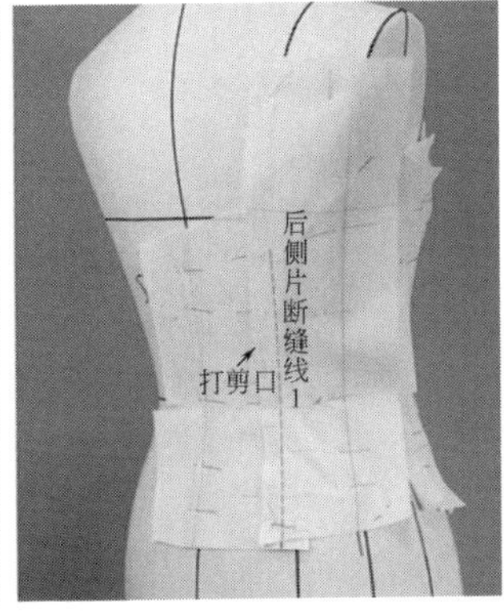

③ 沿上侧和后侧片断缝线 2 修剪多余面料，上侧留 3cm 的缝份；然后沿断缝线 2 打剪口并别针固定，复制后侧片断缝线 2 标记线
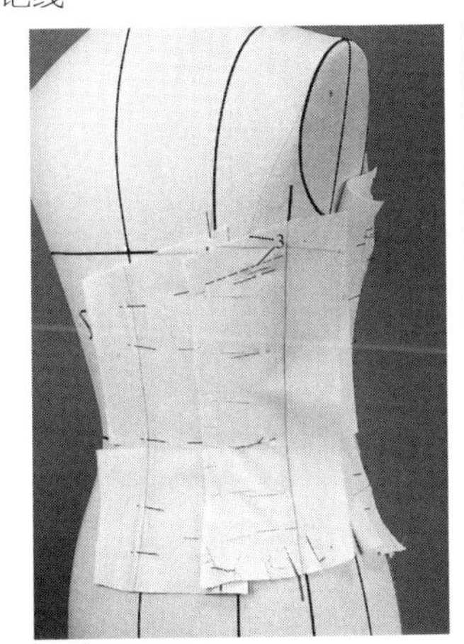

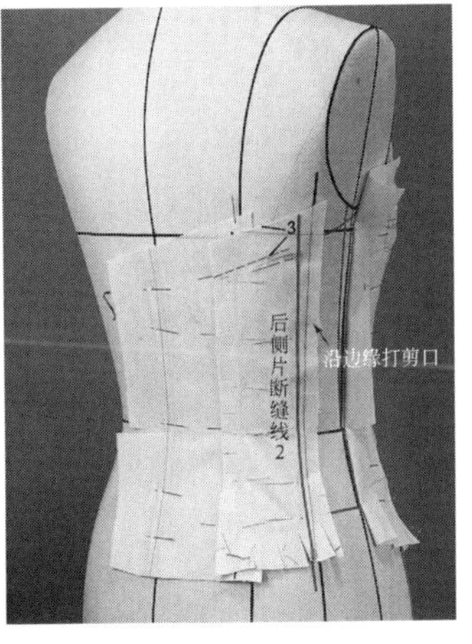
</td>
</tr>
<tr>
<td>后侧片2</td>
<td>① 将坯布上的 G 点对齐人台的后侧垂直线和胸围线的十字交叉点，确保各辅助线横平竖直；并与人台标记线相对应，沿后侧垂直线别针固定
② 沿上口线和后侧片断缝线 2 修剪多余面料，上侧留 3cm 的缝份；抚平面料后，沿后侧片断缝线 2 打剪口并别针固定</td>
</tr>
</table>

续表

<table>
<tr><td rowspan="2">操作步骤</td><td>后侧片2</td><td>③ 用抓合针法把前后片假缝
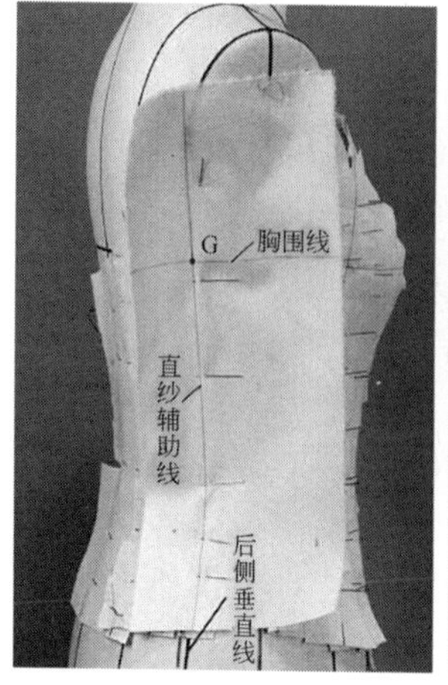

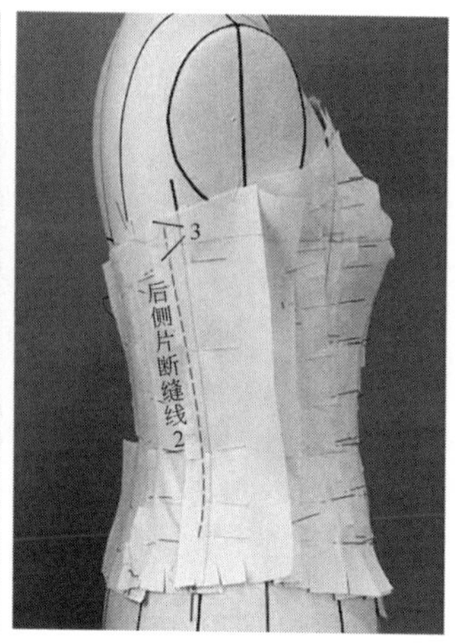

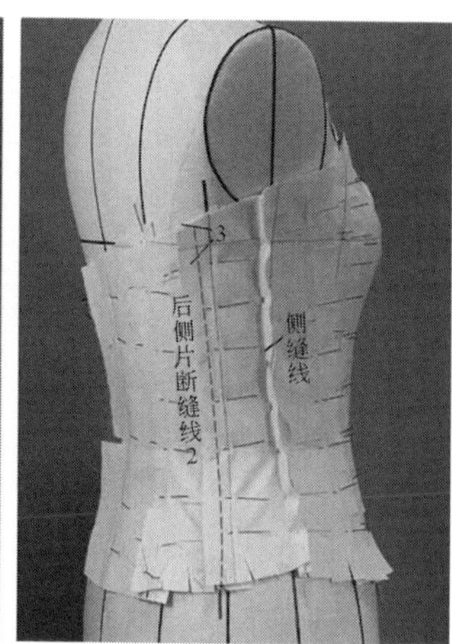
</td></tr>
<tr><td>做标记</td><td>做标记，并取下坯布整理（此处略）</td></tr>
</table>

三、紧身胸衣工艺

（一）紧身胸衣的鱼骨缝制方法

紧身胸衣的制作有两个关键要素：定型料和鱼骨。

无肩带的紧身胸衣必须使用各种定型料，如黏合衬、鱼骨等。定型料是礼服制作的关键因素，定型料应与面料厚度相匹配，并为服装结构提供足够的支撑。在选择定型料前，可先通过不断试样选择最佳的定型料。

礼服鱼骨的使用可以帮助礼服紧身胸衣更好地定型，单靠鱼骨没有其他定型料配合，也无法构成理想的紧身胸衣的造型。鱼骨条要根据紧身胸衣的款式缝合到相应位置，以保证鱼骨条达到足够的支撑力。但鱼骨的数量是有规定的，并不是越多越好。根据款式的差异，会选择鱼骨的根数、宽度、质感，否则不仅会影响穿着舒适性，也会影响塑型的稳定性。上身具有公主线分割的礼服鱼骨在 6 ～ 8 根，这是根据着装者的体型、胖瘦决定的。鱼骨有时用于礼服表面装饰的款式就要多达 12 ～ 18 根。鱼骨出现的固定地方有：前后公主线、身体左右两侧、后绑带款式的后挡板。其他地方出现的鱼骨：分割线、装饰线、裙撑等地方。鱼骨有很多种规格，0.6cm 和 0.8cm 的普遍用于上身，而 1cm 和 1.2cm、1.5cm 的多用于裙撑的制作。

制作紧身胸衣必须掌握如何缝制鱼骨。鱼骨能使无肩带服装的构造更稳定，确保无肩带服装穿着时不会滑落。鱼骨十分灵活柔韧，接缝由于鱼骨的支持，服装才可以贴合身体。

根据鱼骨的缝制类型，可以分为内置鱼骨和外置鱼骨两种。

1. 内置鱼骨

定义	内置鱼骨需要把它缉缝在缝份上或直接缉缝在面料反面，然后用里布遮盖住。可以直接缉缝，也可以从布条中插入鱼骨。在礼服的鱼骨制作中，要保持两端磨口的圆润，两端用斜纹包住处理，使其不要伤到着装者的皮肤

续表

<table>
<tr><td>工艺示意图</td><td>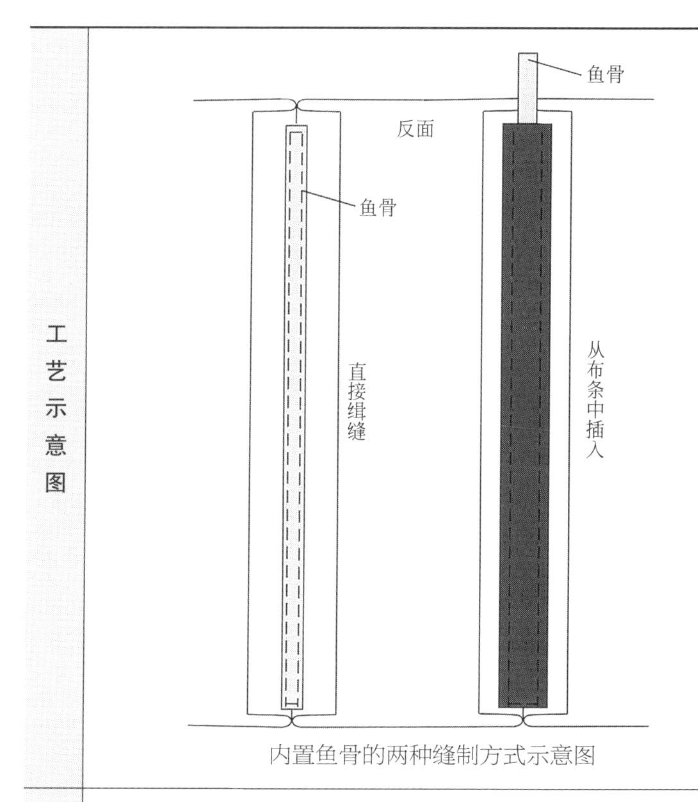

内置鱼骨的两种缝制方式示意图
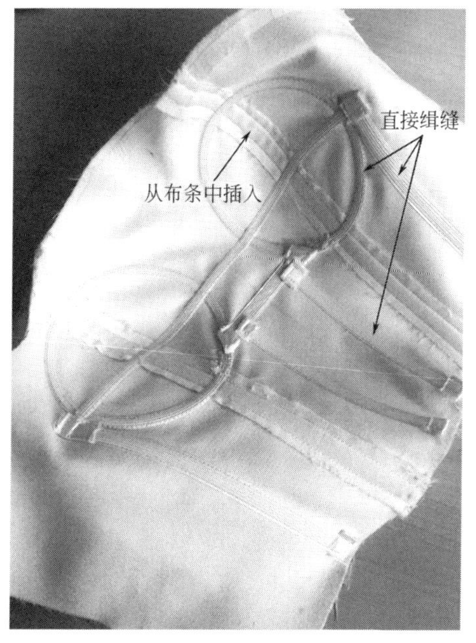

内置鱼骨的两种缝制方式实物</td></tr>
<tr><td>缝制步骤</td><td>① 对于从布条中插入的方式，先裁剪 2cm 左右的抽带条，把抽带条缝制在面料上
② 对于直接缉缝的方式，鱼骨置于接缝中间，然后从上到下在鱼骨中间缉线固定
③ 为了保护鱼骨的边缘，两端用斜纹包住处理</td></tr>
</table>

2. 外置鱼骨

<table>
<tr><td>定义</td><td>外置鱼骨是把鱼骨缝制在面料表面，更注重装饰性。这种工艺处理的方法需要先将抽带条（直丝或斜丝布条）车缝到面料表面，然后把鱼骨插入其中</td></tr>
<tr><td>工艺示意图</td><td>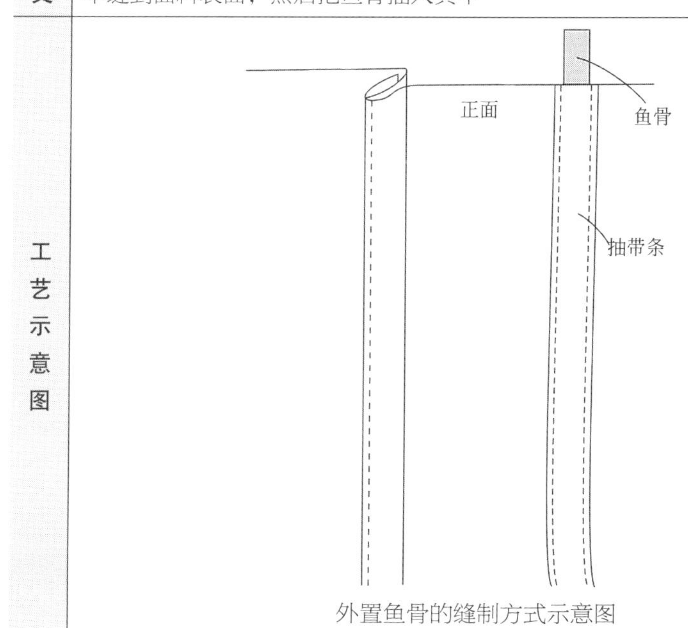

外置鱼骨的缝制方式示意图
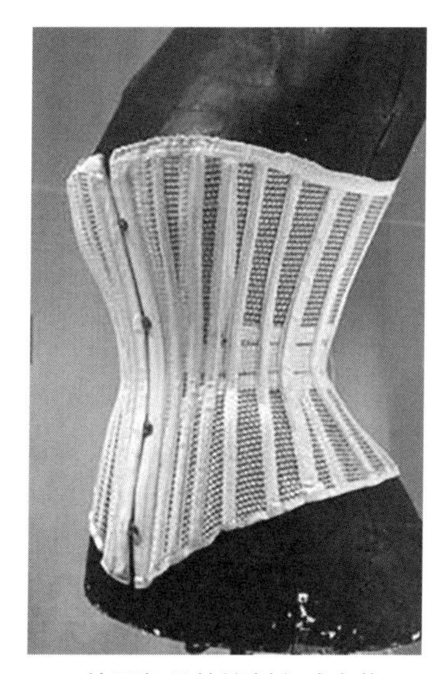
外置鱼骨的缝制方式实物</td></tr>
</table>

一件精致的紧身胸衣的工艺，要求在鱼骨制作的过程中两端用保护面料包缝并且鱼骨不能外露，针脚整齐流畅，鱼骨平服贴合，穿着舒适合体。更考究一点的做法是用低温熨烫定型，使其适应于人体的各个部位。不论是内置鱼骨还是外置鱼骨，缝制方法可以分为三种：直接缉缝固定法、中间插入法、手缝针法三种，相关工艺分析见表 4-1。

表 4-1　鱼骨缝制方法工艺分析

缝制方法	工艺特点	优越性	局限性	适用范围
直接缉缝固定法	鱼骨直接缝合在面料反面	工艺难度低 生产效率高 成本预算低	效果略粗糙 适用范围小 工艺技术低	中低档礼服
中间插入法	处理完缝份后插入鱼骨，缝份用包缝法或是另附一层布带固定	工艺质量好 效果整齐统一 穿着很舒适 可作装饰用	生产效率低 制作周期长 人力需求大	质量要求高、精致的中高档礼服；鱼骨可作装饰用
手缝针法	用斜纱布带包住鱼骨再手缝	控制能力好 塑型效果佳	制作周期长 人力需求大 生产效率低	高级定制礼服

（二）紧身胸衣的开合方式

礼服中紧身胸衣的开合样式大致可分为前开身、侧开身和后开身三种形式。在西方传统紧身胸衣中前开身的设计运用很少，由于人体前身胸部的起伏较大，不利于紧身胸衣的开合。侧开身的设计在西方传统紧身胸衣中也是少之又少。但这种形式的设计在现代礼服紧身胸衣的设计中比较多见，多是搭配礼服的设计款式制作的一种特殊胸衣。

后开身紧身胸衣在西方历史中是最常见的一种设计方式，不管是最早的“铁罩衫”样式的胸衣，还是文艺复兴时期的“软盔甲”，或是现代礼服中的紧身胸衣，运用的多是后开身设计。不管开口设计在何处，紧身胸衣的开合处多采用拉链、绑带、排钩三种工艺，如图 4-3 ～图 4-5 所示。随着社会的发展和人们对服装的更高要求，紧身胸衣的制作工艺也在不断进步。但就现代礼服紧身胸衣市场来看，拉

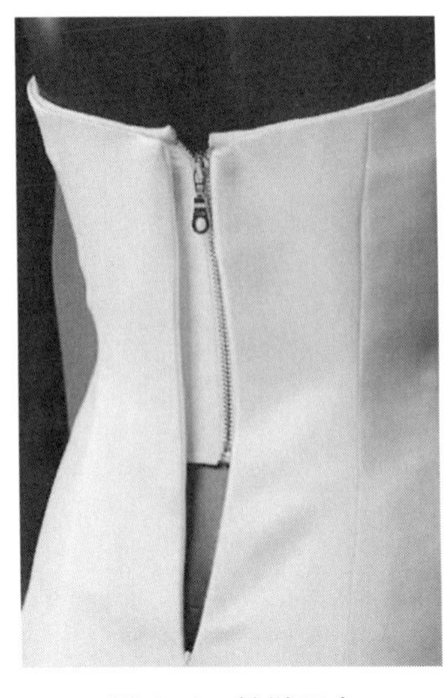

图 4-3　拉链开合

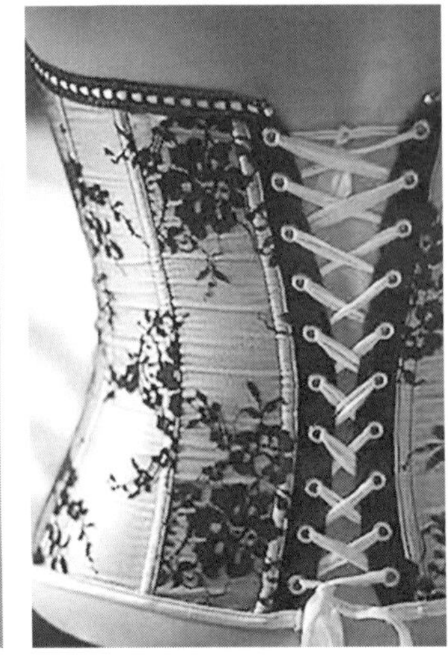

图 4-4　绑带开合

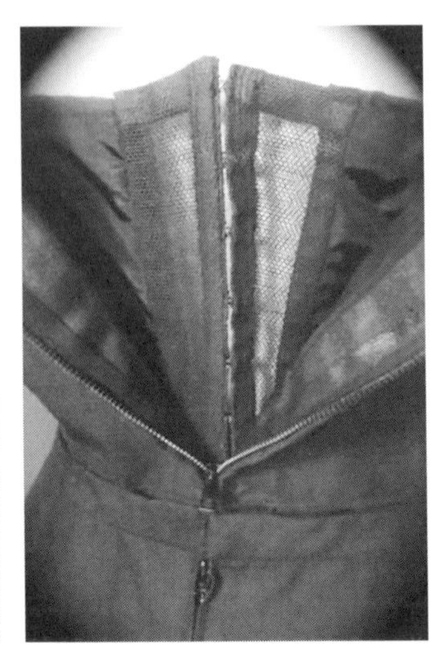

图 4-5　排钩开合

链、绑带、排钩设计是最为普遍、常见和实用的工艺。下面就这几种形式对紧身胸衣的工艺进行探讨与研究。

1. 拉链和挂钩的开合方式

现代紧身胸衣为了穿脱方便多采用拉链或挂钩设计，这样在紧急情况下也可以很快地穿脱，既节省了时间又符合着装者的行为习惯。高级定制的礼服中设计师们也会选择拉链这种快捷的工艺，高级定制的礼服能更全面地符合顾客的尺寸，使胸、腰、臀的比例更合体。为了防止礼服下滑，可以在礼服胸围线的后部装一个安全扣，就像女士的内衣安全扣一样，它能牢牢地扣住紧身胸衣，使其不会松动。扣上之后几乎感觉不到它的存在，这也是设计师在不断摸索中总结出来的经验。带安全扣的紧身胸衣如图 4-6 所示。

图 4-6 带安全扣的紧身胸衣

紧身胸衣上拉链的工艺优劣直接影响最后的成品效果。上拉链时，紧身胸衣里布、拉链、面布的松紧度一定要保持一致，里布、面布与拉链边缘保持一定的、均匀的距离，上的过程要流畅，不能起皱、有毛边，在链尾处不能出现褶皱。

2. 绑带的开合方式

绑带工艺比较修身，帮助着装者束腰、丰胸，随时可调整，可变性比拉链大，更加合体显瘦，突出着装者的曲线美。在古代欧洲，女性们一般采用纽扣和绳带的固定方法，经过人们的不断改良和进步，现在礼服设计中一般采用与礼服相同颜色的缎带，以交叉缠绕的方式固定在人体背部。有的还会做些装饰在后腰处，宽度大约是 3cm。穿缎带的扣襻需要用斜丝布条制作，宽度一般是 0.8cm，面面相对缝合完毕把布筒翻过来，弯成扣襻形状，夹在面布和紧身胸衣的中间缉缝固定。

拉链和绑带是现代礼服设计中流行的工艺设计，根据着装者的体型、款式、面料以及着装场合的不同可进行开合方式的调整。

第二节 裙撑

裙撑，作为女装的一种造型手段，在西方从近代开始，曾经在很大范围内广泛流传，并且在一定时期内成为构成西洋服装结构的重要手段之一。裙撑，曾经和紧身胸衣一起，作为西方服装的一种典型样式，成为区别于东方服装造型的重要标志之一。近代之后，随着国际交往日益频繁而逐渐被包括我国在内的很多国家所接受，直到现在，这种形式广泛存在于婚纱及多种礼服中。

一、常见的裙撑样式

裙撑从 16 世纪开始一直沿用至今，是为调整裙子的外形，使之呈现扩展感而穿在裙子里面的内裙，对支撑和扩展礼服的轮廓必不可少；而且，裙撑可以很好地强调女性胸、腰、臀的对比效果，从而美化人体的曲线。

裙撑的种类和造型很多，也有不同的分类标准。

<table>
<tr><td rowspan="3">按历史沿革分</td><td>西班牙式
用一圈比一圈大的鲸须或金属丝缝制在厚质的衬裙上，从下摆至腰部呈收缩的圆锥状，呈现钟形</td><td></td></tr>
<tr><td>法国式
像轮胎样的环形填充物，围绕在腰以下的臀腹部；两个顶端用带子系结，使之固定外裙罩并在上面被撑起</td><td>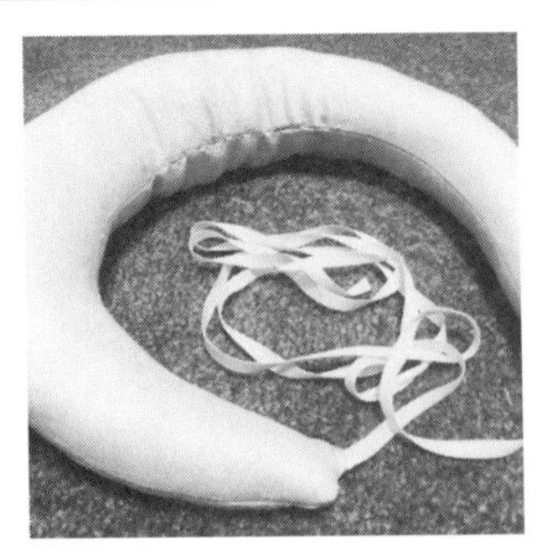</td></tr>
<tr><td>英国式
与西班牙式结构近似，但造型上是椭圆形，左右宽，前后扁，把外裙向左右两边撑开</td><td></td></tr>
<tr><td rowspan="2">按廓形分</td><td>蓬型裙撑
摆幅较大，能够很好地烘托礼服宽大的造型，通常使用这种裙撑的礼服都比较庄重典雅</td><td> </td></tr>
<tr><td>A 字形裙撑
摆幅不大，自然随意，活动方便，多用于小礼服</td><td> </td></tr>
</table>

续表

<table>
<tr><td>按廓形分</td><td>拖尾裙撑
前面较平整，在身后摆幅加大，形成拖尾的效果</td><td>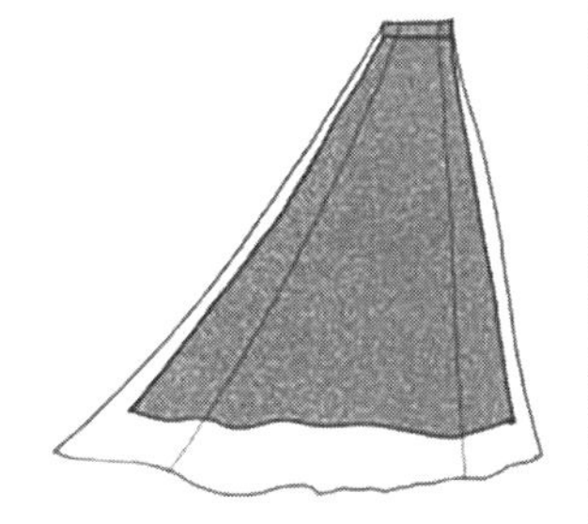 </td></tr>
<tr><td rowspan="2">按裙撑有无钢圈结构分</td><td>无骨裙撑
材料：
软纱和硬纱，无钢圈
撑纱层数越多，撑起裙子的效果越好
优点：
① 无骨架痕迹
② 包装运输方便
③ 便于活动
缺点：
较软，造型不够饱满
适用范围：
① 裙摆较小的款式，如小 A 裙摆
② 面料轻软的裙摆</td><td> </td></tr>
<tr><td>有骨裙撑
材料：
钢圈、软纱和硬纱组合
撑纱层数越多，撑起裙子的效果越好
优点：
① 支撑性好，不易变形
② 造型饱满，可以创造出大廓形的效果</td><td></td></tr>
</table>

续表

按裙撑有无钢圈结构分	缺点： ① 不够飘逸 ② 坐下不方便 适用范围： ① 面料厚重的裙摆 ② 大量抓褶的裙摆、层层荷叶边覆盖的裙摆、大拖尾的裙摆、下摆围度较大较重的款式	

二、裙撑的版型及制作方法

裙撑的结构、版型与工艺并不是固定的，不同的款式和尺寸需要不同种类的裙撑来搭配。裙撑虽然只是内裙，但其结构、工艺的合理性对礼服的完美造型却关系重大、不容忽视。下面就以最常用的蓬型裙撑为例讲解其制板与制作方法。

此类裙撑可以做成无骨裙撑，也可以做成有骨裙撑，一般由 3 层组成：第一层为基衬；第二层为网纱波浪边；第三层为外罩裙。如图 4-7 所示。

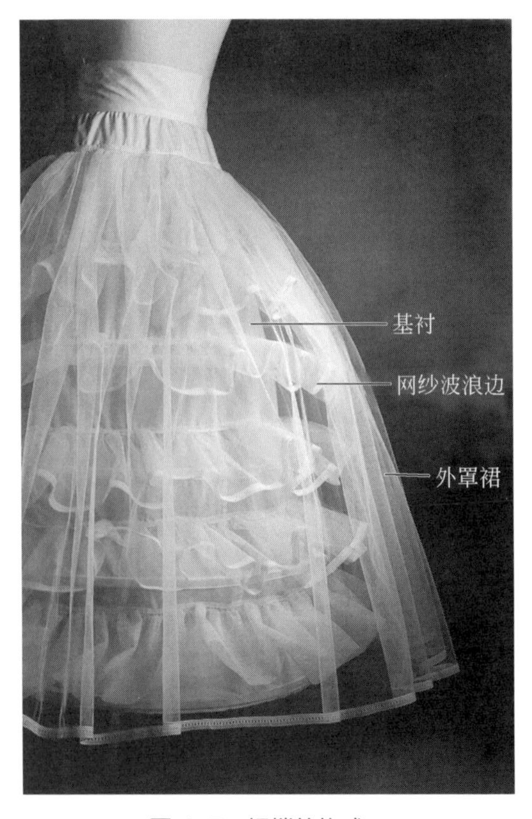

图 4-7　裙撑的构成

（一）裙撑的第一层——基衬的制作

1. 基衬的构图

最常用的裙撑基衬结构有 4 片腰部抽碎褶裙和腰部收省道的 A 字形裙两种。

腰部抽碎褶裙撑的基衬样板，腰部的碎褶量及底摆的大小要考虑裙子廓形。腰部收省道的 A 字形裙的底摆大小也是需要考虑整体廓形。腰部抽碎褶裙撑由于臀部的夸张会更强调胸、腰、臀的比例关系。此例裙撑的腰部尺寸大约为净体腰围 ×2，缝份的处理采用握手缝或来去缝，使里面看起来干净整洁。

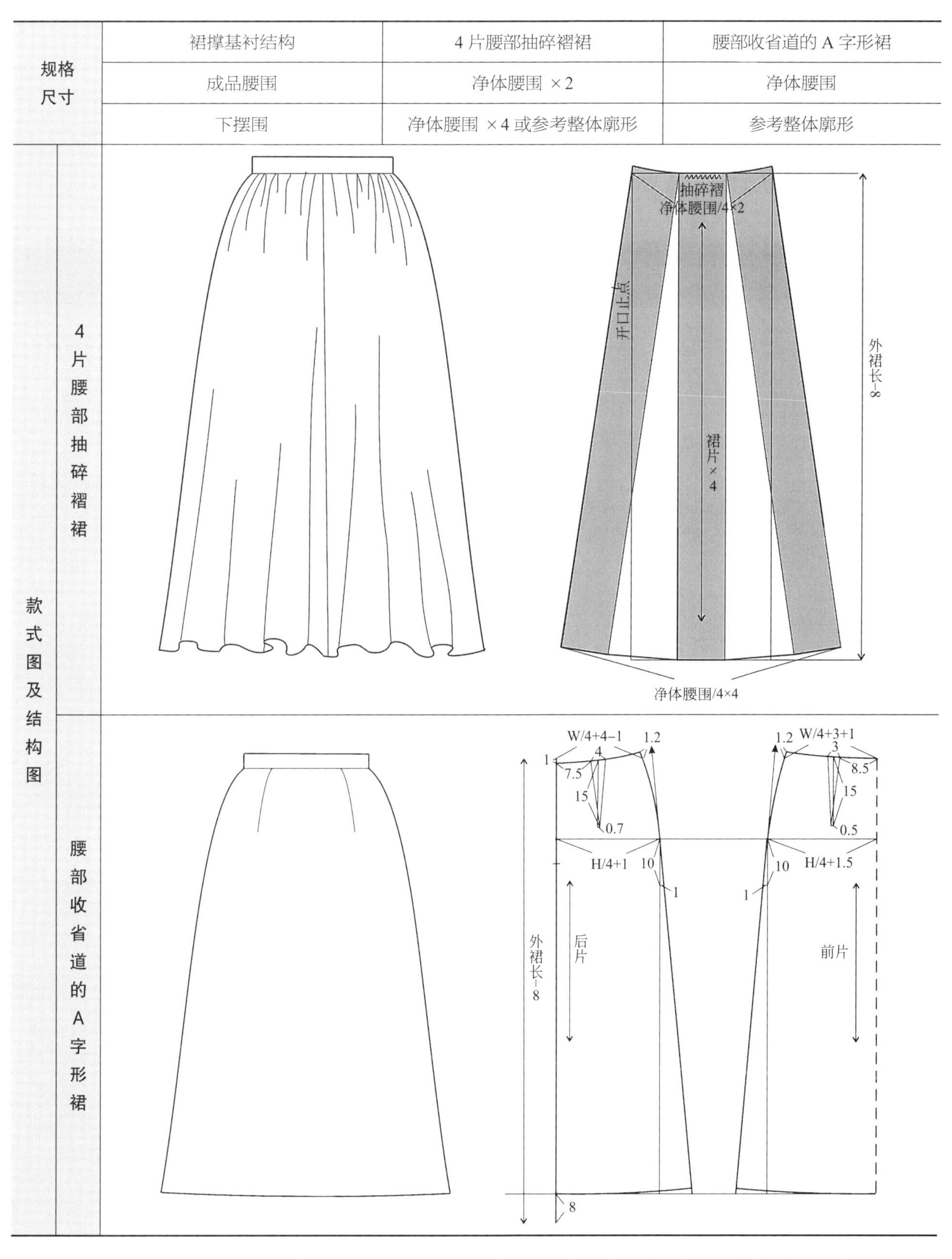

规格尺寸	裙撑基衬结构	4片腰部抽碎褶裙	腰部收省道的A字形裙
	成品腰围	净体腰围 ×2	净体腰围
	下摆围	净体腰围 ×4或参考整体廓形	参考整体廓形

有骨裙撑和无骨裙撑在基衬的样板上是可以通用的，但是如果礼服裙为扩展的外造型或者有重量的礼服，就需要在裙身上增加支撑材料，成为有骨裙撑：用一圈比一圈大的钢圈或金属丝缝制在衬裙上，从下摆至腰部形成收缩的圆台状，从而使罩在外面的裙子形成钟形。根据裙子廓形的大小，支撑材料的数量可以增减、鱼骨围成的圆圈的大小也可调节。支撑材料是在1.5cm宽的布带中穿过鱼骨。

2. 在基衬上插入鱼骨的方法

第一步

先在基衬的适当位置缝制抽带条。最后一圈的骨架最好在离地面较近的地方，这样在裙子撑开以后会比较圆顺，在靠近地面没有骨架的地方不会塌陷

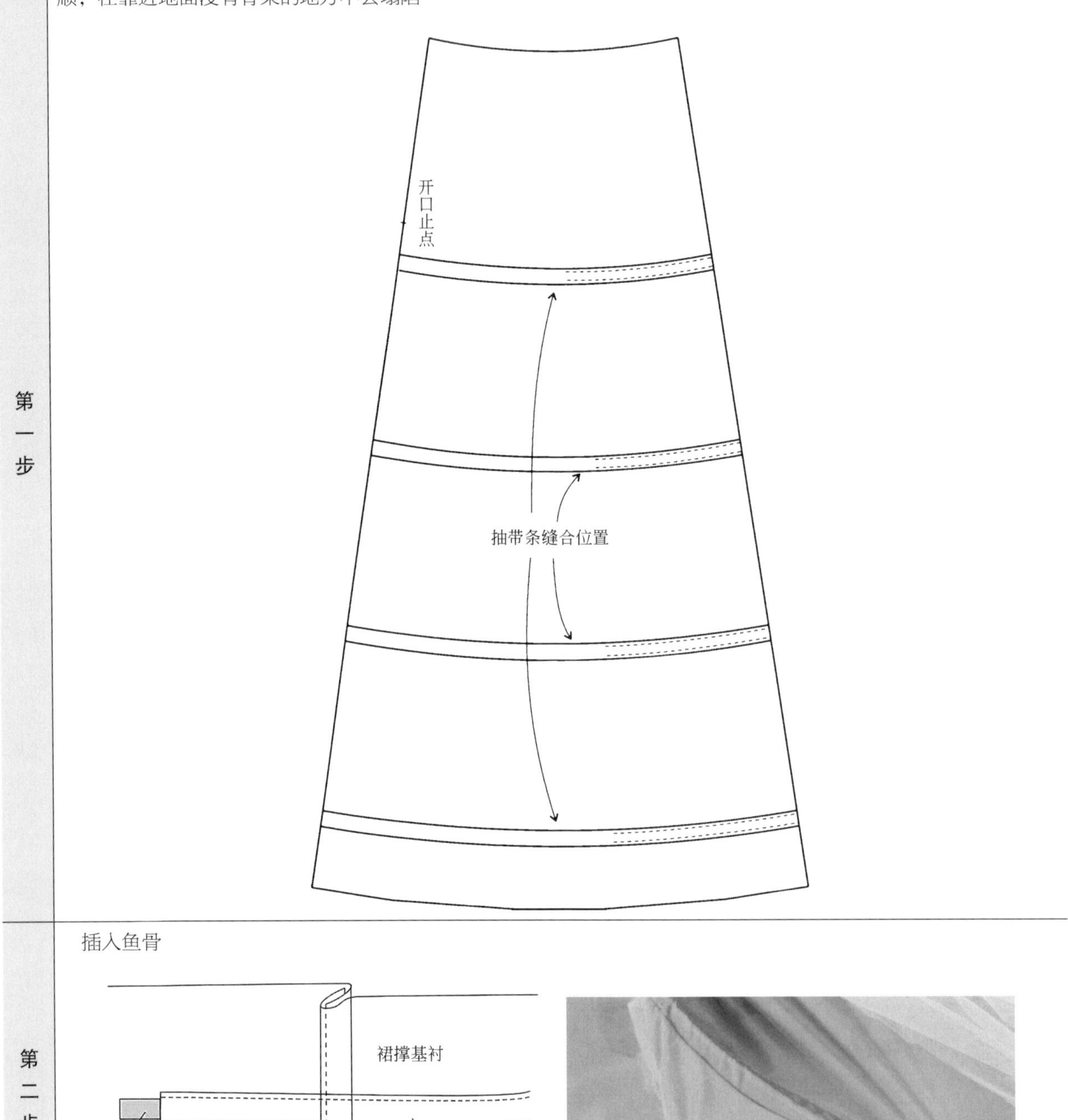

第二步

插入鱼骨

在基衬上插入鱼骨示意

在基衬上插入鱼骨实物图

（二）裙撑的第二层——网纱波浪边

加网纱的作用是增加裙摆的扩展感，可以采用轻便、薄、有膨胀感的材料，硬纱和软纱等不同材质的混合使用，会塑造出理想的效果。网纱的位置高低、网纱的软硬、网纱的抽褶量的大小都会影响裙撑的最终效果，要根据整体造型确定方案。

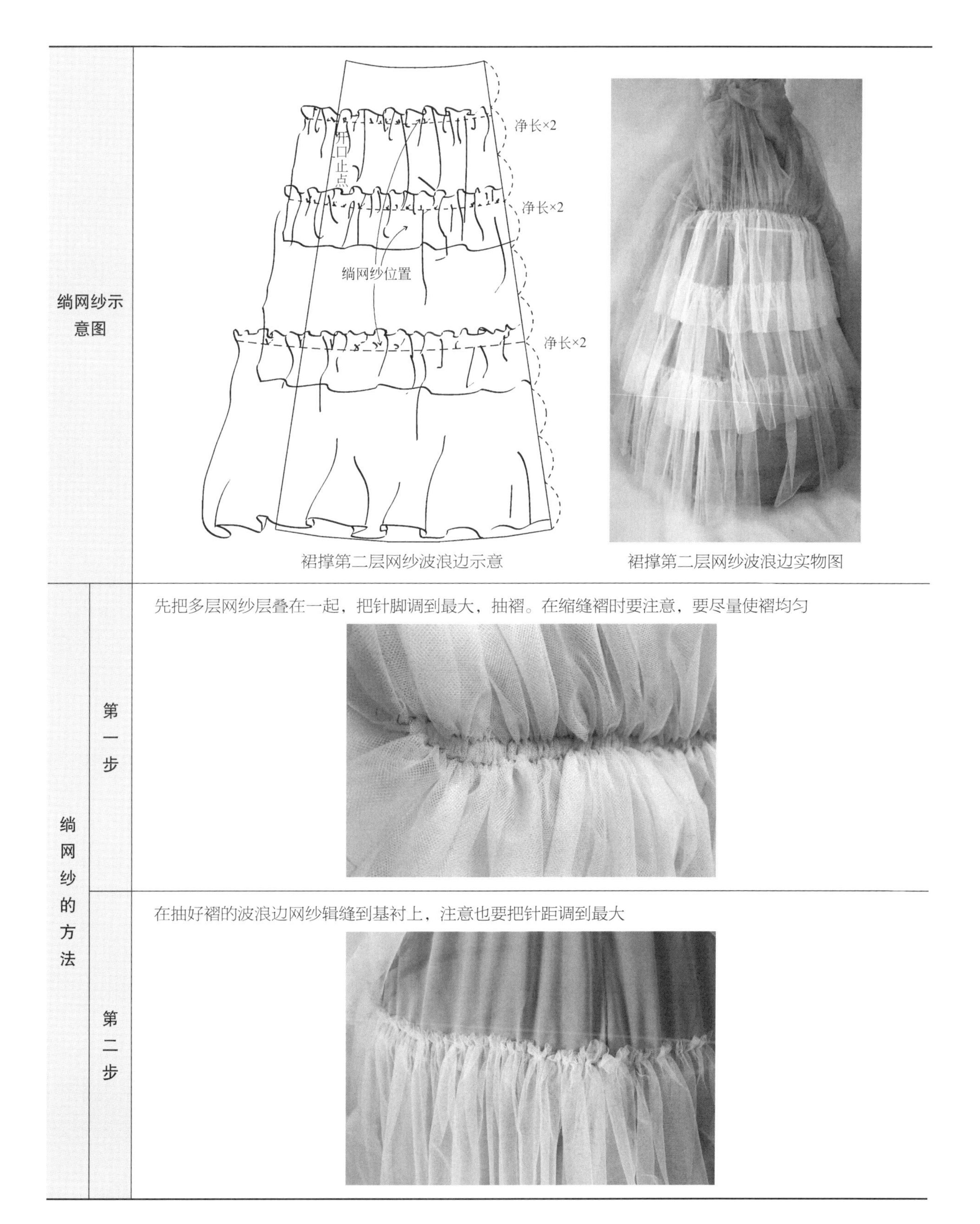

（三）裙撑的第三层——外罩裙

外罩裙的作用是为了防止网纱的波浪边和礼服的面料摩擦影响穿着效果，同时遮盖内部网纱的层阶形态，柔和造型。

外罩裙一般为整层的软纱或者和面料同色系的里料。

4 片腰部抽碎褶裙撑的外罩裙样板采用基衬 4 片 A 字形裙样板，并且在腰部增加一倍的褶量并抽褶。腰部收省道的 A 字形裙撑的外罩裙样板采用基衬样板即可。

在制作时将外罩裙的开口和基衬的开口对应，上腰头并确认尺寸后，钉挂钩，完成裙撑的制作。腰头挂钩、挂钩挂住的效果分别如图 4-8、图 4-9 所示。

（四）完成图

裙撑成品如图 4-10 所示。

图 4-8　腰头挂钩

图 4-9　挂钩挂住的效果

图 4-10　裙撑成品

在目前的时尚圈中，裙撑的种类、造型、材质千变万化，更趋向于轻便、舒适与工艺的简便化。2009 年 Dior 秋冬高级定制、2014 年 Delpozo 春夏成衣分别如图 4-11、图 4-12 所示。但无论如何变化，裙撑都要符合整体造型的特点和风格。

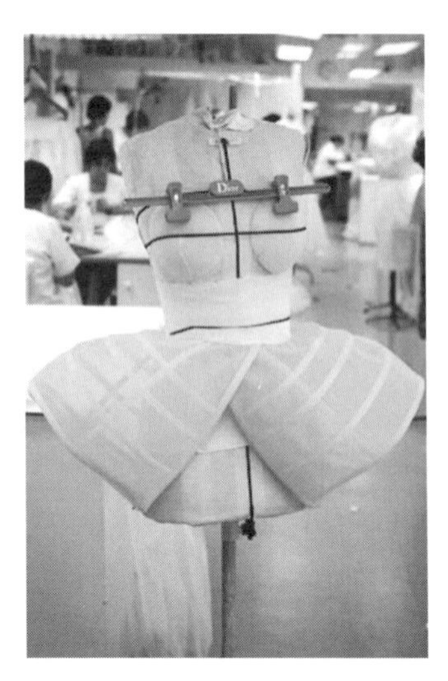

图 4-11　2009 年 Dior 秋冬高级定制

图 4-12　2014 年 Delpozo 春夏成衣

近年来的秀场中，裙撑元素在不断推陈出新，众多的设计师运用新技术、新思路重塑裙撑，使“骨架”不再单调，原本的交织方式不再循规蹈矩，再加以建筑形式的融入，丰富了裙撑在服装中的语言。Jean Paul Gaultier（让·保罗·高缇耶）2020 年春夏高级定制、2013 年春夏 McQueen（麦昆）的裙撑设计、2013 年春夏杜嘉班纳的裙撑设计分别如图 4-13 ～图 4-16 所示。支撑表面裙子造型而隐藏在外裙内的裙撑开始出现，解构中的逆向思维引导设计师将裙撑拆散重构。通过改变裙撑原本的结构，实现了作品在整体上的轮廓改造。设计师大胆地将裙撑元素与人体融为一个整体进行设计构想，或将胸衣与裙撑合并设计，构成服饰的整体结构，以丰富的编织纹样，华丽的编织造型，带来全新的感官体验。裙撑，作为西方服饰中一项重要的组成元素，随着时间的推移和技术的进步，在其制作方式、装饰手段、形态需求等方面都发生了变化。

图 4-13　Jean Paul Gaultier 2020 年春夏高级定制（一）

图 4-14　Jean Paul Gaultier 2020 年春夏高级定制（二）

图 4-15　2013 年春夏 McQueen 的裙撑设计

图 4-16　2013 年春夏杜嘉班纳的裙撑设计

第三节 一布成衣抹胸礼服

一布成衣抹胸礼服成衣效果图、一布成衣抹胸礼服背面效果图分别如图 4-17、图 4-18 所示。

图 4-17 一布成衣抹胸礼服成衣效果图

图 4-18 一布成衣抹胸礼服背面效果图

一、设计分析

一布成衣，即整件服装展开后只有一片样板构成。这种服装打破了衣身、衣领、袖身等部件式裁剪的界限，保持了服装最大的完整性。

一布成衣抹胸礼服成衣外轮廓为 X 形，裙长至地面，抹胸结构，无侧缝；前中腰部无分割线，有胸省，前腰部有一个倒褶，侧面一个蝴蝶翅，后中一个大倒褶，从前片到后片有一条斜向的结构线。一布成衣抹胸礼服纸样没有传统制板的基础框架，纸样整体呈矩形，腰围线以上以实际人体尺寸、人体体型为依据还原各结构之间的比例美感，通过胸省解决了胸部的浮余量，从前片到后片的斜向分割线巧妙地解决了纸样的增加量，又满足了人体的着装舒适度，并突出了人体的体型美。整体穿着效果美观，胸腰等部位贴合人体，呈现优美人体曲线，A 字形下摆彰显时尚气质。

此款一片式合体服装结构的难点在于：在一片布的立体塑造过程中，要同时达到合体、物尽其用且造型美观三个目标。

二、操作步骤

备布

① 此款礼服由一块面料完成，同时包含多个褶裥，故所需围度尺寸较大。由于受到面料幅宽的限制，故采用横幅面料制作

② 按图所示规格和丝道方向准备一块布料，并在布料上标出前中线、胸围线

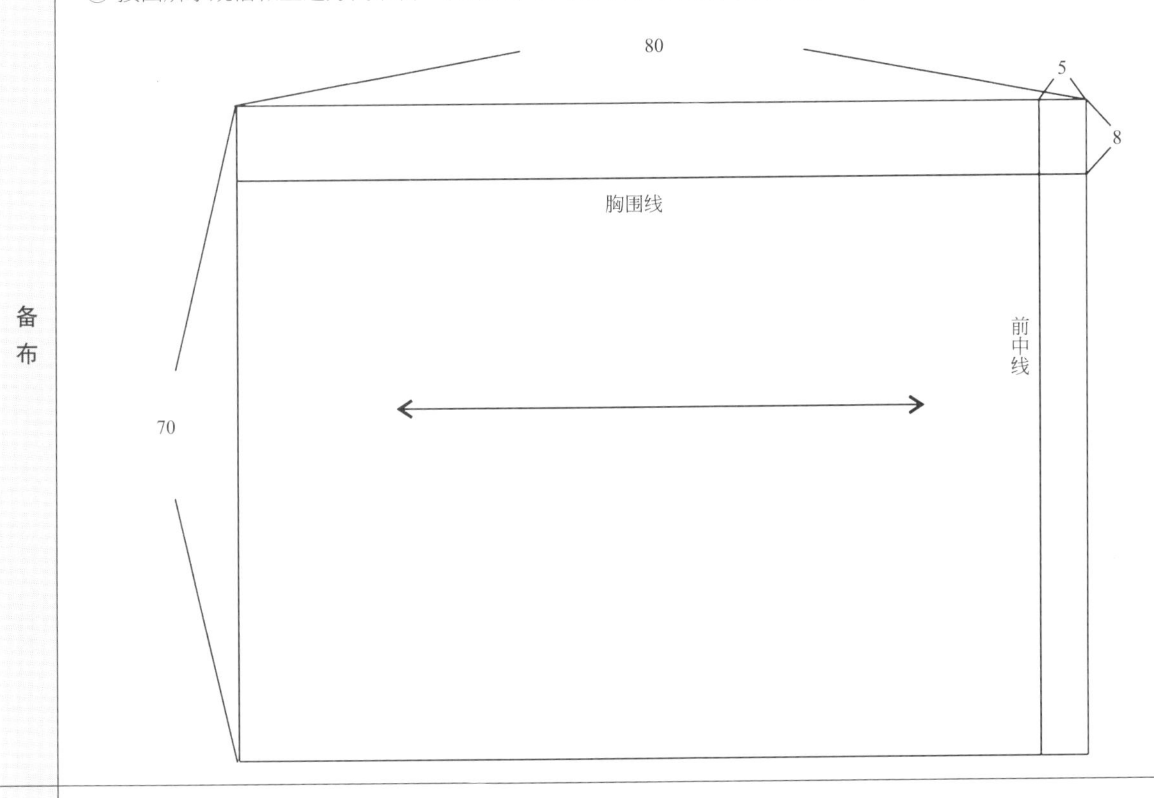

贴造型线

① 根据款式，用标记带在人台（采用 1 ： 2 人台）上贴出相应的轮廓线、分割线、省道位置

② 胸部造型的设计，应通过或靠近胸部最高点，这样才能在结构上更合理地处理胸部造型，尤其是在合体和紧身造型的塑造中

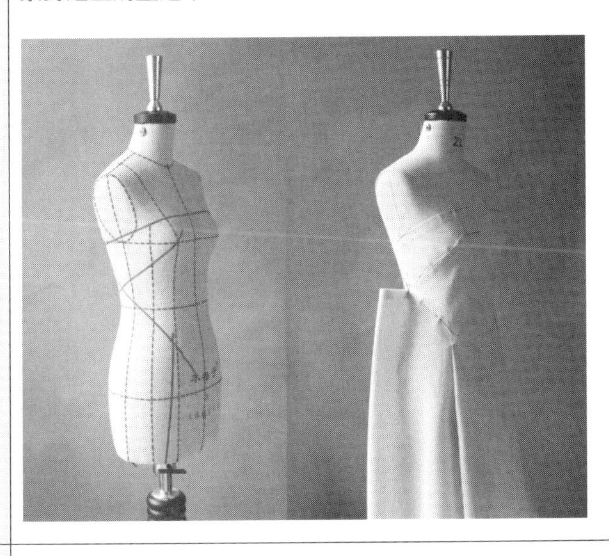

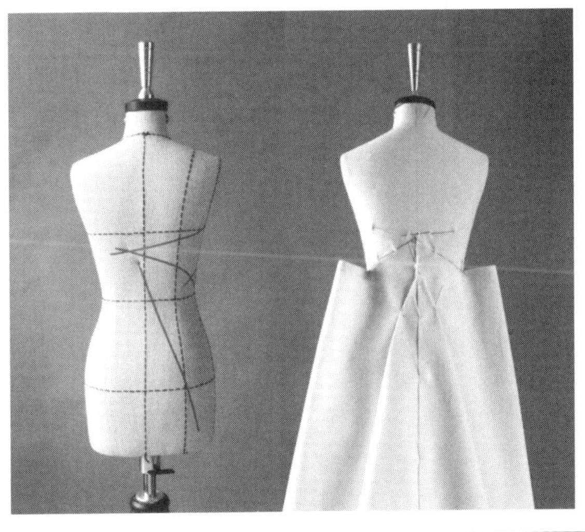

前身

① 将坯布上的前中参考线、胸围参考线与人台的前中线、胸围线对齐，在左右胸点、胸下围、腰线、中臀围处别针固定，把上口线按标记线折叠成双层，别针固定

② 从胸点向下抚平布料，别针固定

续表

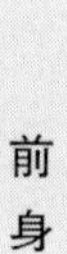

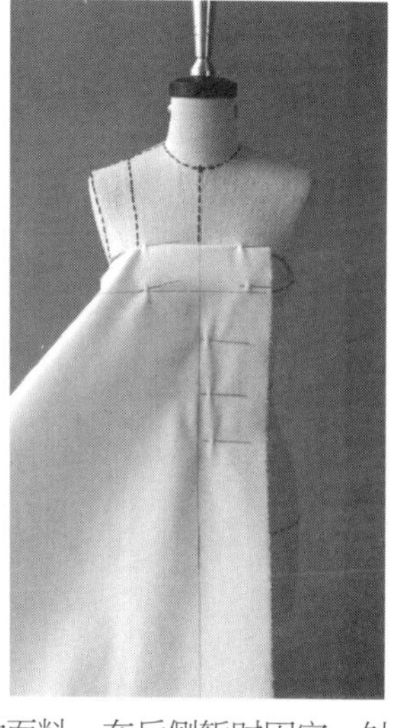

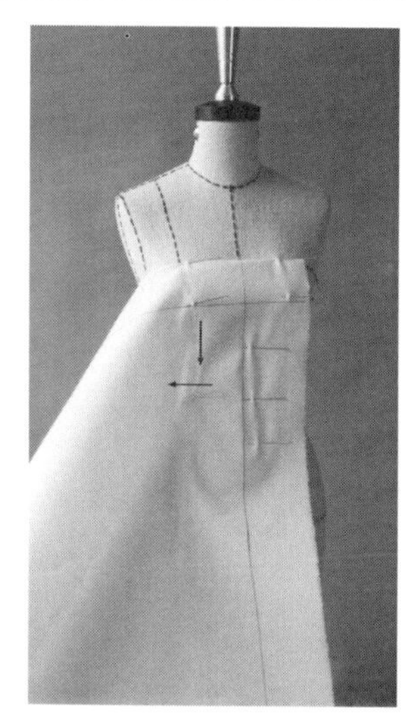

③ 沿上口造型线向后转动面料，在后侧暂时固定一针

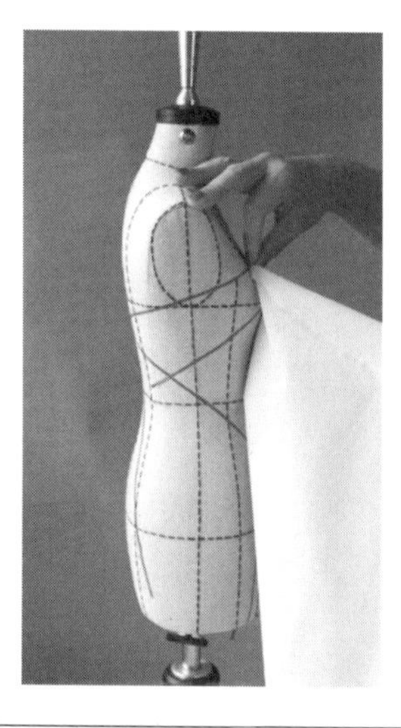

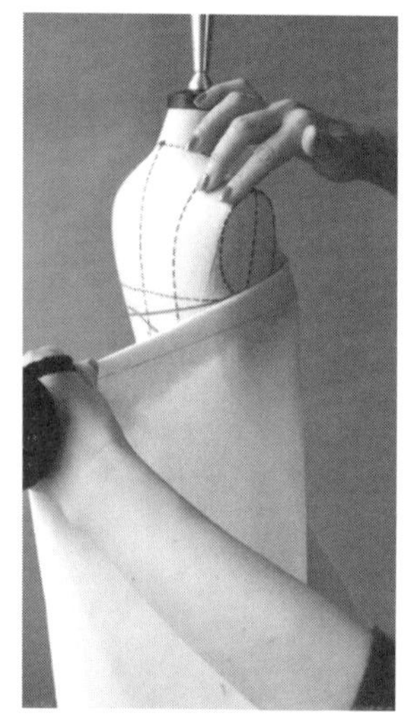

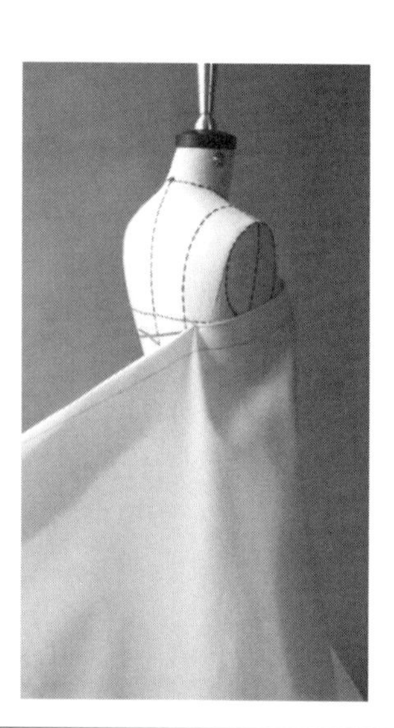

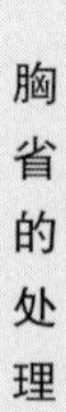

① 按人台上的标记在面料上贴出标记线，省道的量及位置粗略固定好即可

② 沿标记线剪开面料

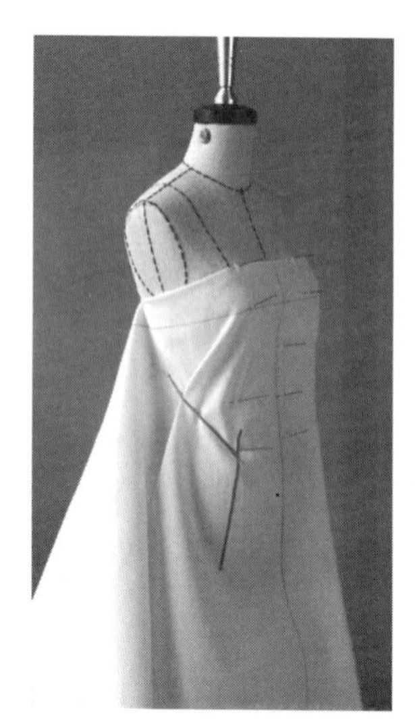

续表

胸省的处理

③ 继续按标记线完成上口的造型，在后中线处别针固定
④ 继续沿标记线剪开布料，完全剪断为止

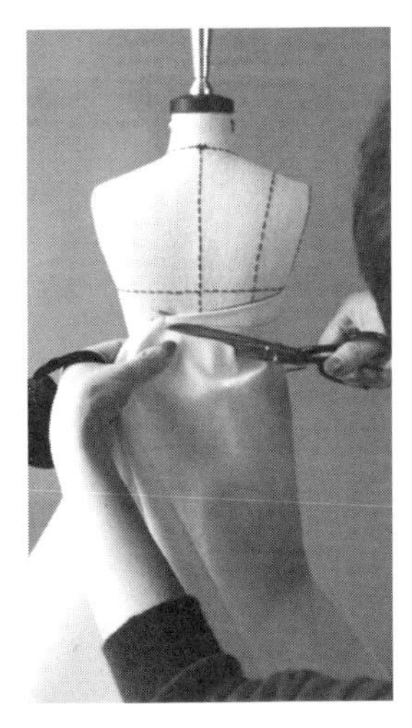
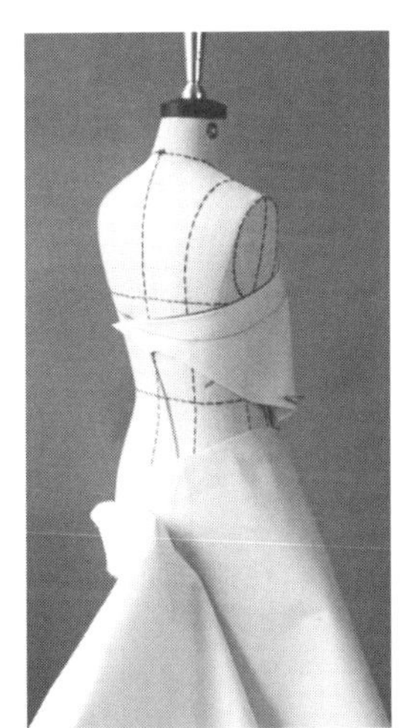

⑤ 按照标记线的位置确定省道位置
⑥ 从上口造型线向下抚平面料，在省线上别针固定
⑦ 沿省中线剪开省道，剪到靠近省尖的位置
⑧ 调整省道，别针固定省道

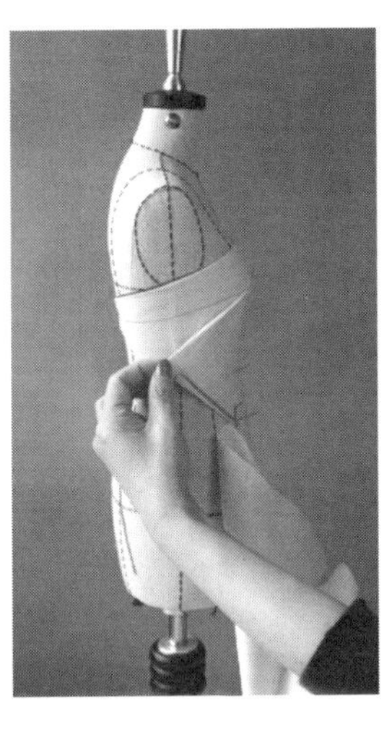
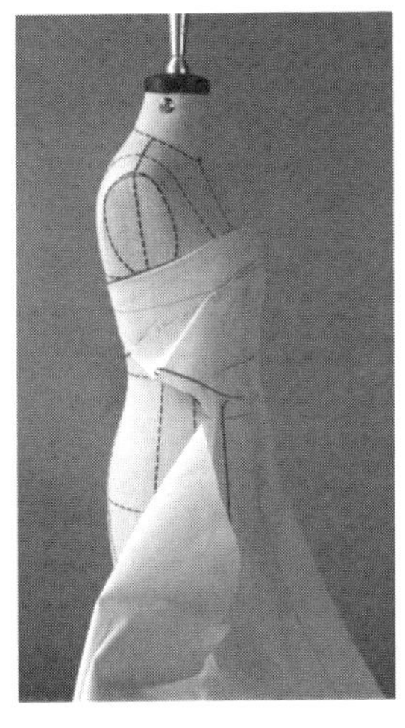
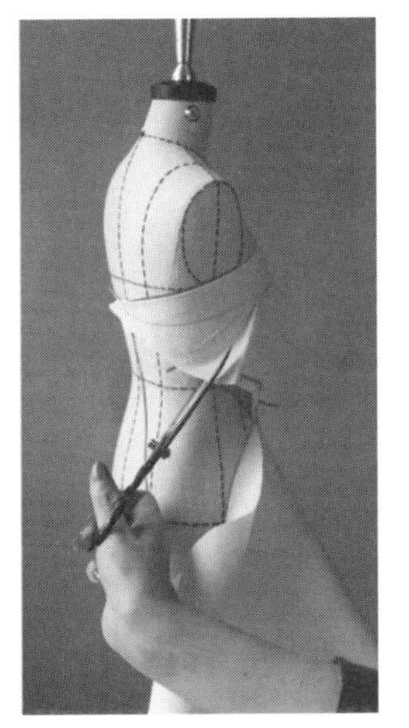
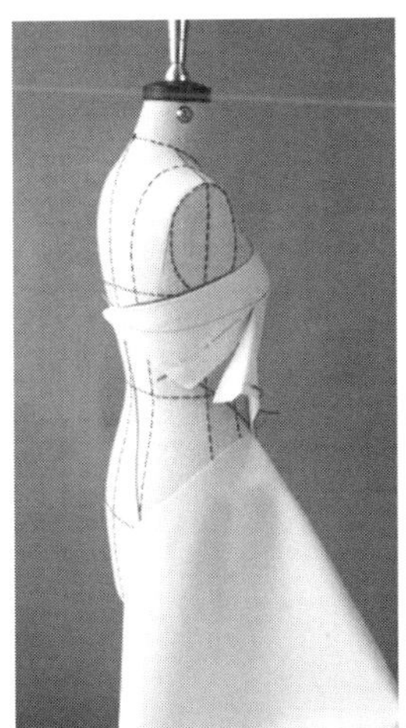
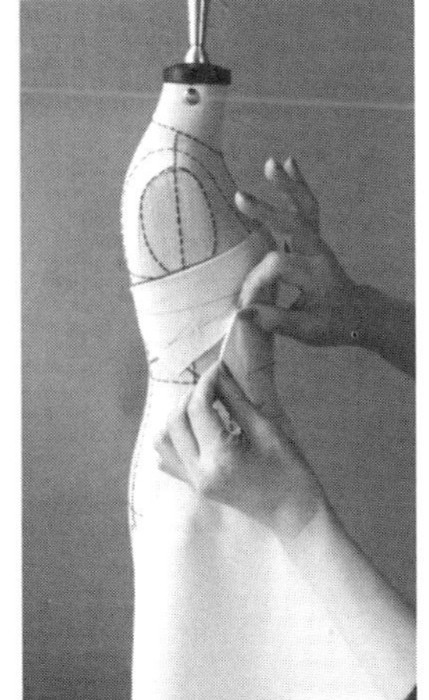
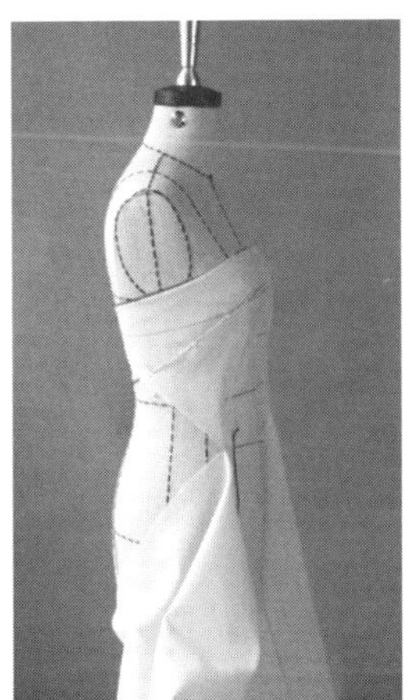

续表

前片褶的处理	① 取下胸点下方别针，使这个区域的空间量分布均匀 ② 设计从后到前斜向的分割线，这条分割线呈轻微的S形，表达女性柔美的身体曲线 ③ 做出前片的褶 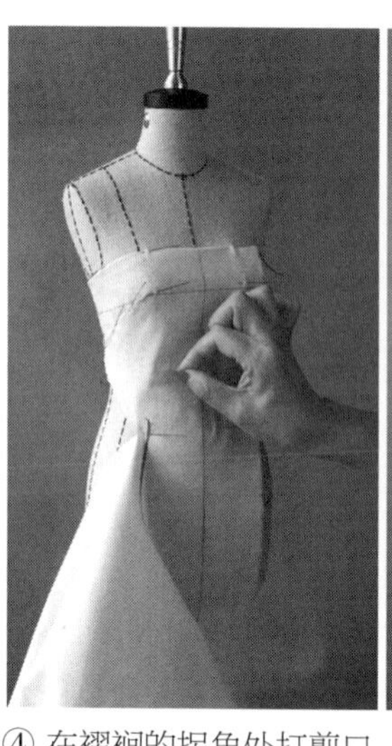 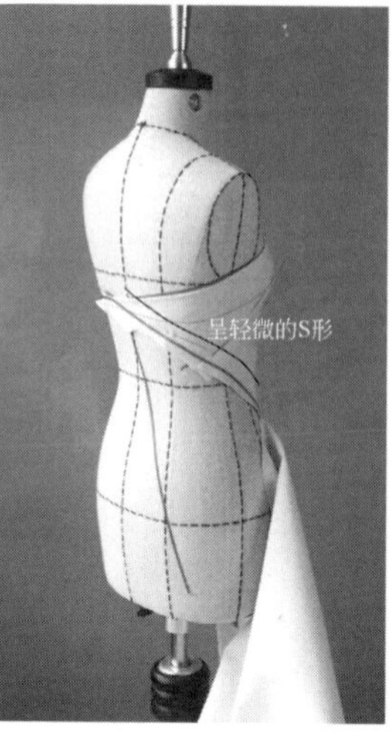 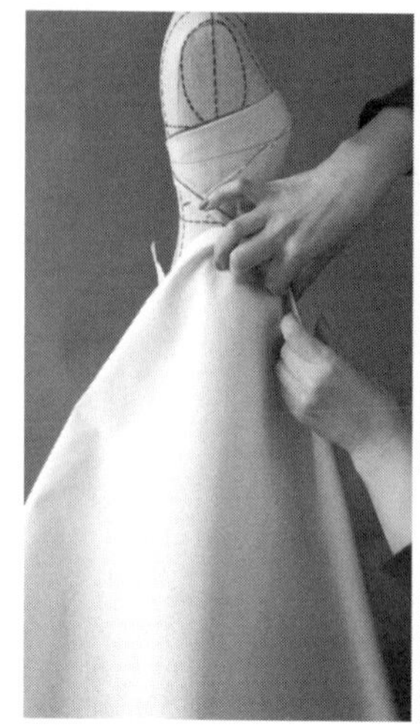 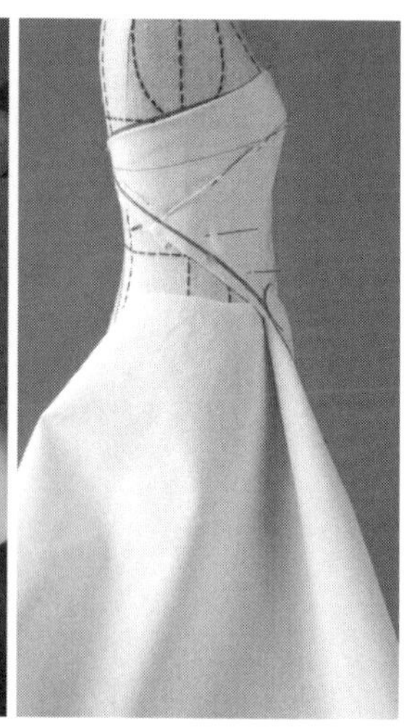 ④ 在褶裥的拐角处打剪口 ⑤ 调整褶裥大小，使分割线处留出缝份量，其余的量全部折叠做成褶 ⑥ 由于此处的褶量较大，从前中处翻开面料，修剪此处的褶裥多余的折叠量，减小面料厚度 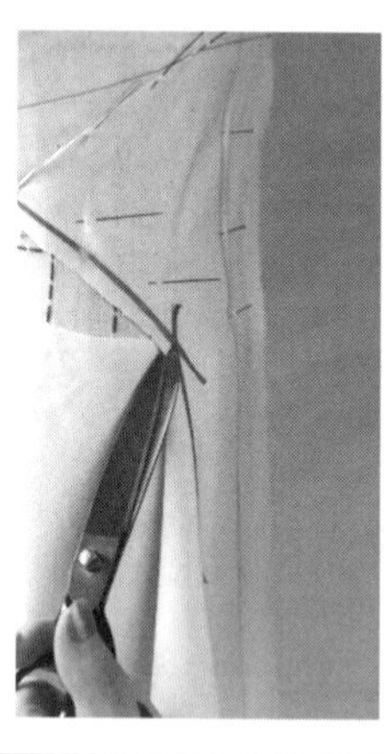 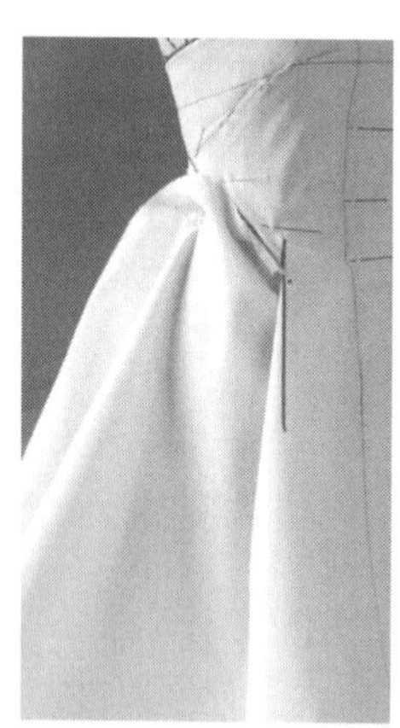 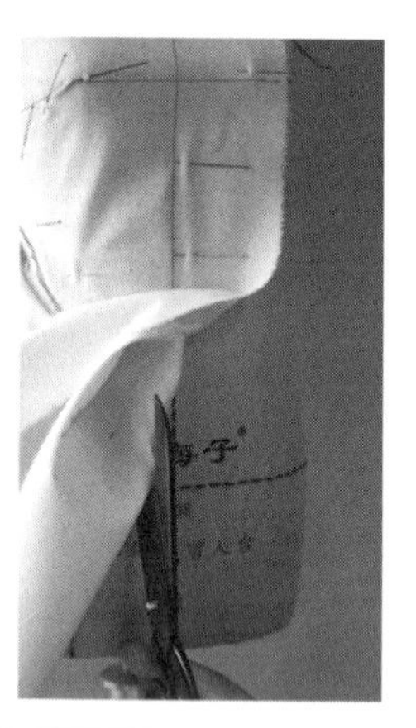
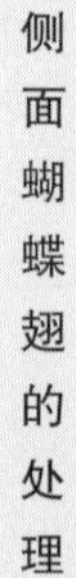 侧面蝴蝶翅的处理	整理侧面分割线处的面料及褶裥使之平服，折进去此处的缝份，用针固定到胸省结束处；然后打剪口，折叠面料做出侧面的蝴蝶翅，用针固定 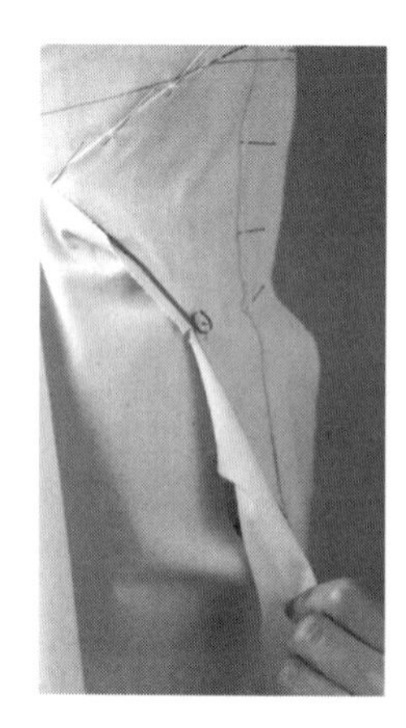 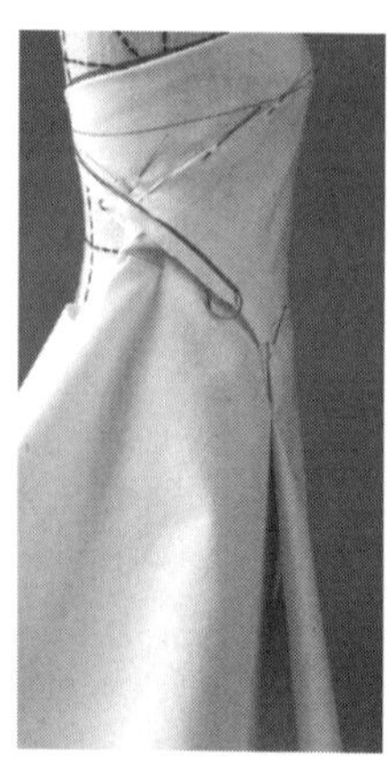 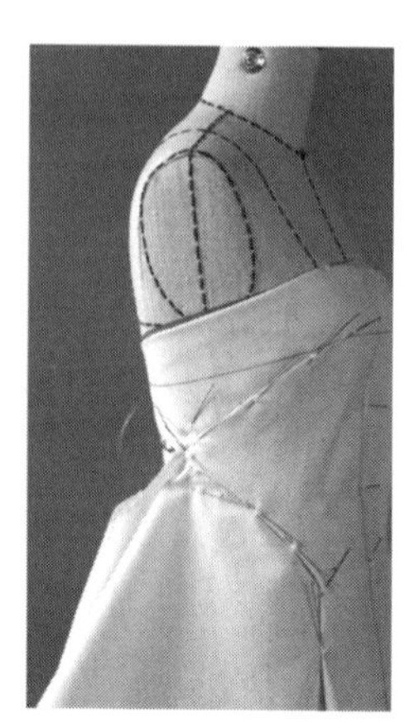

续表

侧面蝴蝶翅的处理

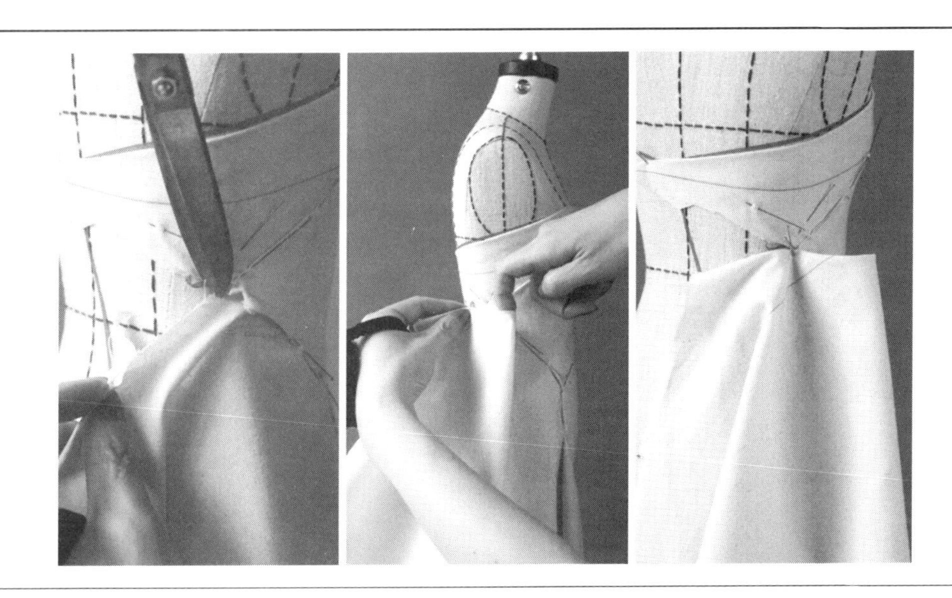

后中褶的处理

① 沿着分割线的方向上提面料，在后中别针固定，然后做出后中线处的褶裥
② 贴出后中线标记线，留 2cm 立体裁剪缝，修剪多余面料
③ 继续修剪后中褶裥多余的量，减少面料的厚度
④ 修剪裙长

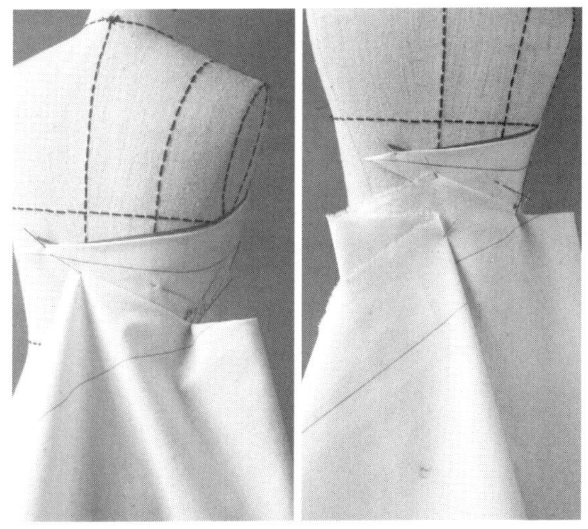

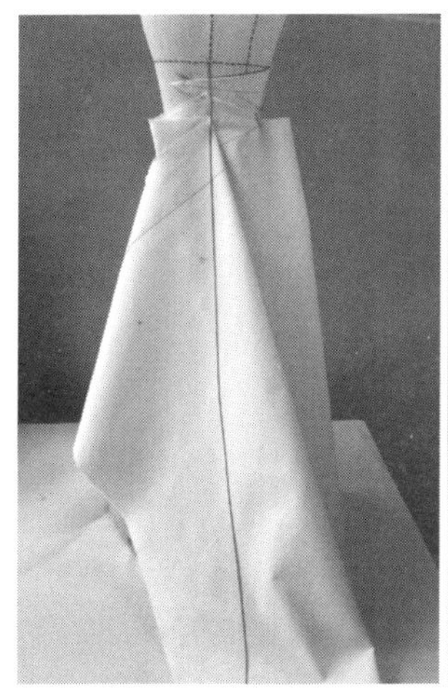
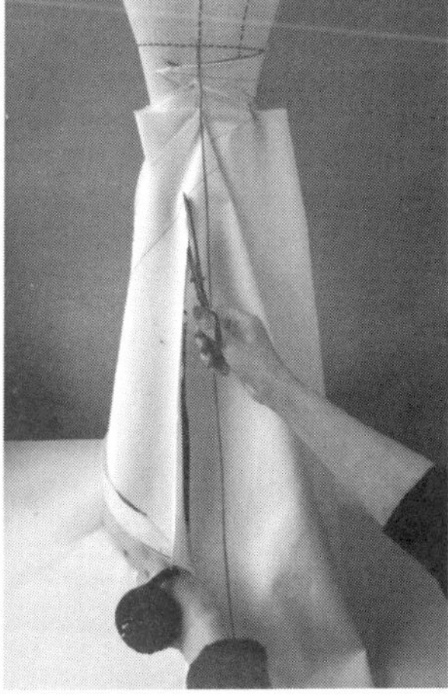
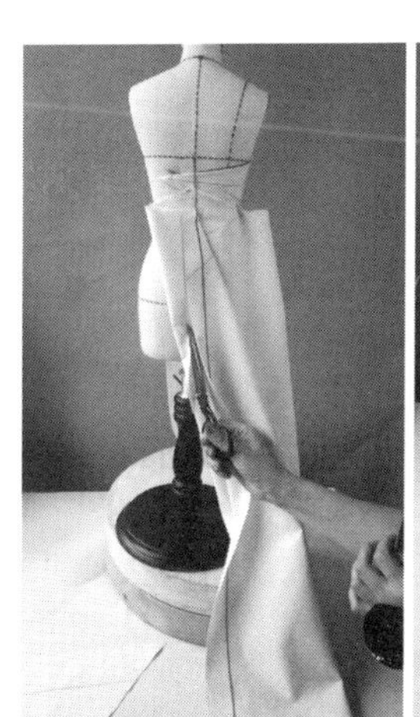
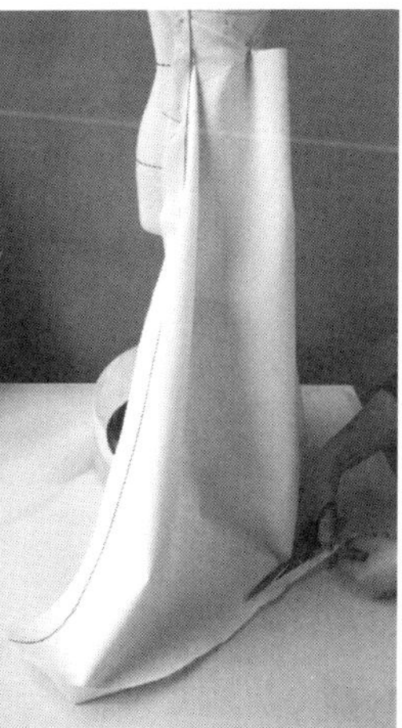

续表

完成图	

三、完成纸样

完成纸样示意如图 4-19 所示。

图 4-19　完成纸样示意

四、总结

一片式服装并不是现代服装的创新，而是最古老的一种服装结构，从古希腊的希顿、古罗马的托加这种非成型服装，到古埃及的贯头衣这种半成型服装，再到中国古代袍服的十字形结构，Balenciaga（巴黎世家）的“one-seam coat（单缝大衣）”，我们可以看出，一片式服装结构需要在衣料利用率最大化、服装舒适度和外观造型之间找到平衡点。结合现代服装的穿着氛围，一片式服装的结构方法打破了传统服装和身体结构间的固有关系，为服装结构设计提供了更多元的表达方式，丰富了服装的功能设计。这种对服装结构与人体结构关系的新理解给予了服装结构设计的新视角，拓展了服装设计更多的可能性。

第四节　褶裥鱼尾式礼服

褶裥鱼尾式礼服成衣效果图如图 4-20 所示。

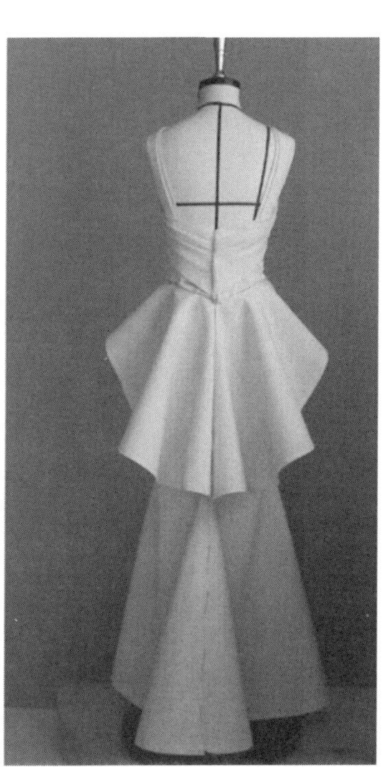

图 4-20　褶裥鱼尾式礼服成衣效果图

一、设计分析

此款式上下身为断开缝合结构，上装和下裙均为 X 廓形，上短下长，裙子为大 X 形鱼尾式。

上半身有两个交叉造型：肩带和衣身下摆的波浪褶。肩带采用单一的褶裥交叉造型，是将面料捏合成褶裥的形式，在前中心处重叠交叉，并继续延伸到后背肩胛骨处结束；衣身下摆的波浪褶为斜丝、一整块面料，是将褶和交叉造型相结合，从后中开始以斜向放射状衣褶的形态缠裹至前中，在人体中心线上重叠形成交叉后，褶裥从折叠褶变化为波浪褶，再继续缠裹到后背，延长至下摆。此处的交叉造型与肩带的交叉褶裥呼应，喇叭褶收放对比强烈，自然流畅，前短后长，性感俏皮。

下半身鱼尾长裙长度及地，采用斜向分割线结构，在分割线中隐藏了省道，并合并掉裙子侧缝，让臀围部分更贴合人体。大腿中部收紧，下部展开呈鱼尾状，裙底部分褶量较大，裙子后中下摆的褶裥与上半身的衣摆褶裥相呼应，视觉上稳定优美。

此款式的难点如下：

① 为了避免多余接缝，侧缝至前中放射状褶与下摆是整片面料，完整而有趣味；

② 在没有侧缝的条件下，如何将裙体侧面做出立体感和量感，在“放”的同时展现“收”的隐性服装语言，对平面和立体转换思维要求较高。

二、操作步骤

备布

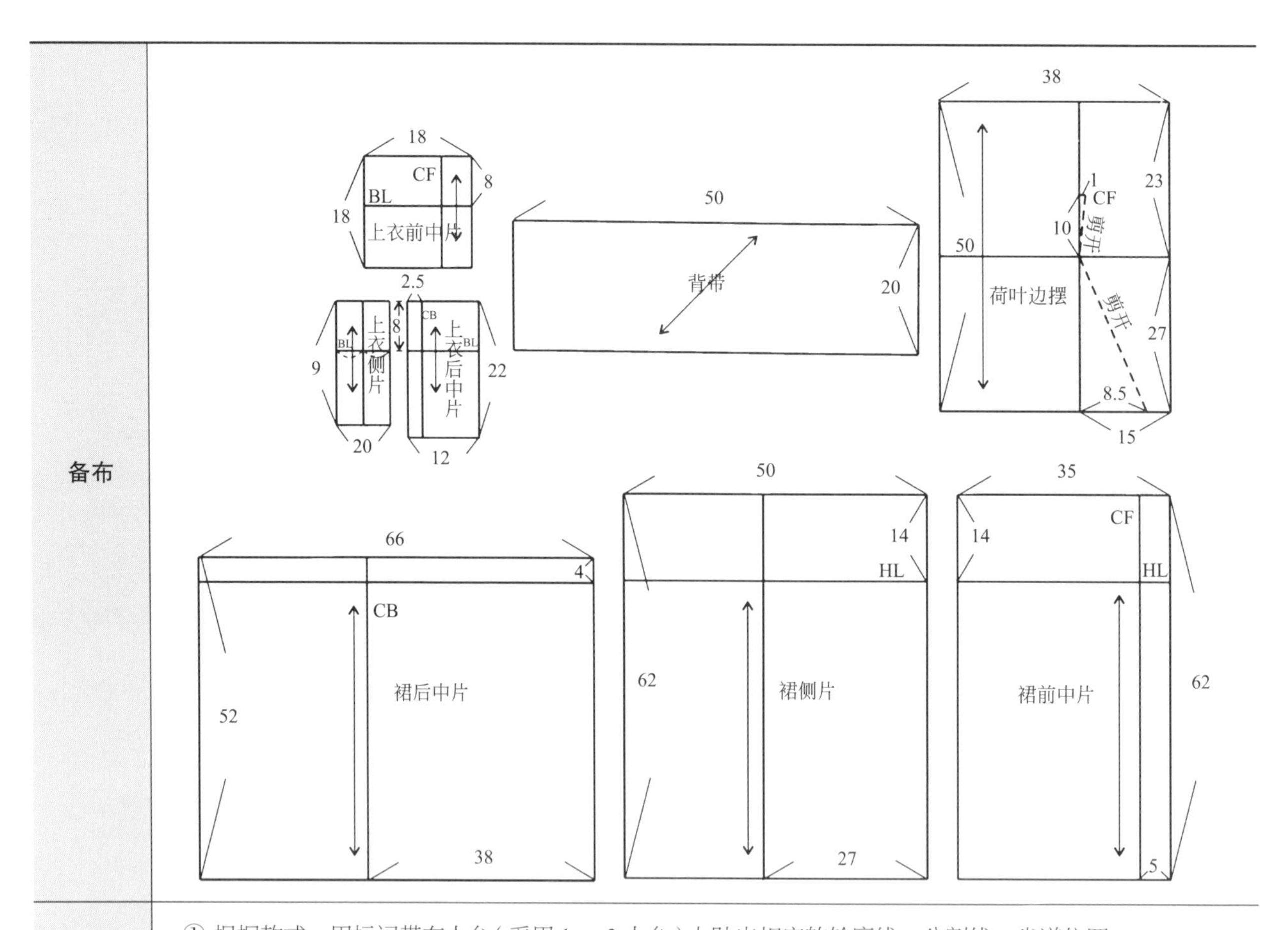

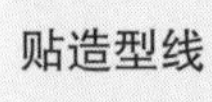
贴造型线

① 根据款式，用标记带在人台（采用 1 ： 2 人台）上贴出相应的轮廓线、分割线、省道位置

② 需要标线的部位：领口造型线、衣身和裙子的分断线、衣身侧缝线、衣身波浪褶造型线、裙片分割线

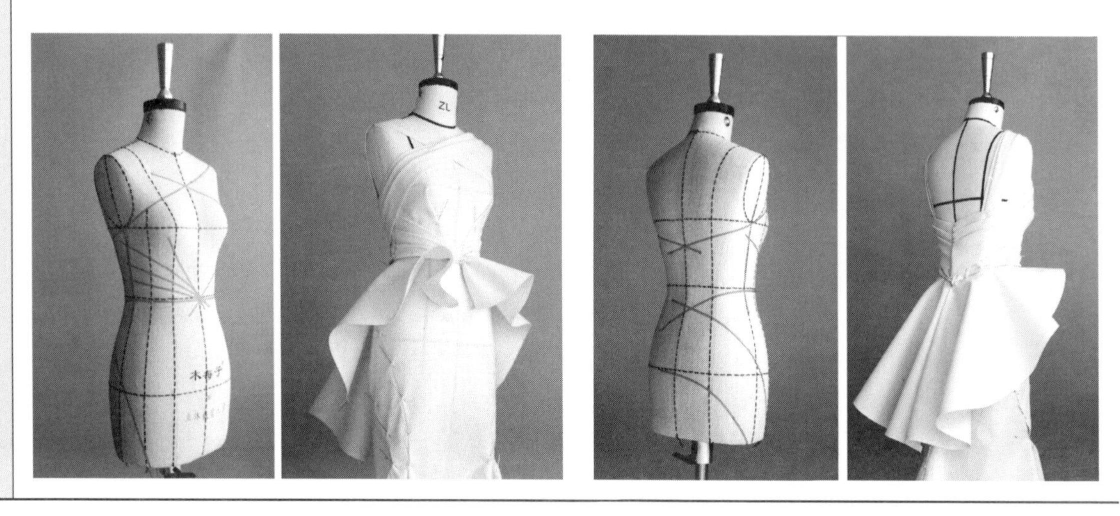

续表

前片	第一步	将坯布上的A点对齐人台的前中线和胸围线的十字交叉点，确保各辅助线横平竖直，并与人台标记线相对应。在左右胸点、胸下围、腰线、领口处别针固定 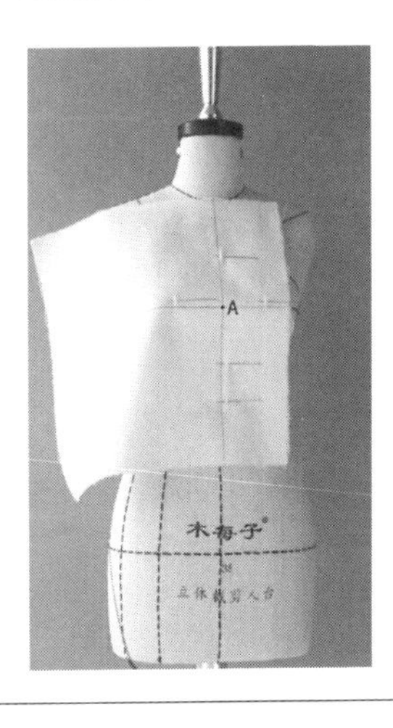
	第二步	① 从前领窝向袖窿方向抚平面料，将胸部上方的多余面料转至胸围线下，在侧缝处别针固定 ② 沿领口标记线修剪多余布料，留2cm左右缝份量 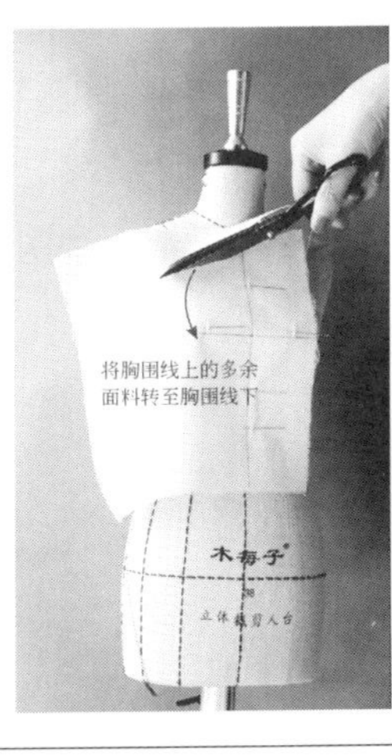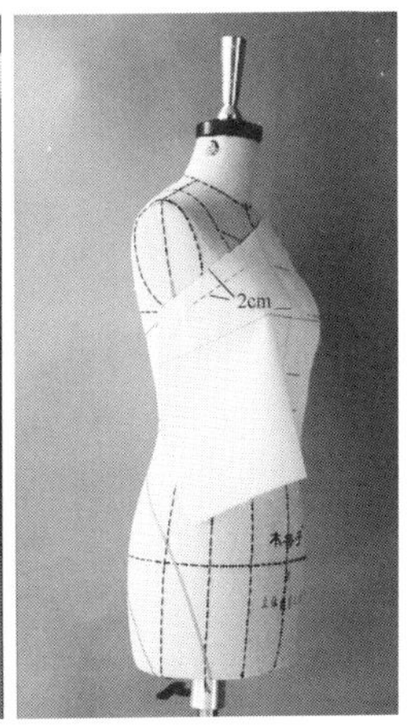
	第三步	① 将从上侧转下的多余量收一个胸省，用针暂时固定 ② 沿标记线修剪多余布料，留2cm左右缝份量 ③ 在分割线处打剪口，使面料平服 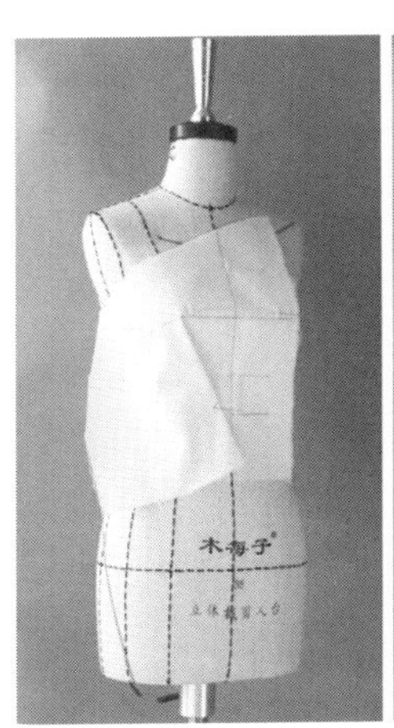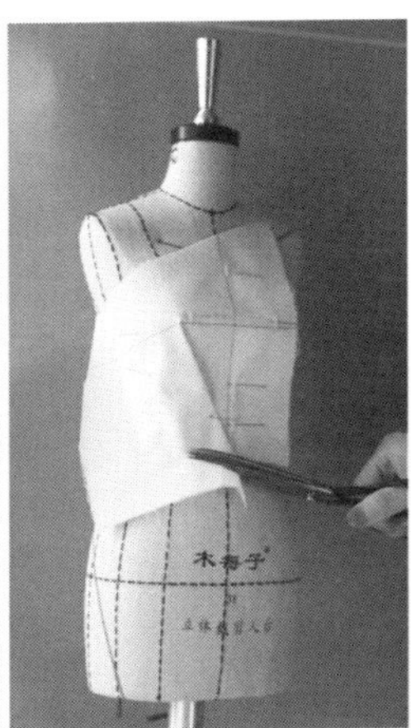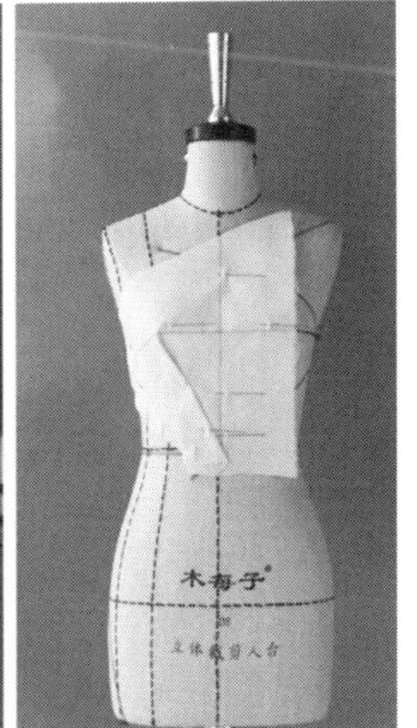

续表

前片	第四步	① 由于此省道量较大，故折叠的面料较多。为了减少面料厚度并使之更平服，可以打开省道，沿省中线剪开，再重新整理省道，这样面料会更加平服，整理好后别针固定 ② 复制人台斜向的标记线到前片上 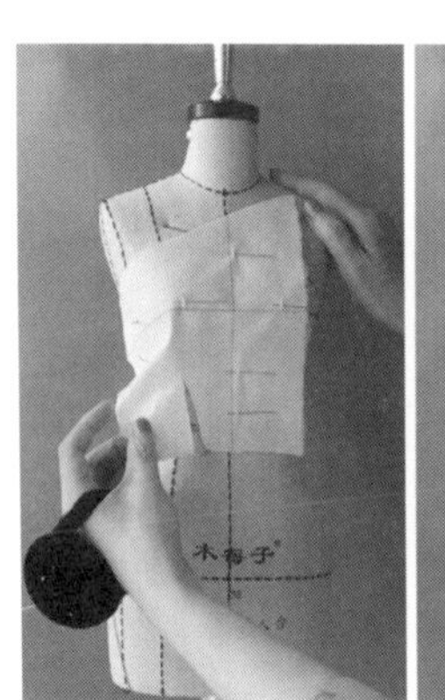 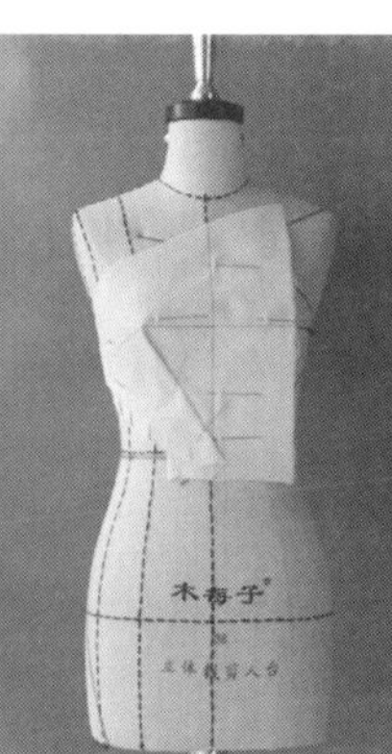 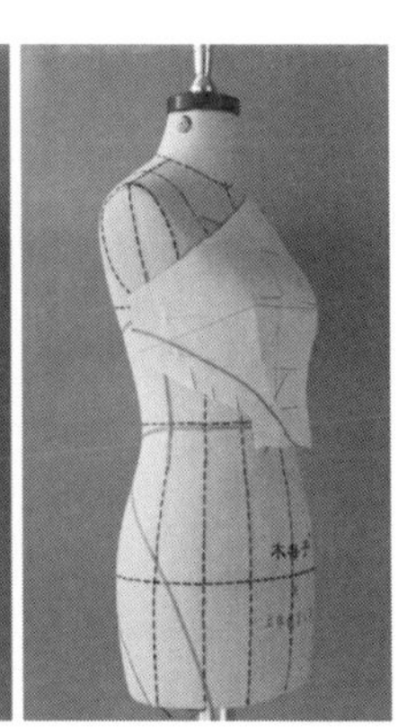
侧片		① 将坯布上的 B 点对齐人台上的后侧垂直线和胸围线的十字交叉点，依次在胸围线、胸下围处、腰围线处别针固定 ② 用标记线贴出侧缝线，设计后侧片分割线的位置和形状，也用标记线贴出来 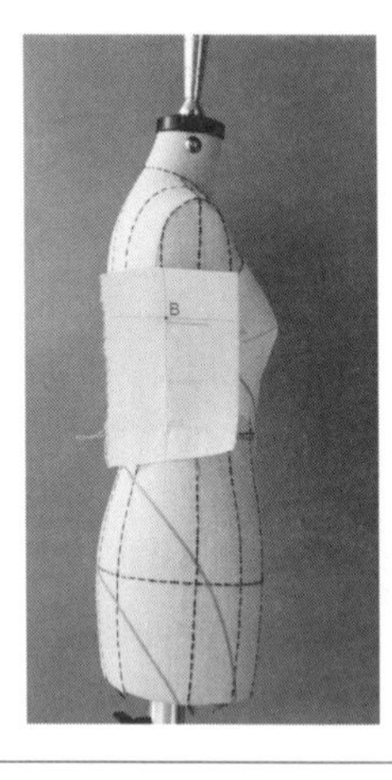 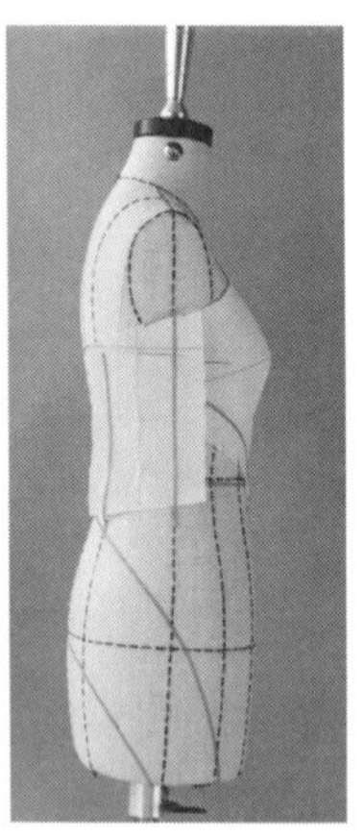
后片	第一步	① 将坯布上的 C 点对齐人台的后中线和胸围线的十字交叉点，从上向下抚平面料，后中线会向左侧偏移 1cm 左右，作为后中省。在胸围线、腰围线、肩胛骨处别针固定，在腰围处打剪口 ② 沿标记线修剪上口多余布料，留 2cm 左右缝份量 ③ 沿标记线修剪后侧缝处多余布料，留 2cm 左右缝份量 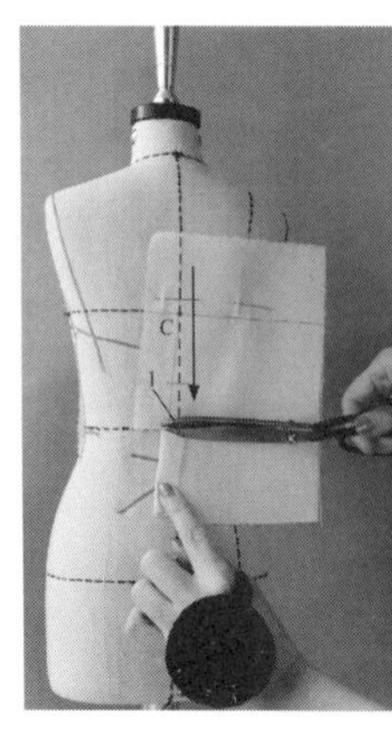 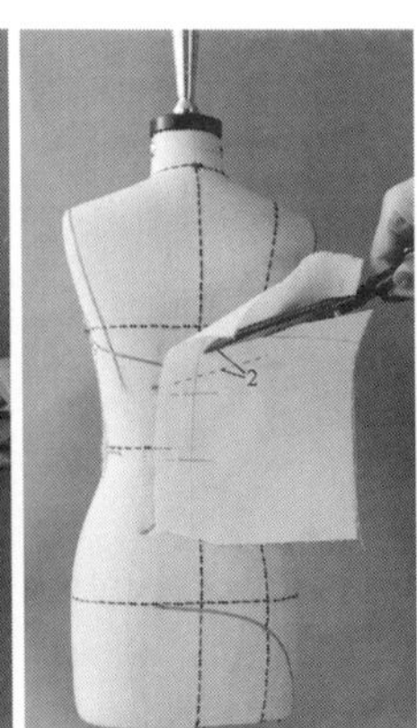 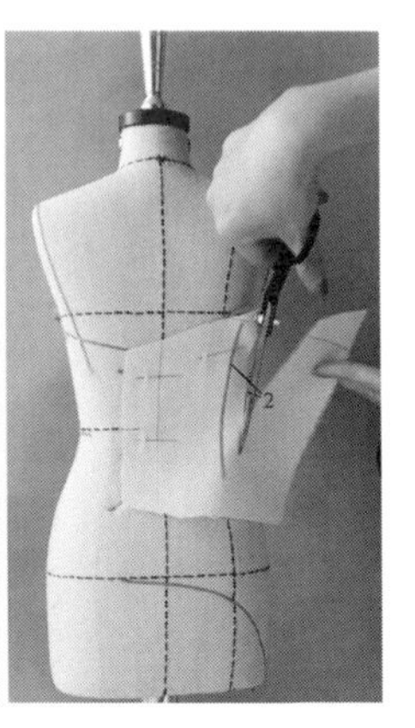

续表

后片	第二步	① 把后侧缝处的缝份向内折进并别针固定 ② 复制人台上前后片上口的标记线到布料上，复制人台上后片的分割线到布料上 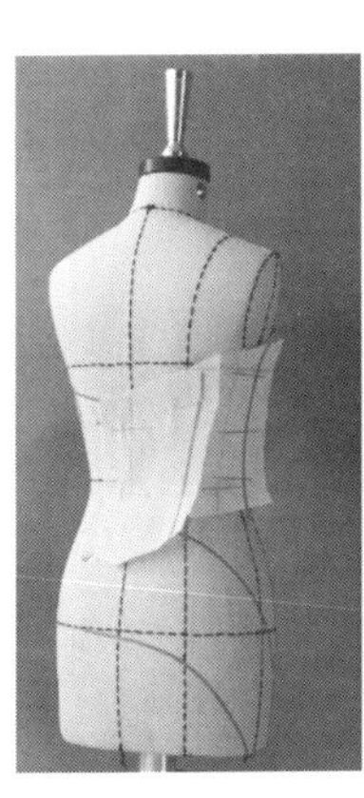 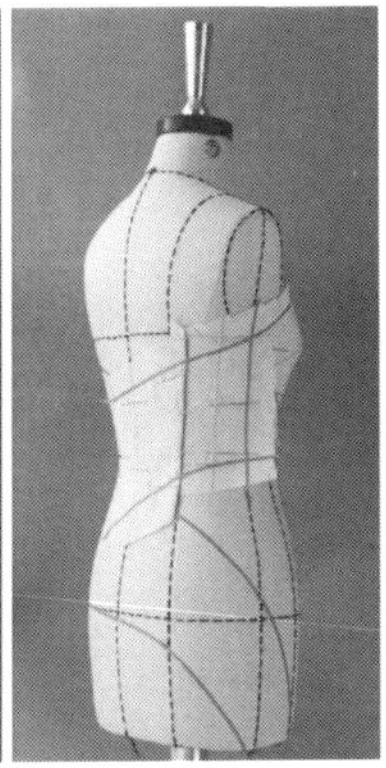 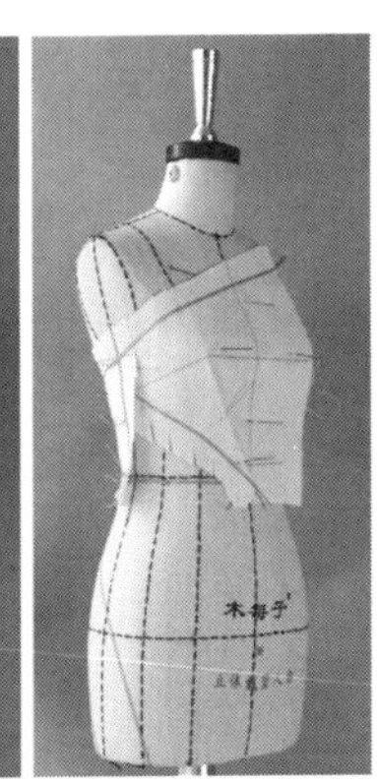
裙片1	第一步	① 把坯布上的 F 点对齐人台上臀围线和前中线的十字交叉点，确保各辅助线横平竖直 ② 把前片坯布的臀围参考线和人台上的臀围线保持重合，从人台侧片开始，慢慢地向下转动面料。将腰臀差产生的多余面料转到下摆，一边转动一边观察下摆的造型，下摆从 H 形慢慢变成 A 字形，即把腰部的省量转移至下摆，直到下摆的 A 字形达到设计要求即停止。此时臀部完全合体，松量适中。顺势将布片围绕至身后，在后中线处别针固定 
	第二步	① 腰部会存留一些没有完全转走的腰臀差余量，将这些量在侧缝处收一个省道 ② 设计裙片 1 的分割线，用标记线贴出，并测量下摆处褶的大小 ③ 减掉分割线左侧的多余面料 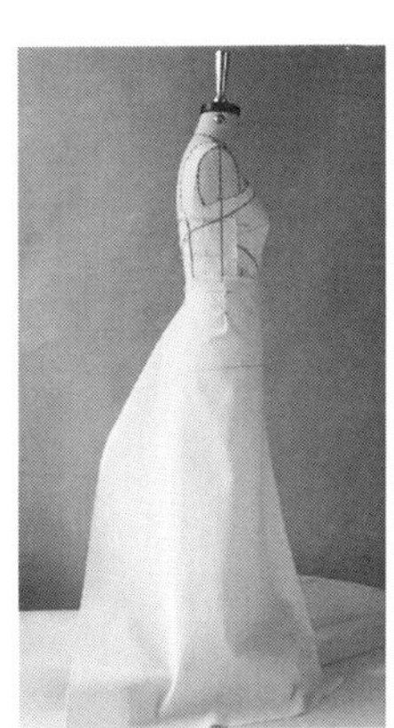 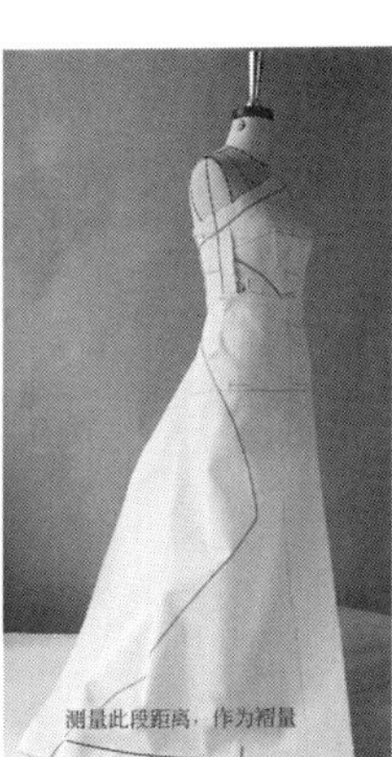 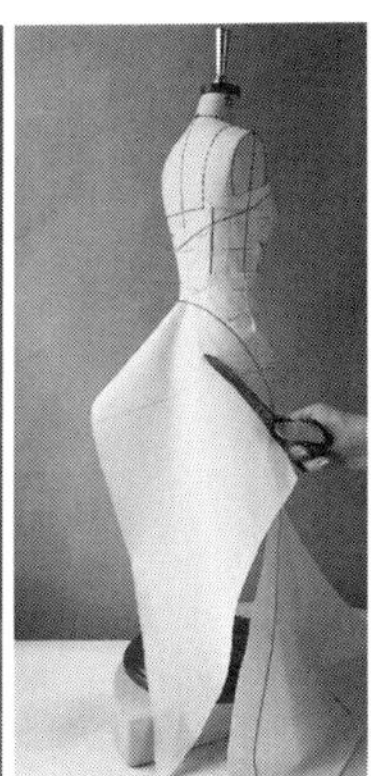

续表

裙片2	第一步	① 将坯布上所画的横线对齐臀围线，坯布上的垂直线对齐侧缝线和前侧垂直线，确保各辅助线横平竖直，别针固定 ② 沿分割线别针固定布料，剪掉右侧的多余面料 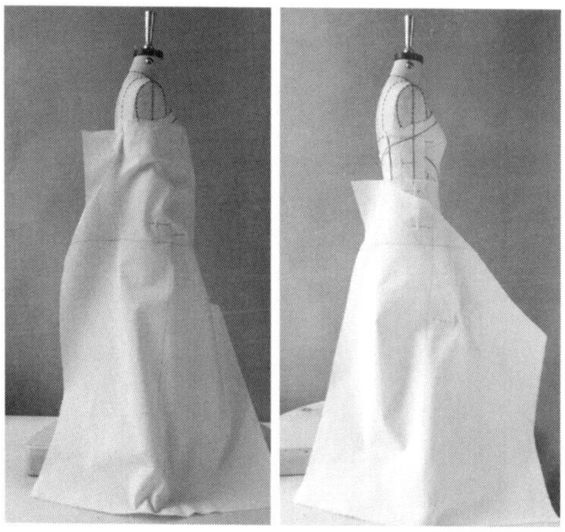
	第二步	① 复制人台上的分割线，注意下摆处的褶量要保持和裙片 1 的褶量相同 ② 修剪分割线两侧多余面料，留 2cm 缝份 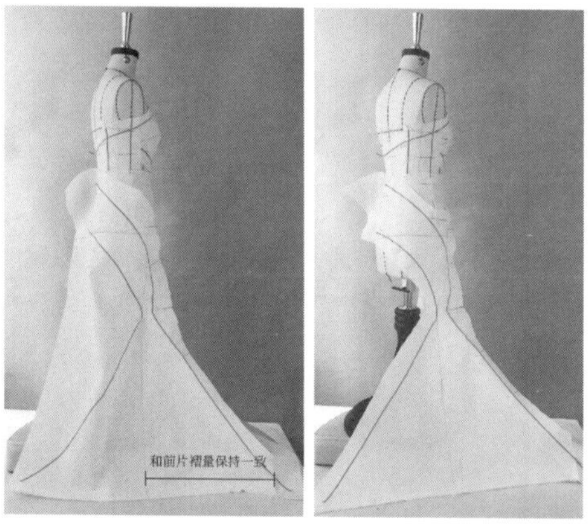
裙片3	第一步	① 将坯布上的 D 点对齐人台的后中线和臀围线的十字交叉点，别针固定。用标记线贴出分割线，并用别针沿分割线固定坯布 ② 再贴出后中的造型线，后中褶量的大小根据款式确定并且要参考侧片褶量；保证两处褶量协调一致，剪掉分割线外侧的多余面料 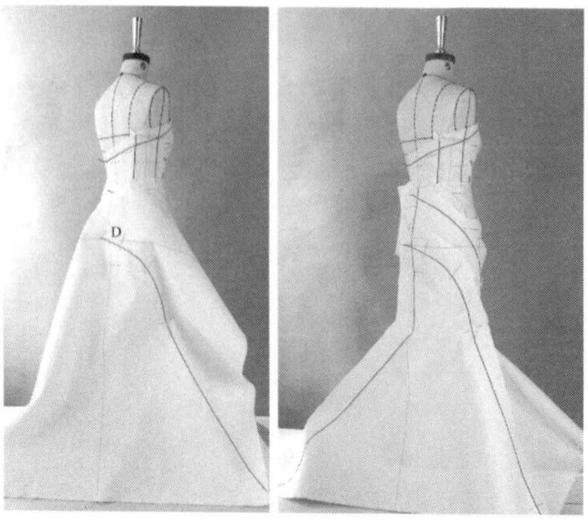

续表

裙片3	第二步	将上衣和裙片的缝份（除上衣的侧缝）反向刮折和内扣假缝  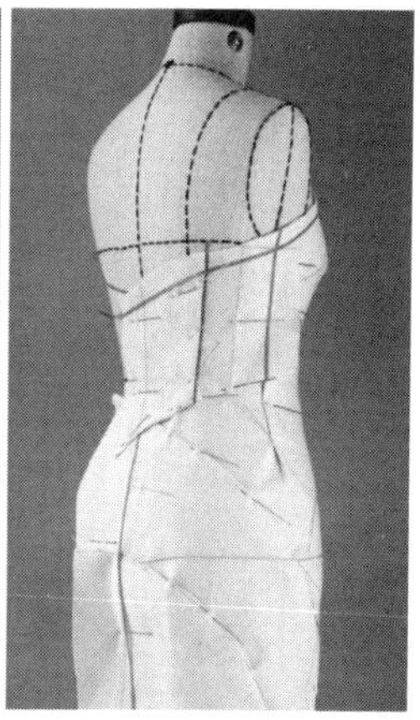
前片波浪褶边	第一步	将布平铺之后，按照图示剪掉一部分，然后将缝份内扣 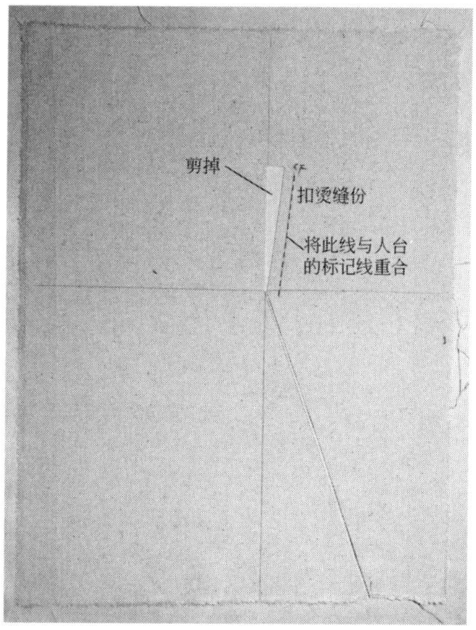
	第二步	① 将内扣缝份的斜角边如下图所示，与人台的标记线重合，在斜角边的终点处用针固定 ② 做出第二个褶和第三个褶，用针将褶裥造型固定 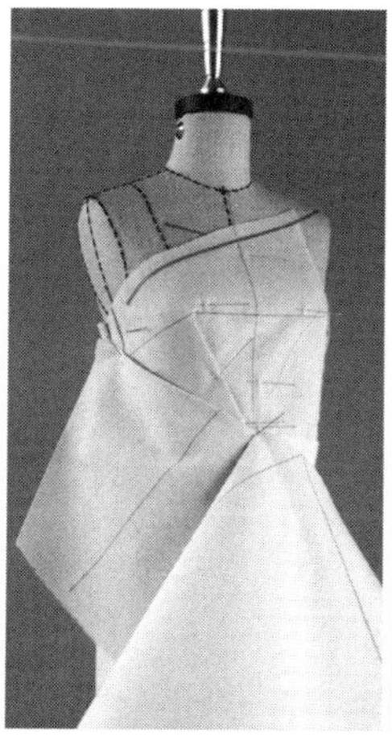 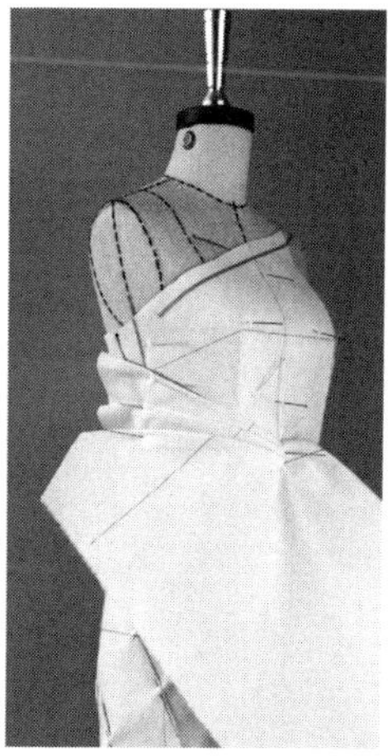

续表

<table>
<tr><td rowspan="2">前片波浪褶边</td><td>第三步</td><td>沿着上衣和裙子的分割线，在要产生波浪处打剪口，并在下摆处将布拉出需要的波浪量，用大头针固定剪口位置。按此方式，按顺序一边打剪口一边用针固定布料，做出波浪褶
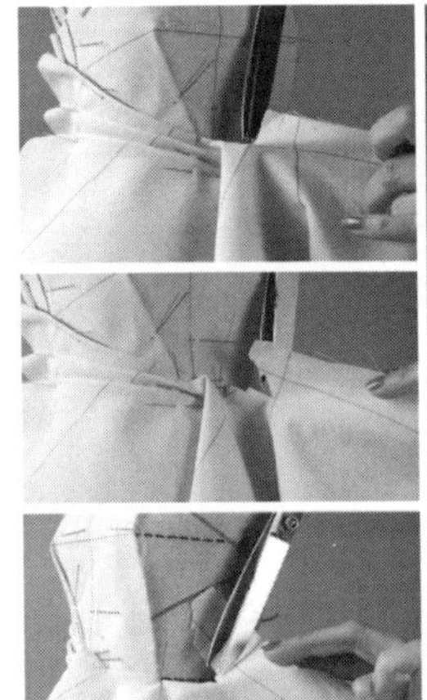 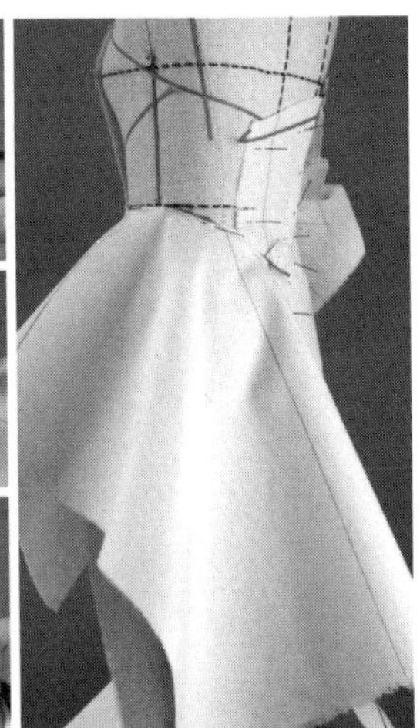</td></tr>
<tr><td>第四步
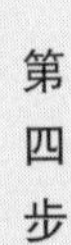</td><td>修剪多余布料，波浪边完成
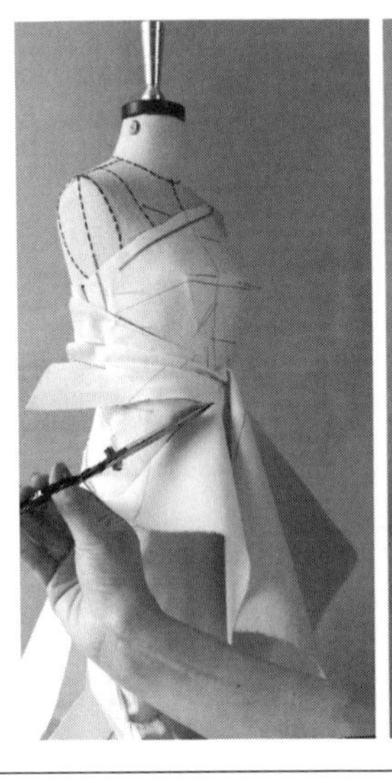 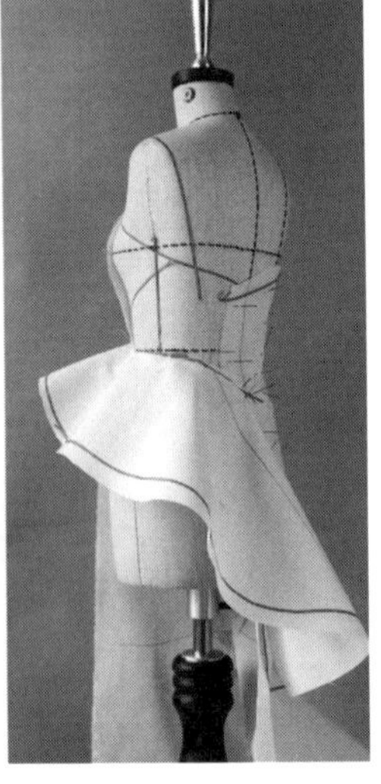</td></tr>
<tr><td colspan="2">肩带</td><td>① 先折出三个褶裥，用针固定在后中
② 然后向前片一边转动肩带，一边调整形状，转动到后片，用针固定
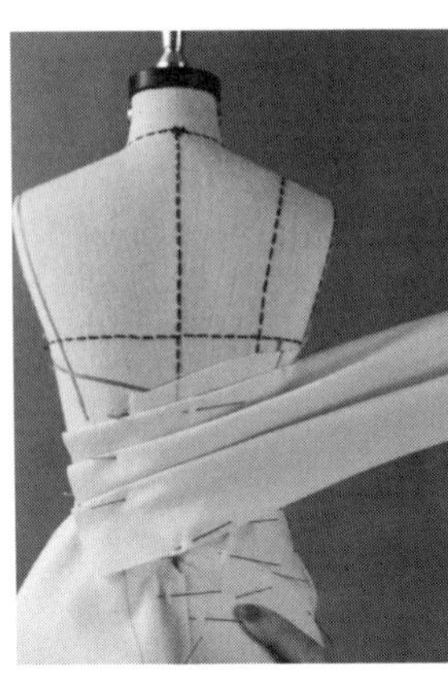 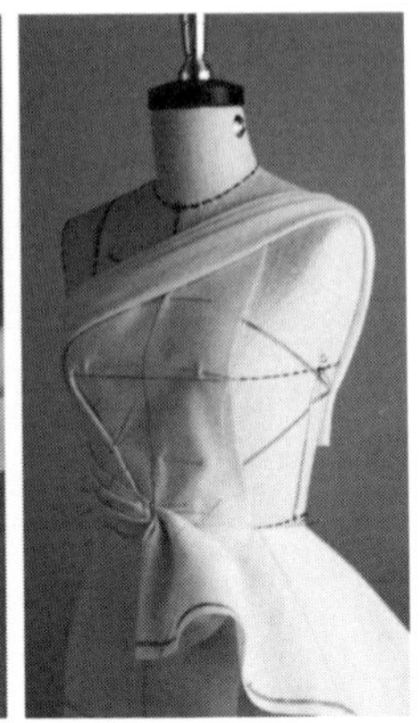</td></tr>
</table>

续表

完成图	

三、完成纸样

褶裥鱼尾式礼服纸样如图 4-21 所示。

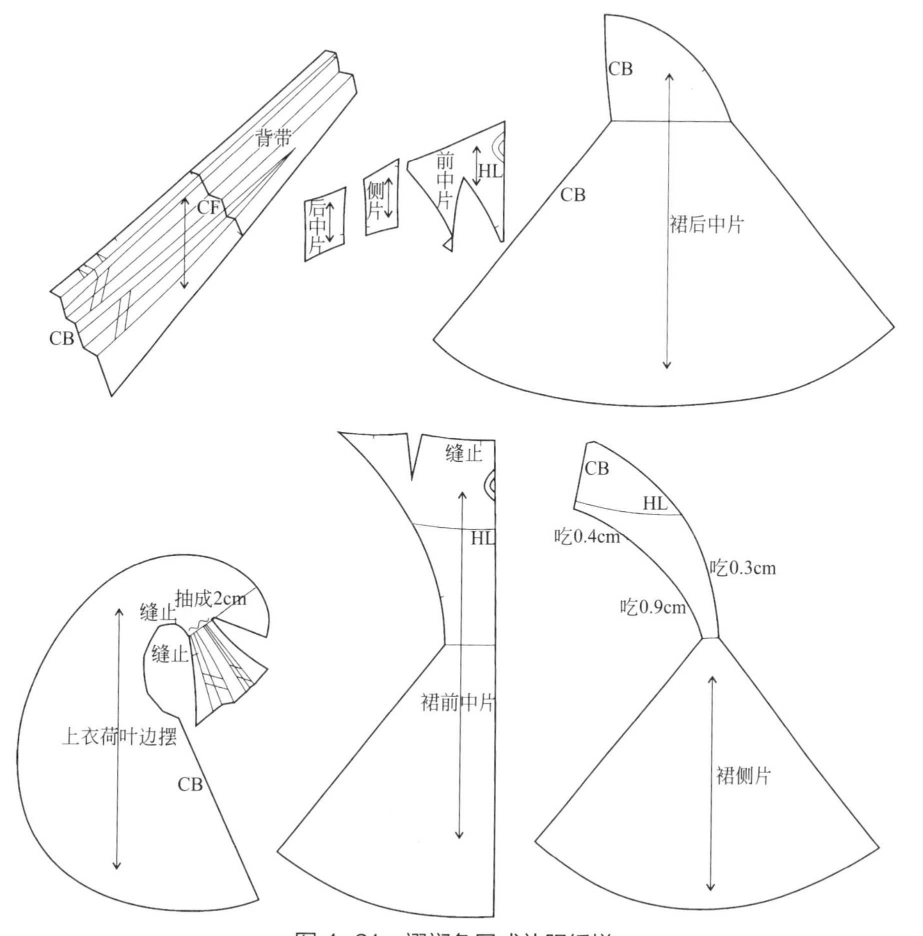

图 4-21　褶裥鱼尾式礼服纸样

四、总结

此款式运用了礼服设计中两大造型手法：交叉造型、褶裥与分割。

1. 交叉造型

交叉造型在女性服装中具有很强的实用性和装饰性，从表面看其主要体现在重叠与交错，具体到服装立体裁剪中，交叉造型指使用不同结构的线、不同类型的布料于服装的不同部位，运用多种手法创造出线、面的重叠与穿插，形成特有的服装结构造型。交叉造型的特点表现在以下几个方面。

（1）造型性　交叉造型的设计主要体现在服装的整体外观造型上。交叉造型可以是贴合人体的X廓形，也可以是其他廓形，诸如H形、A形。另外，交叉造型还可以是夸张的空间造型。

（2）装饰性　交叉造型具有很强的装饰性，尤其是在礼服的设计中，交叉造型在肩部、腰部、背部等局部细节的装饰上具有很好的实用性。

（3）随意性　交叉造型可以是提前计算好的结构数据，也可以是随机发挥现场操作获得的造型设计。交叉造型可以是衣身的整体部分，也可以是服装上装饰的细节元素。对面料进行不同角度、不同褶量、不同次数的交叉可以获得不一样的造型效果。

（4）实用性　交叉造型设计可以是结构处理的表现，比如其可以起到收省的作用，从而获得贴合人体的效果；也可以是装饰手法的表现，比如礼服局部位置蝴蝶结的设计。

交叉造型作为一种常见而又新颖的结构设计方法，推动着服装结构向多样化、创意化的方向发展，研究其不同的结构设计方法有助于激发设计师的创作灵感，丰富服装设计的款式种类，推动时尚元素的流行。

2. 褶裥与分割

在服装造型设计中，褶裥与分割的设计应用已成为服装塑型艺术中的重要表现手法而被广泛应用。褶裥最大优势是突破尺寸限制，为身体营造立体感，因此诸多服装设计师都会巧妙地把褶裥的运用融入设计中。褶裥与分割由于工艺的同生性，一定程度上具备某种共性，即都能使服装塑造出美好的人体廓形。在以曲线人体为特征的前提条件下，结合分割原理与褶裥的装饰性进行服装新造型，并进行总结与探索是促进服装造型多样化的一种强有力手段。因此，就褶裥而言，无论其呈现形式是自然褶还是规律褶，绝大多数都需与分割线结合设计，而分割线具有将褶固定并保持其形态的作用，这就产生了褶裥与分割手法结合运用的常态法则。

（1）褶裥与分割功能性相结合的原则　在功能性的分割设计中，是以人体的曲线作为省道转移的基础，褶裥的功能仅作视觉上的补充或辅助，不宜过量，达到合体包裹人体的目的。而褶裥则将协助分割线突出胸部、收紧腰部、扩大臀部，增加某一部位的活动量等，目的是服装穿着既舒适又方便。

（2）褶裥与分割装饰性相结合的原则　装饰性结合，顾名思义，是不包含结构省道的处理手法，在装饰性的分割设计中为了造型的需要，分割线与褶裥附加在服装上美化视觉效果。通过分割线的横、纵、曲、斜，结合形式美的规律，可在有限的服装上呈现节奏、韵律等丰富感官体现的服装造型。

在实际应用中，褶裥与分割的功能性、装饰性可以经常结合起来使用，比如此款中裙子的弧线分割压褶，可产生轻盈、飘逸的效果，让服装合体的同时极具审美体验。

因此，通过对现代女装设计中褶裥分割和服装风格之间的关系研究，掌握其塑型规律和应用法则，能使设计师在创作的过程中重视服饰材料和造型手法的选择，有效预测最终成型效果，使面料的内在特性与设计协调统一，真正做到材料和设计的完美融合。

第五节 钟形小礼服

钟形小礼服如图 4-22 所示。

一、款式分析

此款为抹胸层叠式礼服，呈钟形造型。上装为抹胸造型，下装裙分三层：第一层从腰线下呈花苞状展开；第二层裙长度在大腿中部，呈直筒状；第三层裙在膝围线以下，贴体。此款式需要配合紧身胸衣。钟形小礼服效果图如图 4-23 所示。

图 4-22 钟形小礼服

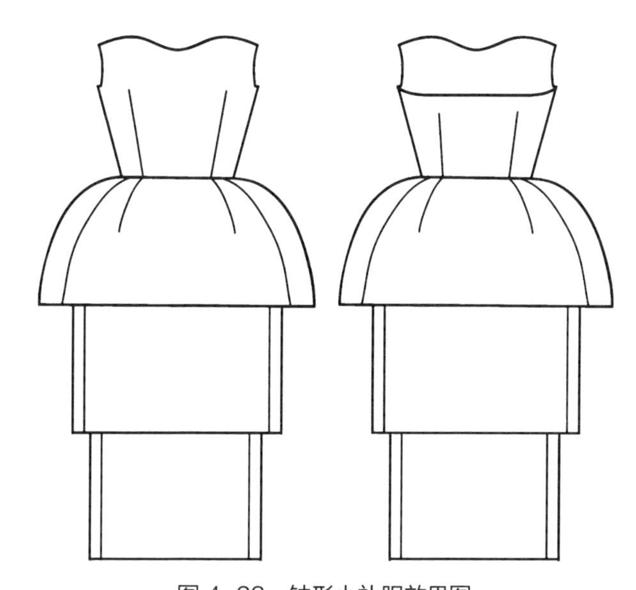

图 4-23 钟形小礼服效果图

二、尺寸分析

部位	说明	尺寸
礼服上衣胸围和腰围	此款式非常合体，面料有一定的硬挺度，无弹力。由于上身需要穿着紧身胸衣，考虑到穿着层次和面料的厚度，礼服上衣胸围和腰围在紧身胸衣的基础上各增加 2cm	成品胸围 88cm，腰围 68cm
裙长	第一层裙长在臀围处，大约 20cm；第二层裙长在大腿中部，约 40cm；第三层裙长在膝盖下，约 63cm	第一层裙长 20cm 第二层裙长 40cm 第三层裙长 63cm

三、制图步骤

（一）上半身抹胸的绘制

第一步	按照本章第一节“紧身胸衣”中“罩杯式紧身胸衣制板”的方法，准备好紧身胸衣样板

续表

第二步	由于抹胸在紧身胸衣的外层，所以在紧身胸衣的基础上在侧缝和胸口弧线上加入 0.5cm，并延长后片腰省的长度与后片上胸围线相交 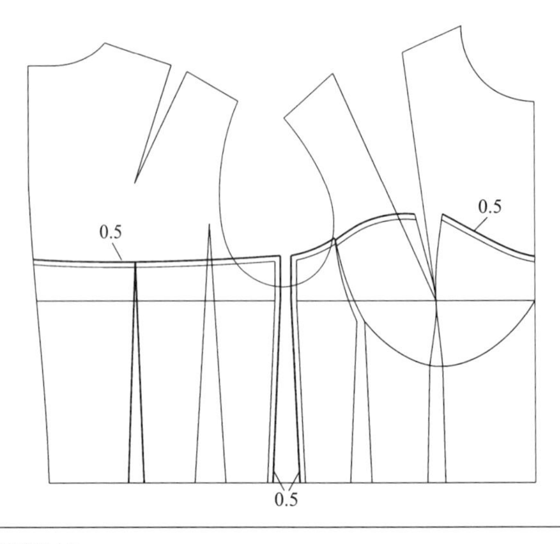
第三步	旋转虚线部分，把后侧腰省消除掉 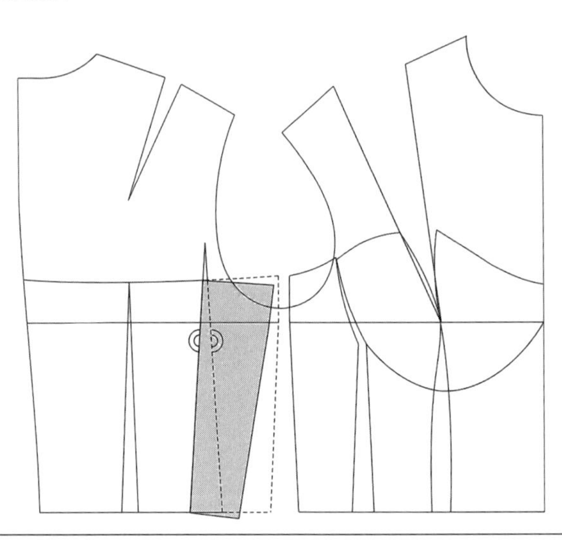
第四步	旋转前片虚线部分，把前侧腰省消除掉 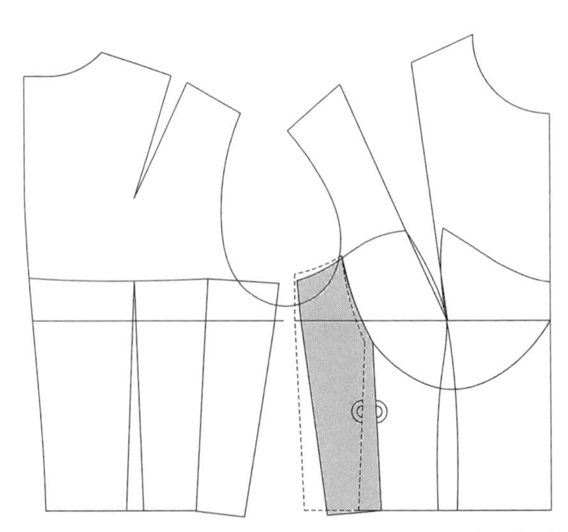

续表

第五步	修顺前后片的腰围线、前后片抹胸的上口弧线 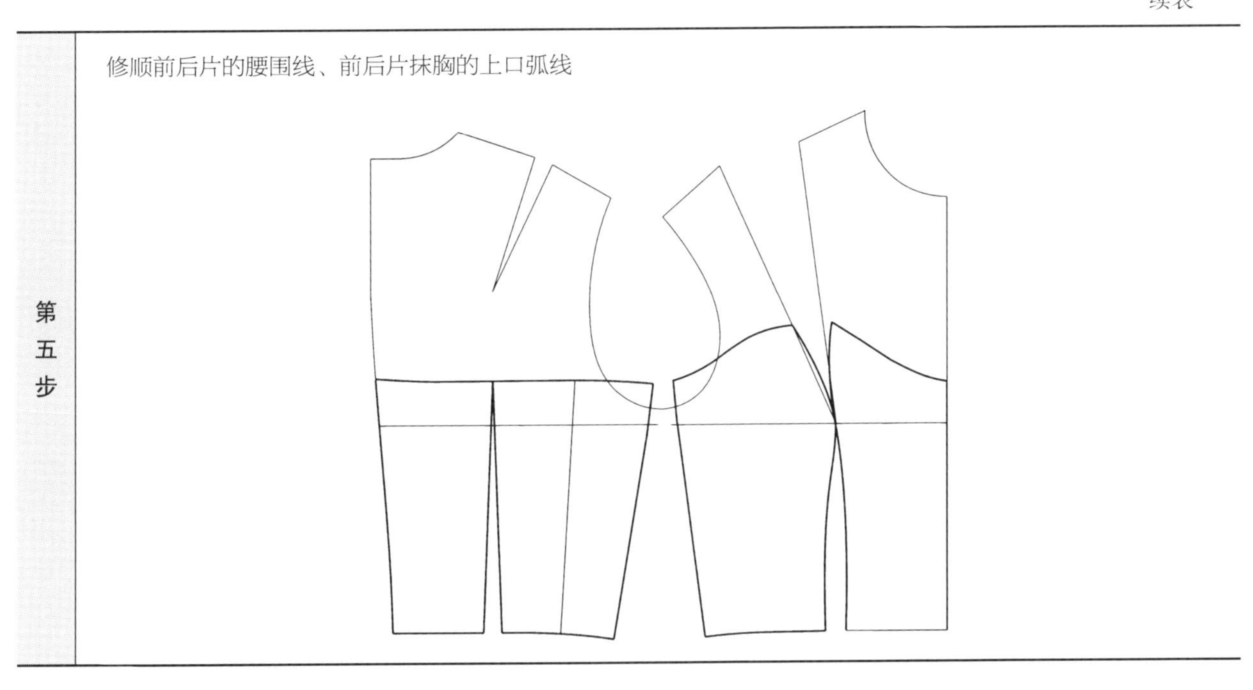

（二）裙的绘制

准备	按照第一章“礼服概述”第四节“礼服用原型”中“礼服用裙原型”的绘制方法，准备好裙原型样板
第三层裙绘制	① 由于原型裙的腰围线从正常腰围线下落了腰头宽 /2（2cm），所以在此款式中在原型裙的基础上向上加上 2cm ② 在原型裙的裙长基础上向下增加 10cm，在侧缝下摆位置前后片各收 2.5cm，在后中下摆位置收取 1cm 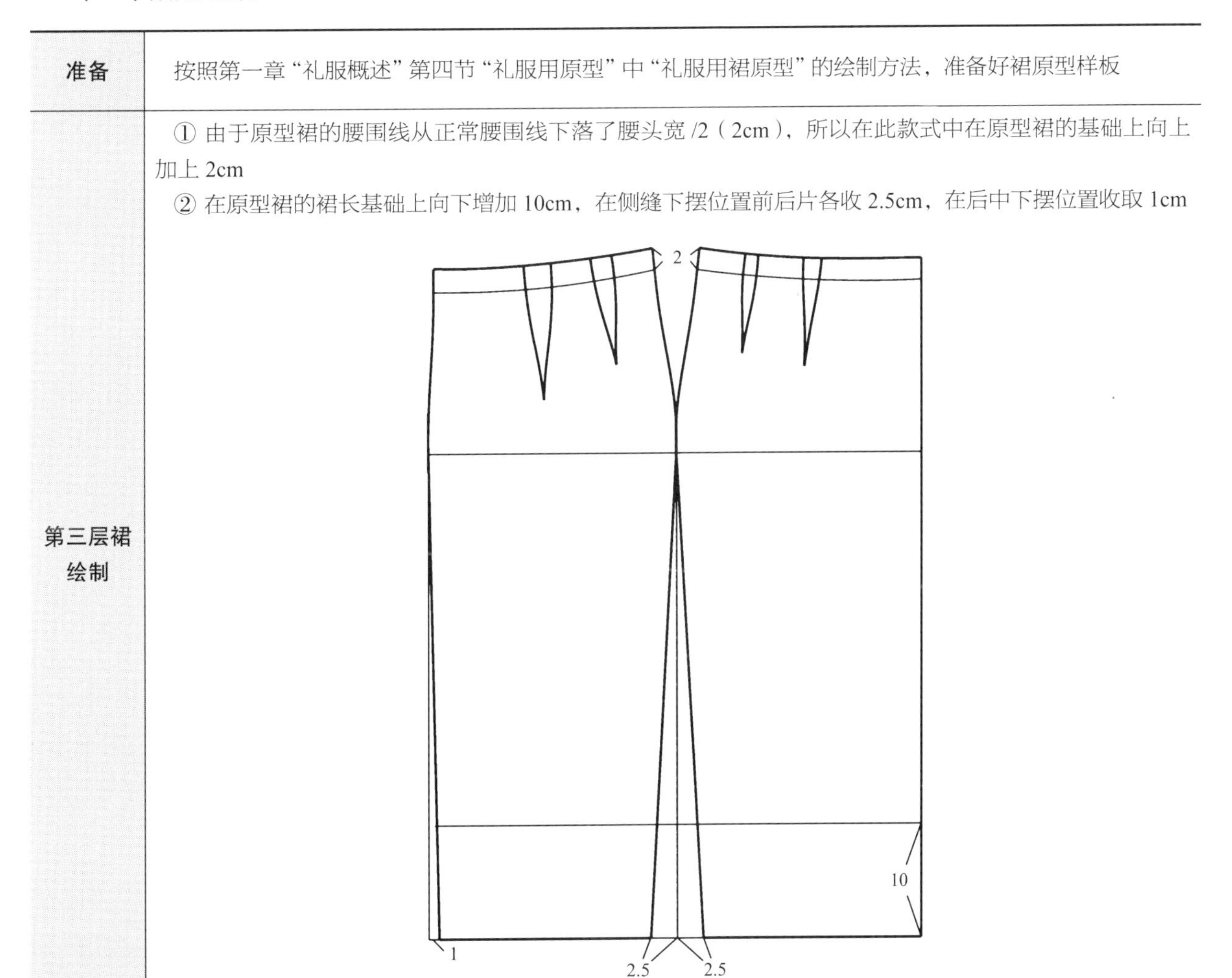

续表

第二层裙的绘制	① 从原型裙臀围向下 25cm 确定第二层裙的裙长 ② 考虑到层次性，第二层裙的臀围尺寸前后片各增加 0.5cm，按如下方式分配：前片侧缝线增加 0.2cm，前中线增加 0.3cm；后片侧缝线增加 0.2cm，后中线增加 0.3cm ③ 在前片靠近前中的腰省量增加 0.3cm，靠近前侧的腰省量增加 0.2cm ④ 在后片靠近后中的腰省量增加 0.3cm，靠近后侧的腰省量增加 0.2cm 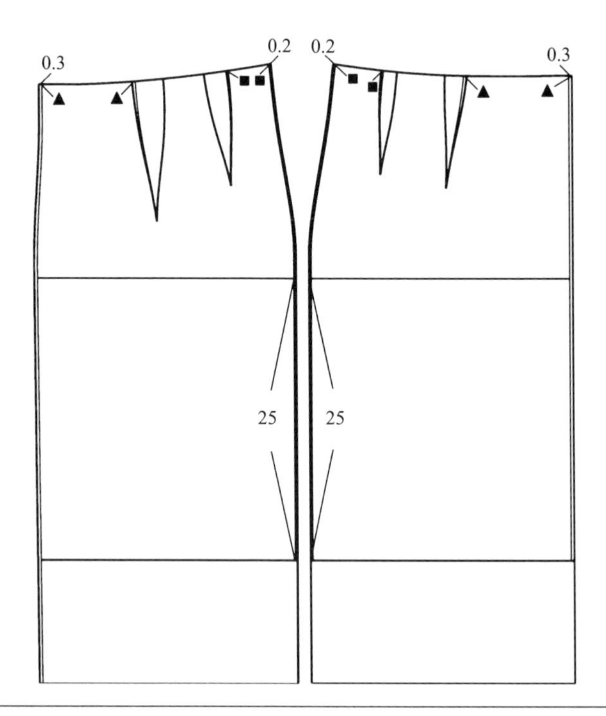
确定第一层裙的裙长和围度的增加量	① 从原型裙臀围线向下 5cm 确定第一层裙的裙长 ② 为了塑造花苞造型，前、后中心处分别增加 1.8cm，前、后侧缝处分别增加 1.2cm，分别画前、后中心线和前、后侧缝线的平行线 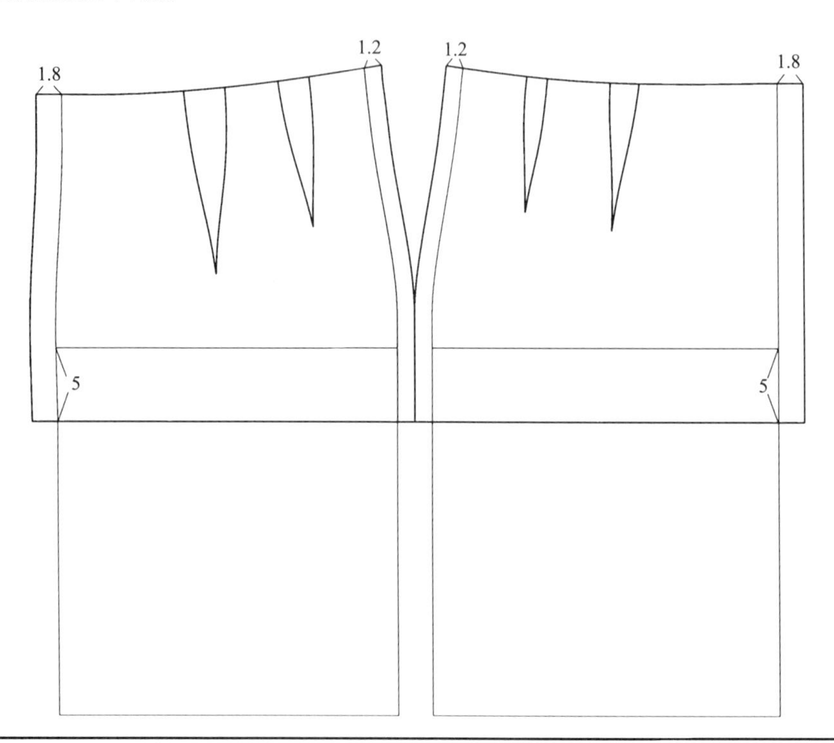

续表

调整第一层裙的省道位置和大小	① 移动前腰省 1 的位置，使之和上衣腰省位置相同，省量在原省量的基础上增加 1cm ② 移动后腰省 3 的位置，使之和上衣腰省位置相同，省量在原省量的基础上增加 1cm ③ 调整前腰省 2、后腰省 4 省量，在原省量的基础上各增加 1cm ④ 前后片侧缝在腰线上各收进 0.8cm，绘制侧缝线，前、后片上省道的长度按抛物线分布 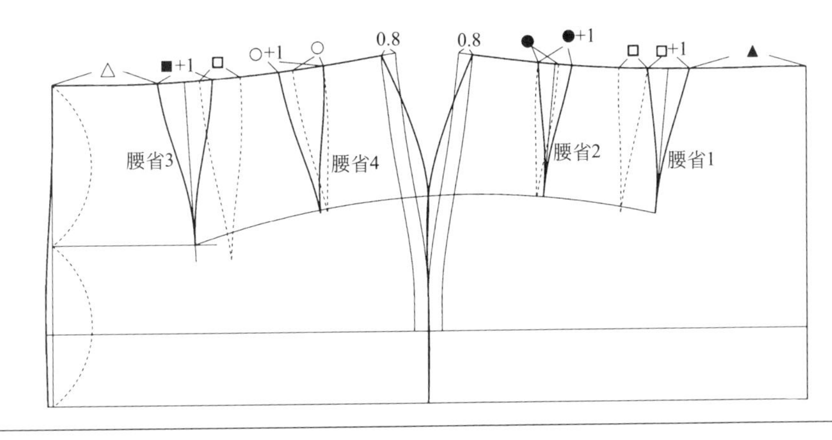
作第一层裙纸样的分割线	从腰省 2、腰省 4 的省尖点向下作分割线，修顺侧缝省，第一层裙分成前片、侧片、后片三部分 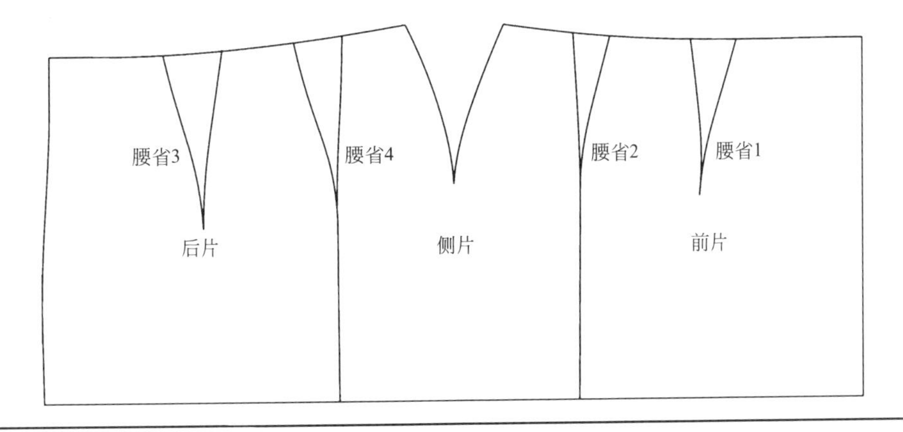

四、钟形小礼服白坯样衣

钟形小礼服白坯样衣如图 4-24 所示。

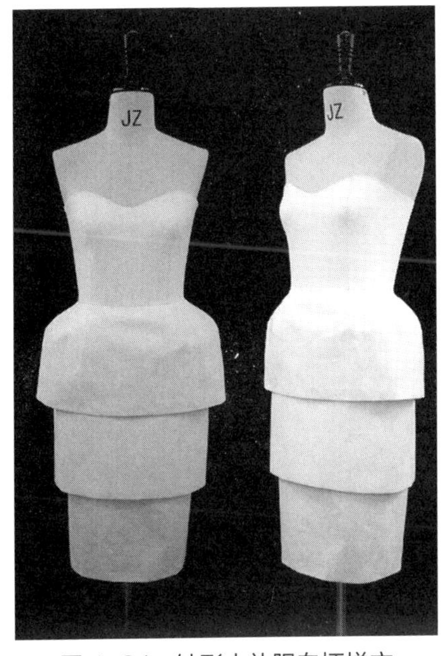

图 4-24　钟形小礼服白坯衣

第六节 褶裥日礼服

褶裥日礼服如图 4-25 所示。

一、款式分析

此款式长度在膝盖上 5cm 左右，圆领，无袖，前片有不对称褶裥。采用缎类无弹性面料，胸部松量较小，有衬裙。褶裥日礼服效果图如图 4-26 所示。

图 4-25 褶裥日礼服

图 4-26 褶裥日礼服效果图

二、尺寸分析

部位	说明	尺寸
衣长	根据款式图，成品衣长在膝盖上 4 ～ 5cm 处。160cm 身高的人体从后颈点到膝盖的长度为 95cm，此款衣长设定为 91cm	91cm
胸围	此款式贴身穿着，非常合体，胸围松量设定为 6cm，采用的面料为有光泽感的缎类面料，无弹力。由于原型胸围加放了 6cm 松量，因此此款胸围尺寸不用增减	90cm
腰围	因为是合体的款式，腰围处加放 4cm 松量。由于原型腰围加放了 4cm 松量，因此此款腰围尺寸不用增减	70cm
臀围	为了与腰围、胸围匹配，臀围放 4 ～ 6cm 的松量	94cm
肩宽	无袖款式，肩宽减小 1cm	
领口线	领口比较贴合人体，在单省原型的基础上开大 1cm	

三、制图步骤

复制礼服原型并消除后肩省

第一步

在此款式中，后片没有肩省。为了保证后片的合体性，可通过分散、转移、缩缝等方式转化后肩省。一般肩省的处理方式如下：

① 肩省量部分转移到袖窿，作为袖窿的放松量

② 部分转移至领口，通过缩缝消化掉

③ 部分转移到后中线（有后中缝的款式）

④ 部分放在肩线中，通过缩缝处理掉

⑤ 部分可以在肩头直接去掉

通过在多个位置的处理，在肩省消失的同时原型的立体度保持不变。以上肩省的分散方式也适用于大多数款式结构。后肩省消除的具体操作步骤如下：

作两条新的省线

① 对于后片来说，最高点是肩胛骨。肩胛骨不是一个简单的点，而是一个矩形区域。因此，在 M 点左右各 2.5cm 处设置两条新省线

② M 点左右各 2.5cm 为 M_4、M_5 点，过 M_4 作 M ～ N_1 的平行线，过 M_5 作 M ～ N_2 的平行线

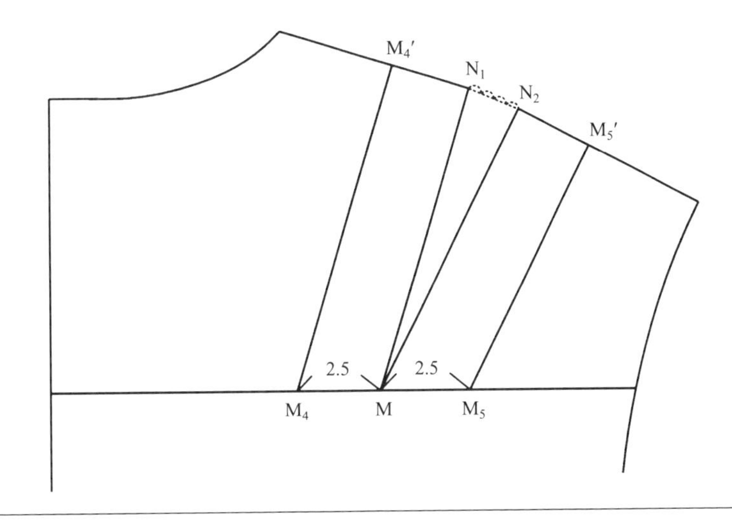

第二步

把原肩省分成 3 部分

① 1/4 的肩省量转到 c 处：以 M_4 为基点，向袖窿方向转动 M_4 ～ M_4' ～ N_1 ～ M，把肩省 1/4 转到 c 处

② 1/4 的肩省量转到 b 处：以 M_5 为基点，向后中心方向转动 M_5 ～ M_5' ～ N_2 ～ M，把肩省 /4 转到 b 处

③ 原肩省位置保留 2 份的省量；这样就把原肩省分散在 a、b、c 三个位置

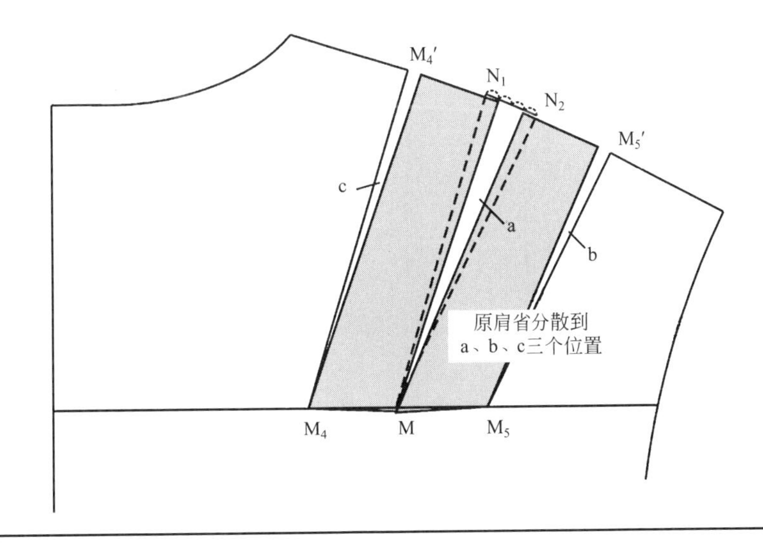

续表

<table>
<tr>
<td rowspan="3">复制礼服原型并消除后肩省</td>
<td>第三步</td>
<td>
把 b 位置的省量转移到袖窿处作为袖窿的活动量
以 M_5 为基点，向上转动 $M_5 \sim M_2 \sim K \sim M_5'$，把 b 位置的省道转到袖窿

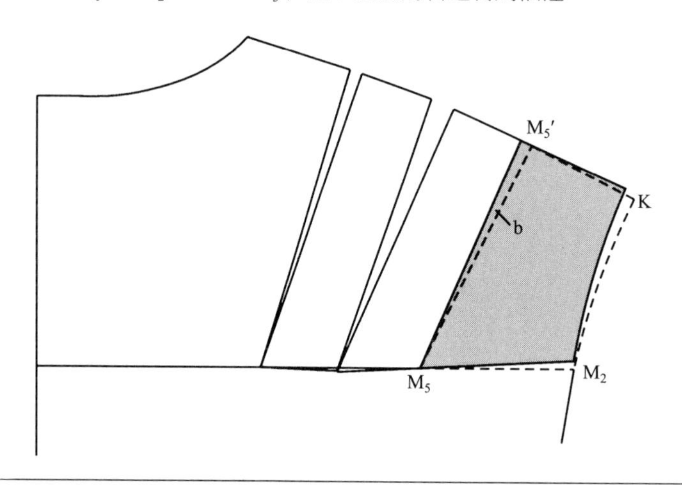

</td>
</tr>
<tr>
<td>第四步</td>
<td>
c 位置省量的一半转入后领口做缩缝，一半转入后中心线中
从 $M_1 \sim M_4$ 的中点向上作垂线，把 c 位置的省量一半转入后领口，一半转入后中心线

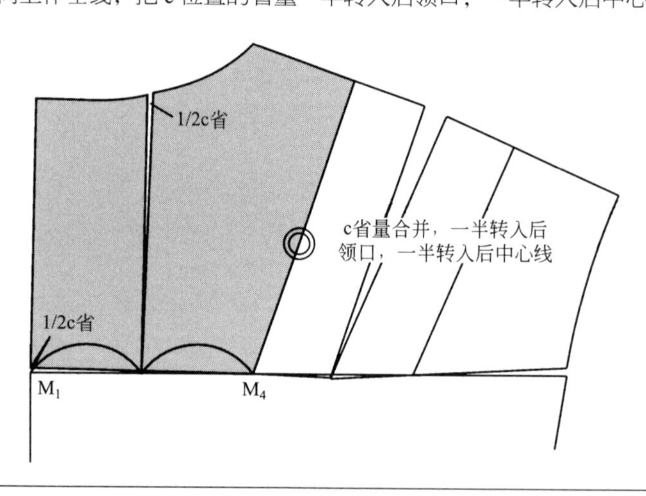

</td>
</tr>
<tr>
<td>第五步</td>
<td>
原省量位置还剩 2/4，把这部分省量分成两份，一份在肩头直接去掉，另一份在肩线上做缩缝处理
① 从 K 点减掉原肩省的 1/4，画顺袖窿弧线
② 在 $F_1 \sim F_2$ 之间做缩缝，缩缝量为原肩省的 1/4。F_1 距 SNP 点 2.5cm，F_2 距 K 点 2.5cm

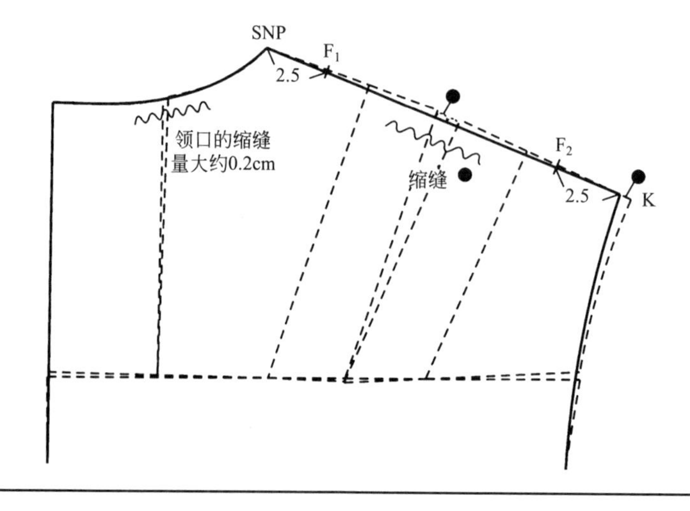

</td>
</tr>
</table>

续表

摆放原型	将前片和后片的胸围线对齐。由于目前1/2胸围尺寸为45cm，为了使臀围部位的尺寸达到47cm，需要把原型拉开2cm并排放好
增加衣长	将后中心线向下延长到91cm为衣长。然后从腰围向下18cm为臀围线，作后中心线的垂线，作为底摆线。前衣片的方法相同

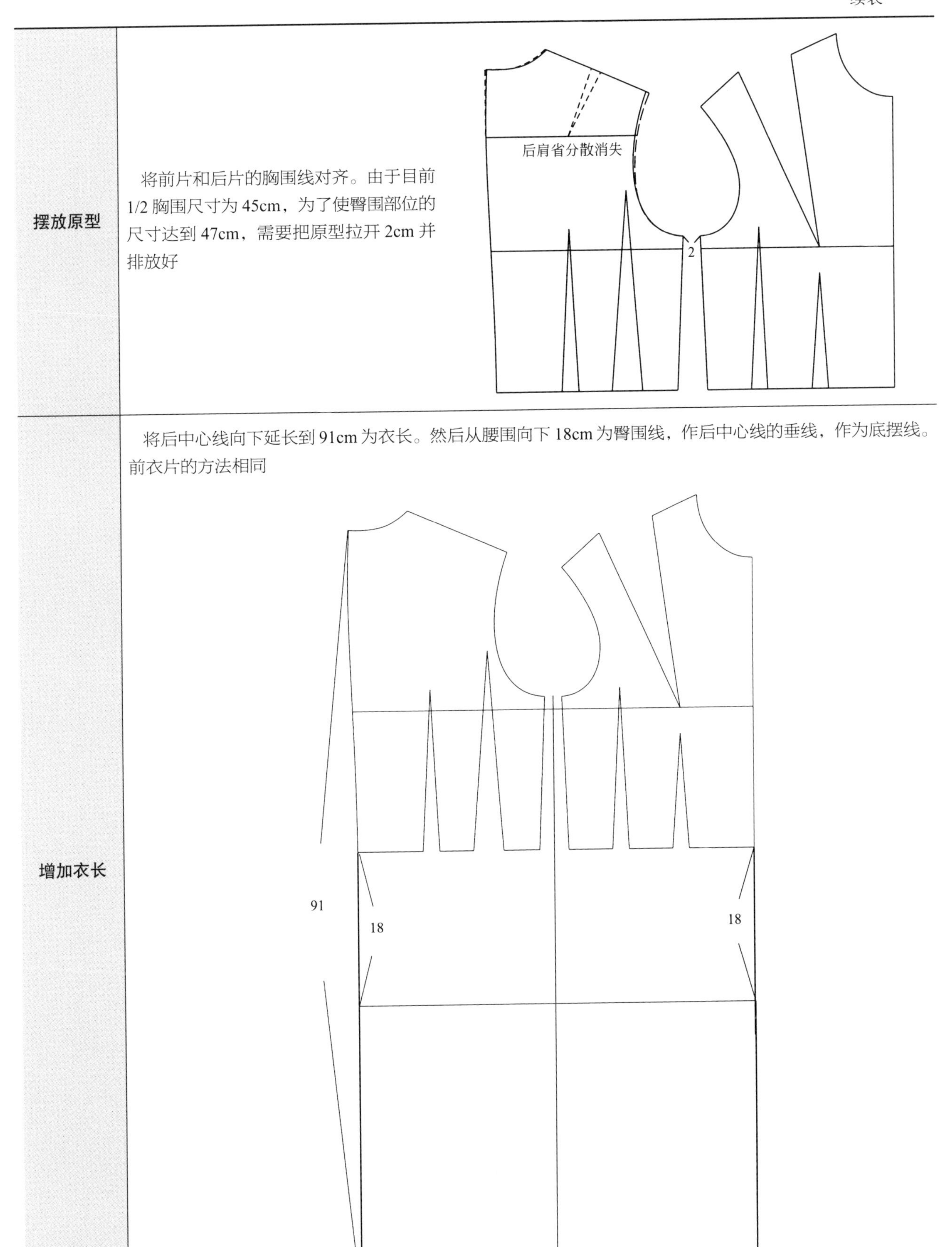

续表

调整 腰部省道	重新调整腰部省道，a 省道加大 0.5cm，b 省道消除，c 省道加大 1.5cm，d 省道消除，e 省道加大 1cm，f 省道加大 0.5cm；把原型前后片的双省道变成单省道。画顺从胸围到腰围、臀围的曲线 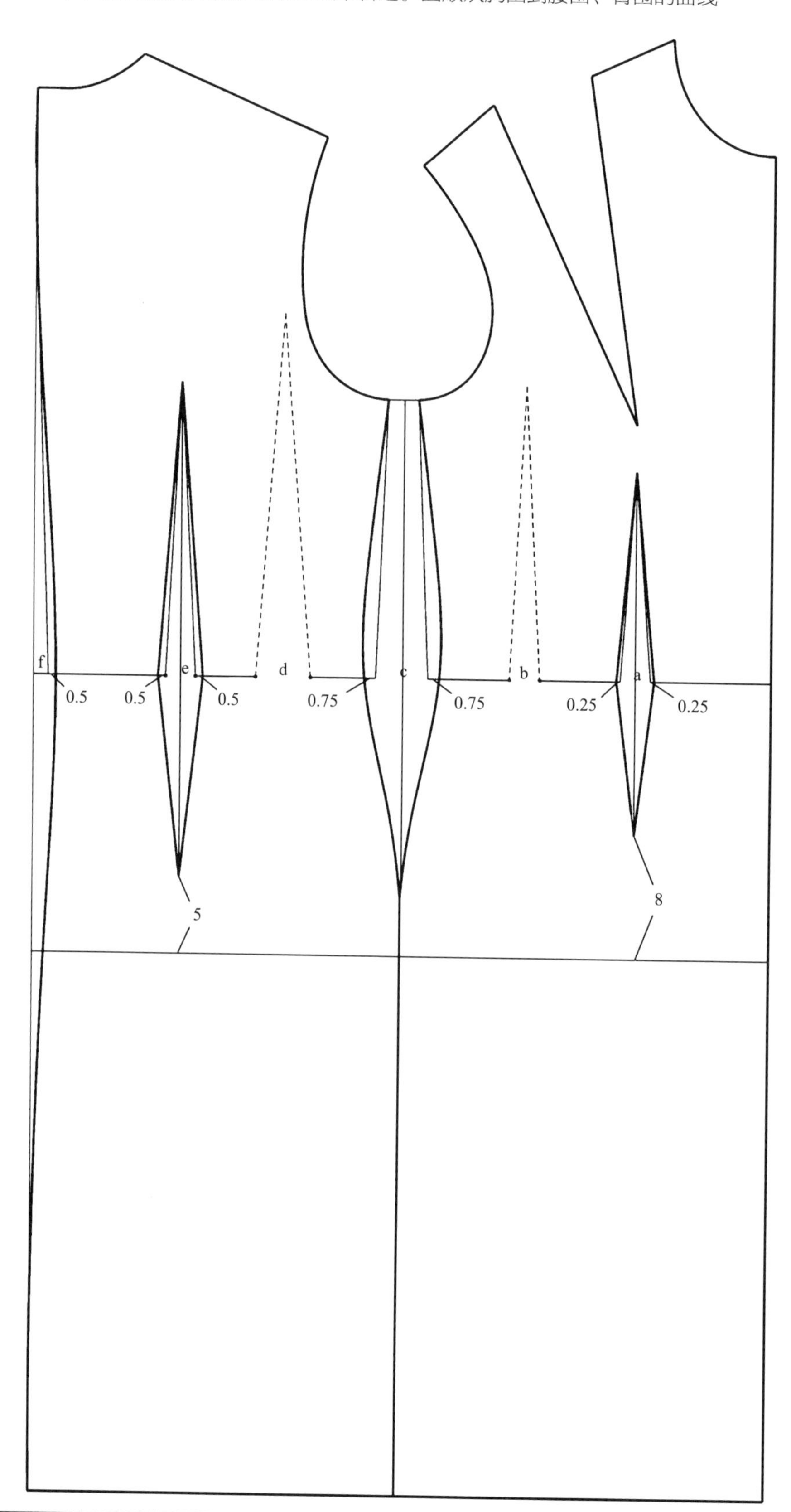

续表

调整肩宽和领宽	① 将前后肩宽减小 0.5cm，重新画顺袖窿弧线 ② 将前后横开领加宽 1cm，重新圆顺领口弧线 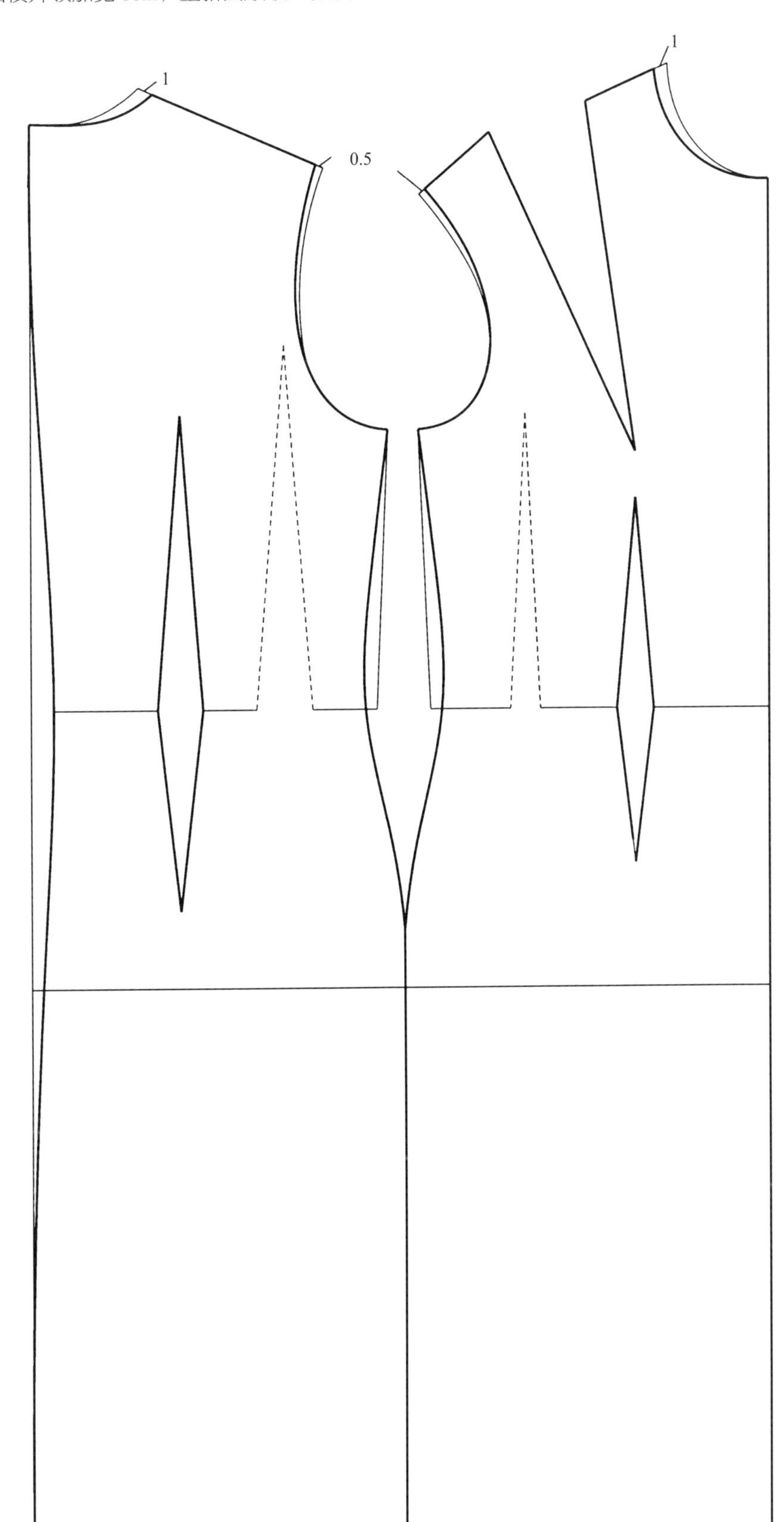

续表

复制并从腰部分割前片	① 前后片的腰省各向侧缝方向移动1.5cm ② 复制前片为整片，并从腰部把前片分成上下两部分。前片上部作为底层纸样及表层的展开基础 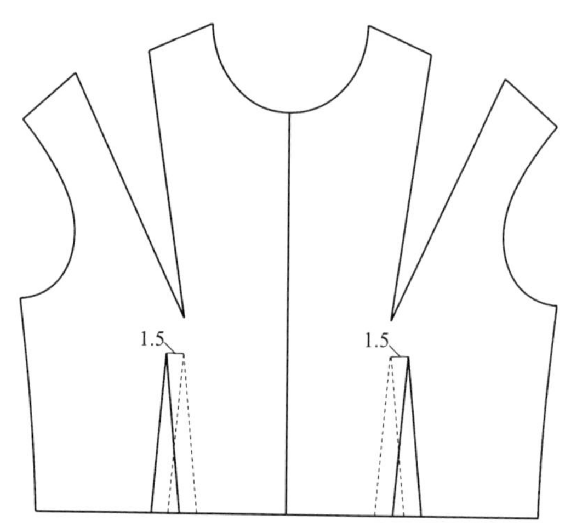 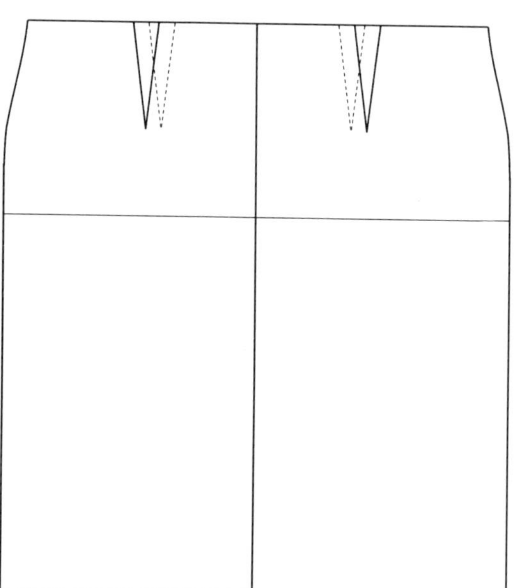
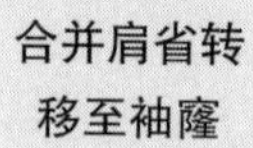 	合并肩省转移至袖窿 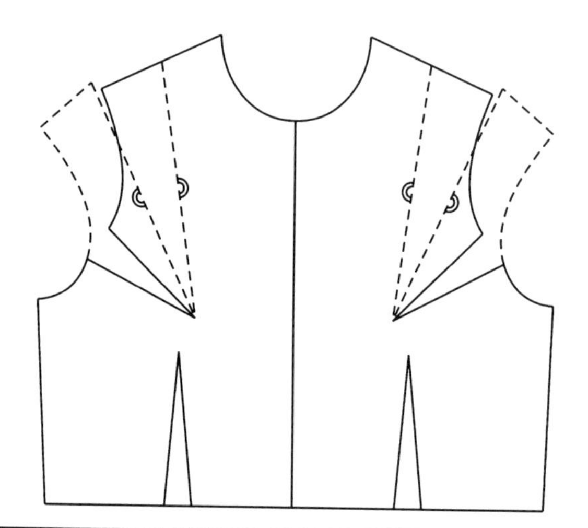

续表

作前片领口处的分割线及转省的辅助线	在前片领口处作一条横向分割线，分割衣片。在前下片按下图所示作出转省的辅助线
转移 a 省到 L_1 线	合并 a 省道，转入 L_1 线
转移 b 省到 L_1 线	合并 b 省道，转入 L_1 线

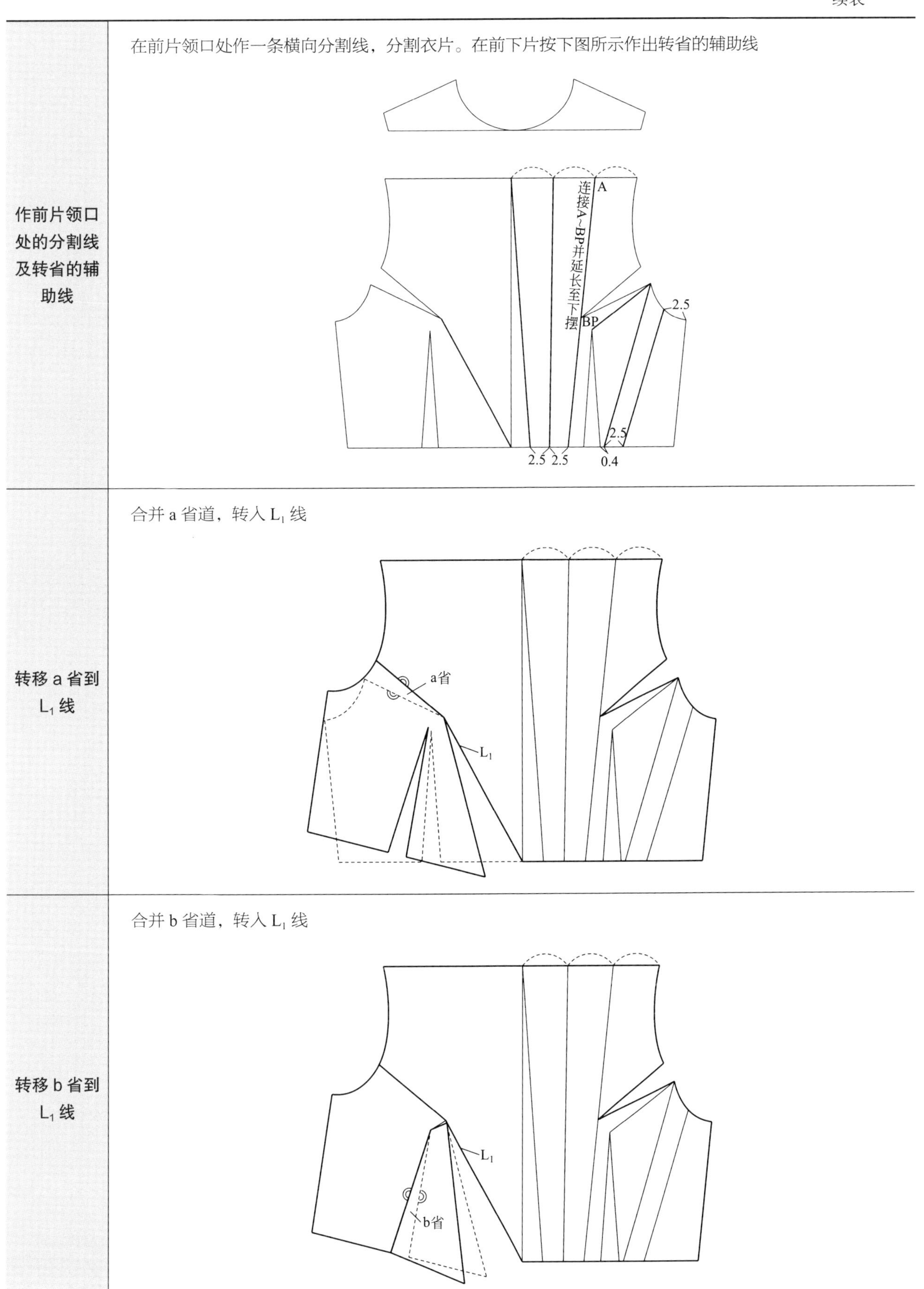

续表

转移 c 省到 L_4 线	合并 c 省道，转入 L_4 线 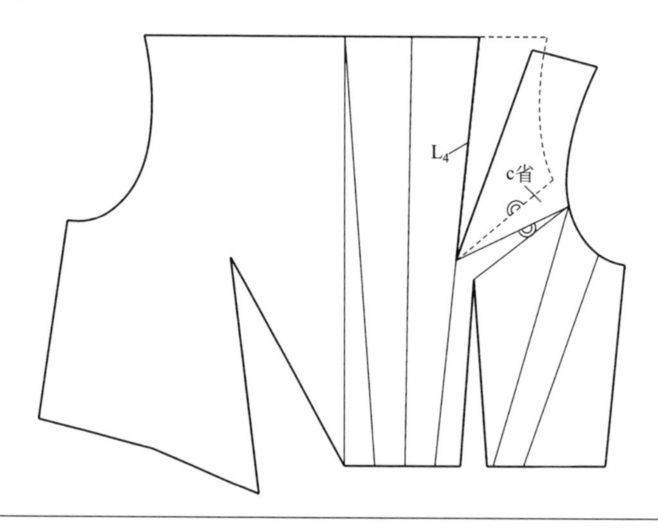
移动 d 省到 L_5 线中	从 A 点向右量取 d 省道量●，把 d 省移动到 L_5 线处，d 省只是位置发生了移动，但省道大小不变 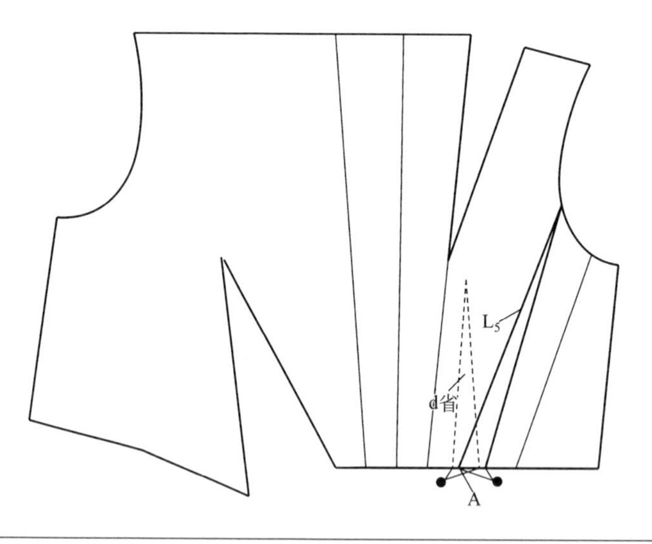
在 L_5、L_6 线处展开纸样	由于 d 省的量不能满足此处的褶裥量，所以以 A 点为轴继续展开纸样，使 L_5 线处的展开量达到 5cm（包含原来此处的省量）。再以 B 点为轴展开纸样，使 L_6 线处的展开量也达到 5cm 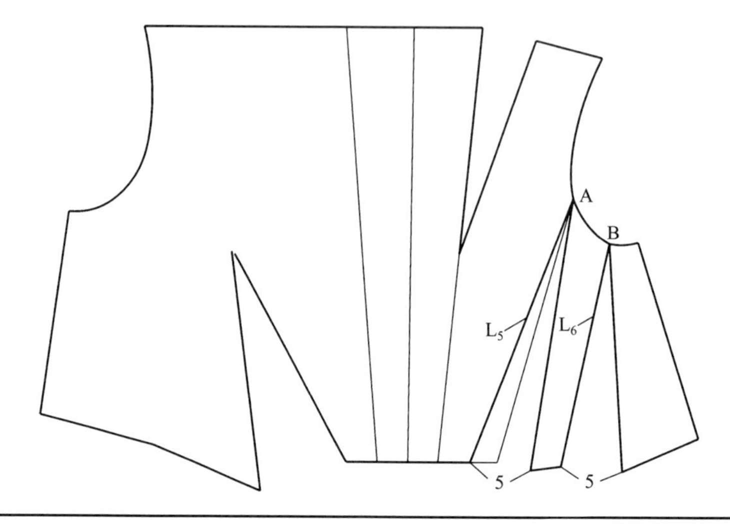

续表

在 L_2、L_3、L_4 处继续展开纸样	在 L_2、L_3 线处展开纸样，上部展开 7cm，下部展开 5cm。在 L_4 线处，上部和下部均展开 5cm，由于此处原有的省道量为 4.5cm，所以 L_4 线处上部褶量为 9.5cm 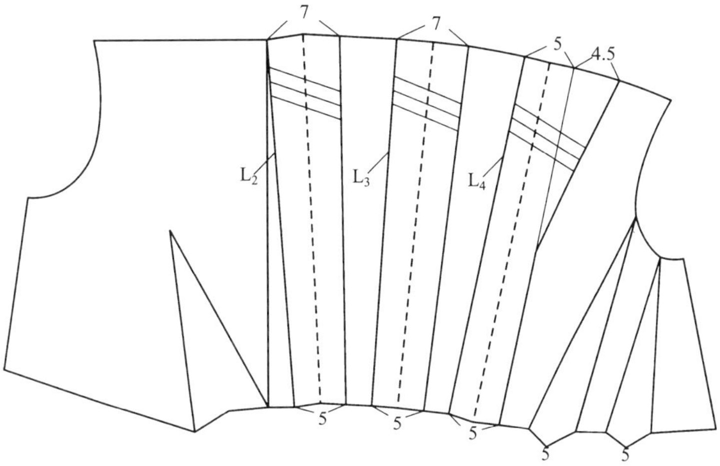
设定裙片分割线	设定分割线 L_1' ~ L_7'（先确定 L_7' 的位置，然后依次确定 L_6' ~ L_1'） 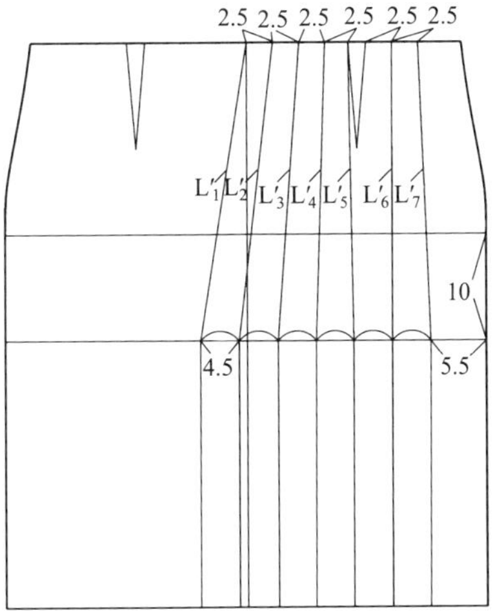
修顺裙片分割线	用圆顺的曲线修顺裙片分割线 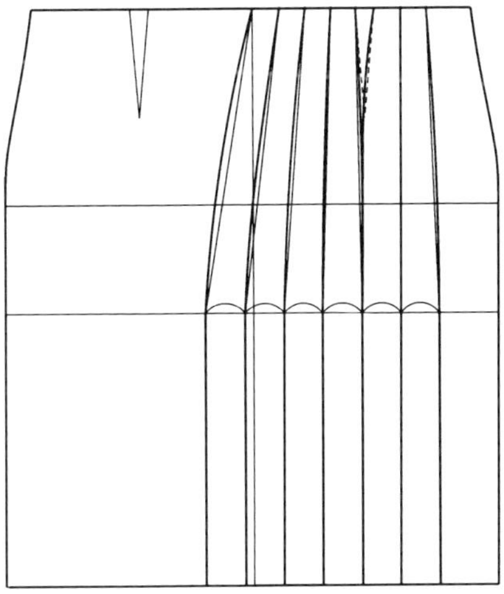

续表

<table>
<tr><td>展开裙片</td><td>上端展开 5cm，下端展开 7cm，右侧腰省的省尖点向侧缝方向移动 1cm
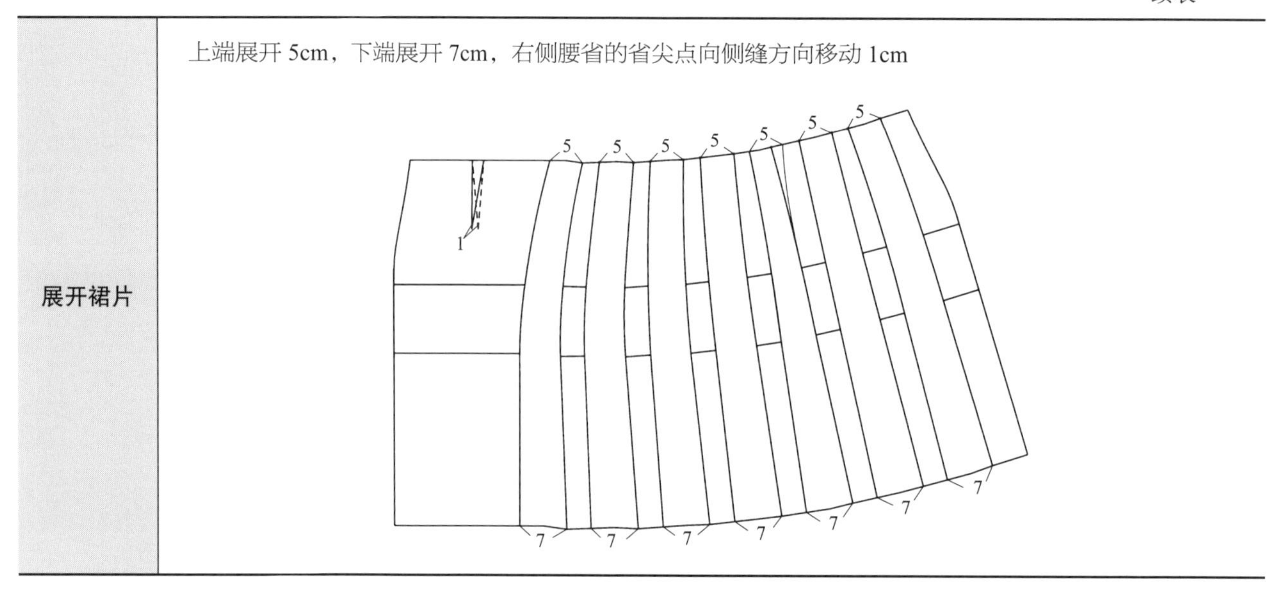
</td></tr>
</table>

四、纸样完成图

褶裥日礼服纸样如图 4-27 所示。

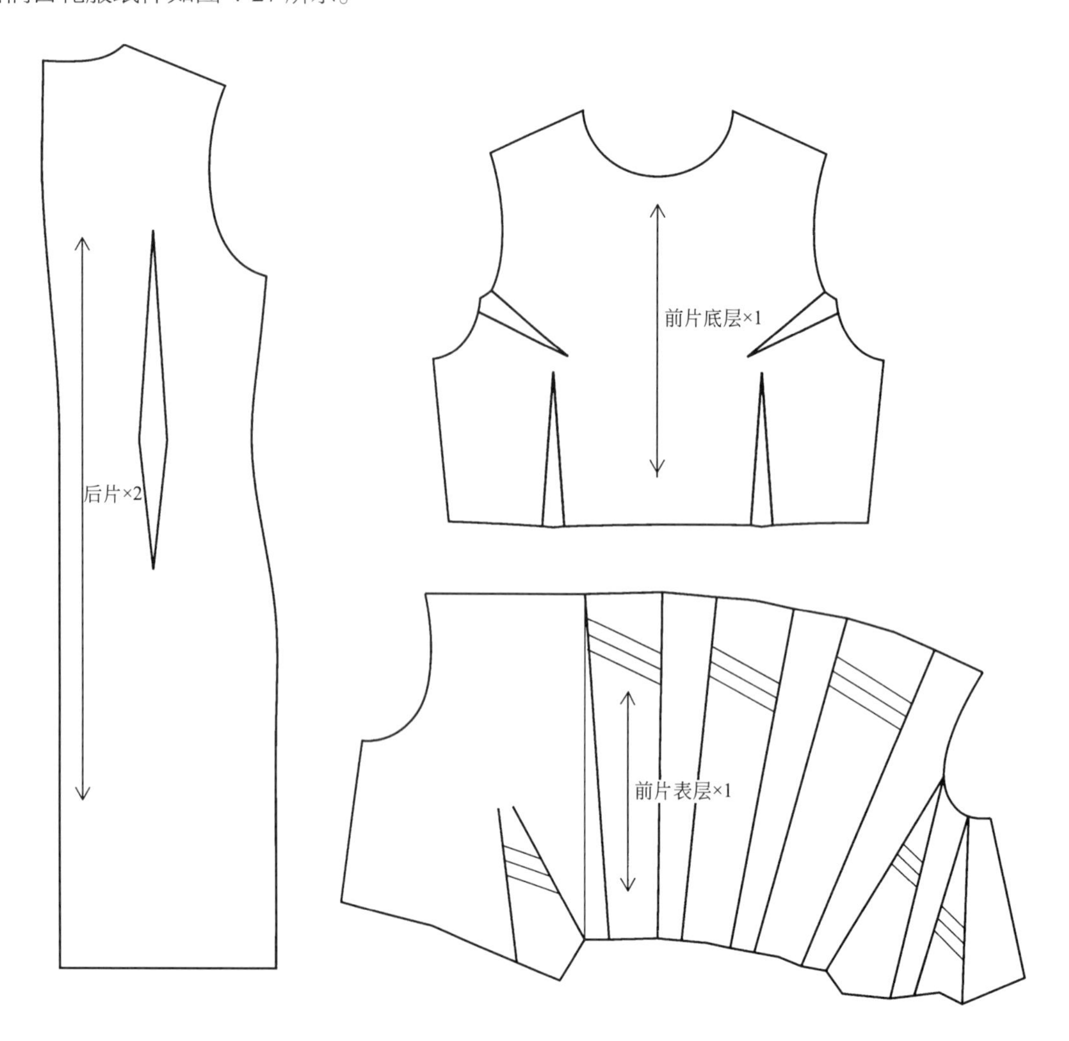

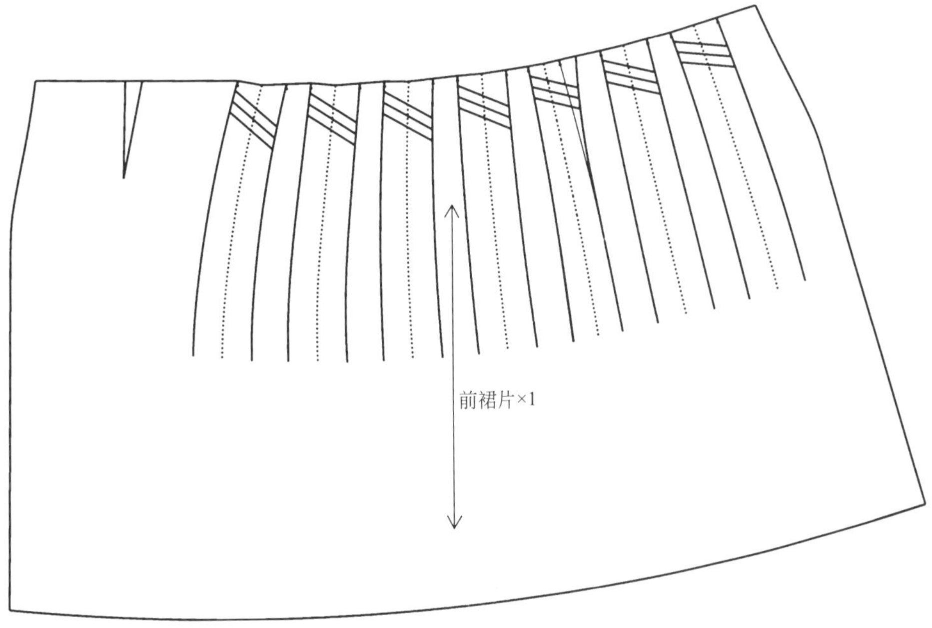

图 4-27　褶裥日礼服纸样

五、褶裥日礼服白坯样衣

褶裥日礼服白坯样衣如图 4-28 所示。

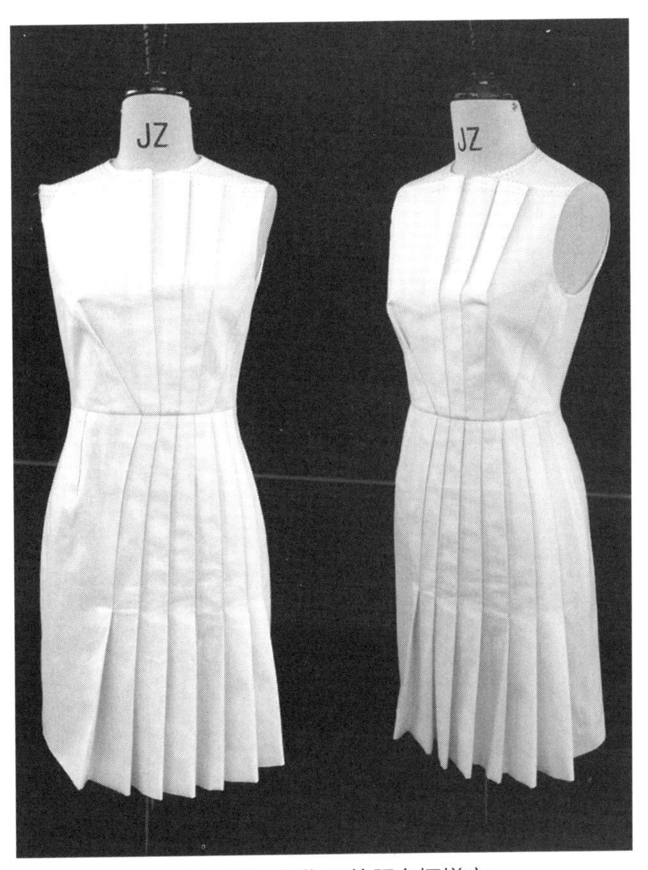

图 4-28　褶裥日礼服白坯样衣

第五章　西式礼服的装饰与制作

第一节　西式礼服的装饰
第二节　西式礼服的制作

第一节　西式礼服的装饰

西式礼服的手工艺分为两种，手缝工艺和装饰手工艺。手缝工艺是服装缝制的传统工艺，与车缝相比，手缝工艺更加灵活、方便，并可以处理各种既精细又复杂的针迹，能够完成缝纫机尚不能完成的工艺，但耗费的人力也是显而易见的。直至今天的高级定制服装中仍然使用的是手工缝纫，这也是高级定制服装价值高昂的一部分原因。

俗话说，细节决定成败，高级定制服装之所以称为“高级定制”，一个重要原因是其装饰工艺能做到极致。香奈儿的高级定制女装中，所有钉珠、刺绣，每一处都是人工一针一线绣上去的，每一件都可以算得上是一件艺术品。除了设计感等因素，装饰工艺的细节就是决定这件衣服是否是高级定制服装的关键因素。针线在游走中传递着设计者的情感，体现了个性化和人性化的需求。因此，手工技艺可以说其具有极高人文精神和情感价值，这也是高级定制服装一直受到青睐的必要因素。

图 5-1　西式礼服的装饰工艺

在西式礼服的手工制作工艺中，最常用到的工艺是排花和法式刺绣。高级定制中的法式刺绣不同于我国传统意义上的用针和真丝线的手工刺绣，而是运用特殊的钩针，把串珠、贝壳等珠管状饰品缝钉在服装上，使服装变得极其华美的一种刺绣方式。Lesage 刺绣坊是全球最大的高级定制时装刺绣坊之一，一件刺绣的立体花型装饰服装，从描样、钉珠到刺绣等环节至少需要一百个小时以上。图 5-1 为西式礼服的装饰工艺。

在本节中，将着重介绍现代礼服常用的两种装饰工艺：排花工艺和法式刺绣。

一、排花工艺

排花工艺多用于婚纱礼服的装饰设计，是指将蕾丝花、布艺花朵、花边等按照一定的秩序、规律和装饰的美学法则进行排列并固定在服装上的工艺，这种工艺有着很强的艺术装饰效果，通过排花可以突出服装的特点，令服装充满美感。在礼服和婚纱设计中，排花装饰是一项必不可少的工艺，好的排花工艺可以将原本简单、乏味或缺少艺术感觉的婚纱礼服起死回生，给人耳目一新的感觉。其对婚纱风格的影响也是巨大的，通过不同方式的排花，婚纱原本的风格也会随之改变。但排花时必须遵循美学法则，避免庸俗。

目前蕾丝花片的获得方式有很多，可以定制，也可以购买成品。在高级定制礼服中，大多根据款式特点采用定制的方式。在进行排花设计时，蕾丝花片可以根据需要破坏重组。排花过程如图 5-2 ～图 5-5 所示。

图 5-2　排花过程（一）

图 5-3　排花过程（二）

图 5-4　排花过程（三）

图 5-5　排花过程（四）

二、法式刺绣工艺

（一）法式钩针刺绣介绍

巴黎的高级定制时装中不可或缺的传统工艺之一就是法式钩针刺绣（Lunéville Embroidery），是使用专用的钩针穿过珠子和亮片，使其按一定秩序和规则排列的一种刺绣技法。

法式刺绣历经了数百年的岁月流转，从卓绝的工艺绣制针法、富有创意性的图案设计到丰富材料的不同切换，带给高级定制时装无限惊喜。其最大的特点在于能突出服装上立体而丰富的刺绣图案，极大地满足了高级定制服装对于装饰之美的更高层级追求。它用绣针和反面刺绣的独特技艺，结合不同的材质搭配，通过描样、钉珠、刺绣等工序，将高级定制服装和配饰点缀得美轮美奂，更为服装设计师提供了源源不断的创作灵感，使其设计出令人无法抗拒的艺术作品。法式钩针刺绣成衣、法式钩针刺绣图案分别如图 5-6、图 5-7 所示。

图 5-6　法式钩针刺绣成衣

图 5-7　法式钩针刺绣图案

（二）法式钩针刺绣基本针法

法式刺绣的基本针法就是锁链针法，顾名思义就是线迹形成锁链状的缝纫方法。在绣布上面，针迹看起来像一个套一个的小环，在绣布下面针迹看起来是一条直线。法式钩针刺绣的基本针法如图 5-8 所示。

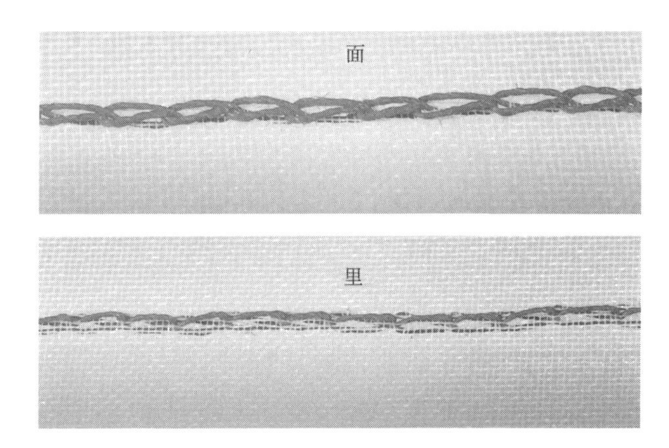

图 5-8 法式钩针刺绣的基本针法

目前法式刺绣常用的钩针有法式钩针（图 5-9）和印度钩针（图 5-10）。区别在于针头的样式不一样，但使用的方法是基本相同的。法式钩针的针头非常尖锐，形状像一个鱼钩，印度钩针的针头是一个倒钩形。

钩针有前面和后面之分，螺丝所在的一侧是前面，另一侧是后面，使用时要注意前后之分，如图 5-11 所示。

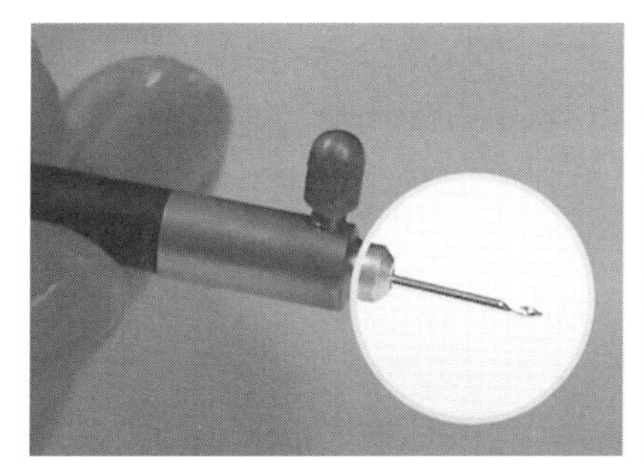

图 5-9 法式钩针

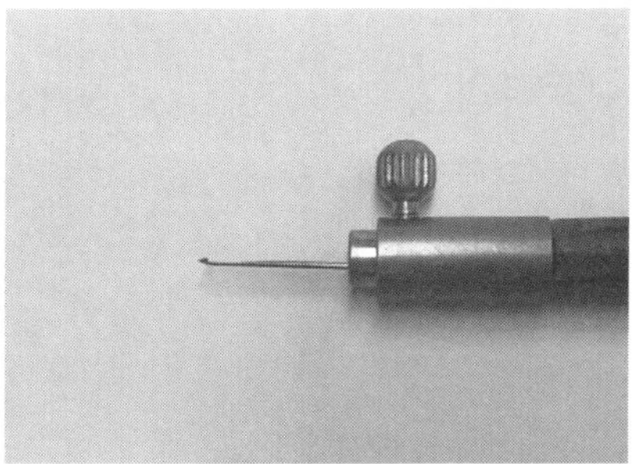

图 5-10 印度钩针

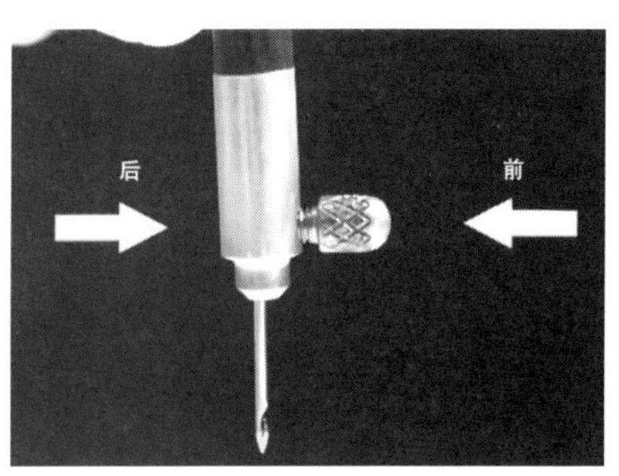

图 5-11 钩针的前后

1. 基本针法

以惯用手像拿笔一样握住钩针，另一只手在下面捏住绣线。

基本动作	入针—挂线—转向—提针 入针，然后将线挂入钩针的沟槽内，转动钩针，然后提起钩针
入针	将针插入布面。切记钩针上的螺丝一直朝向要前进的方向 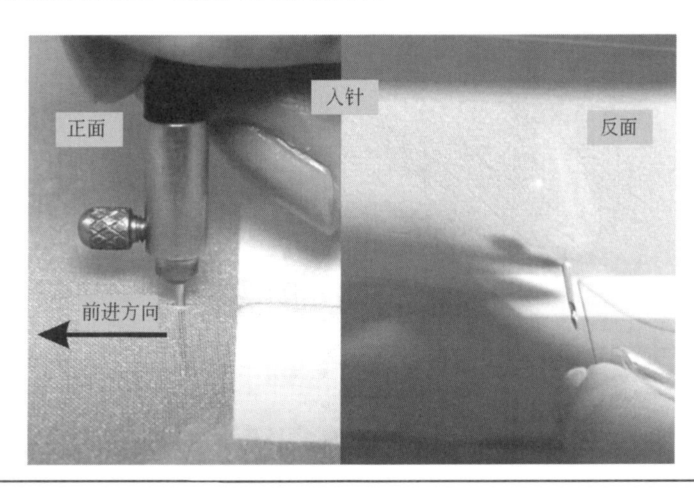

续表

<table>
<tr><td>挂线</td><td>把线挂到钩针的钩槽里。手指捏住线，使线从钩针的后面绕到前面，并挂到钩槽里
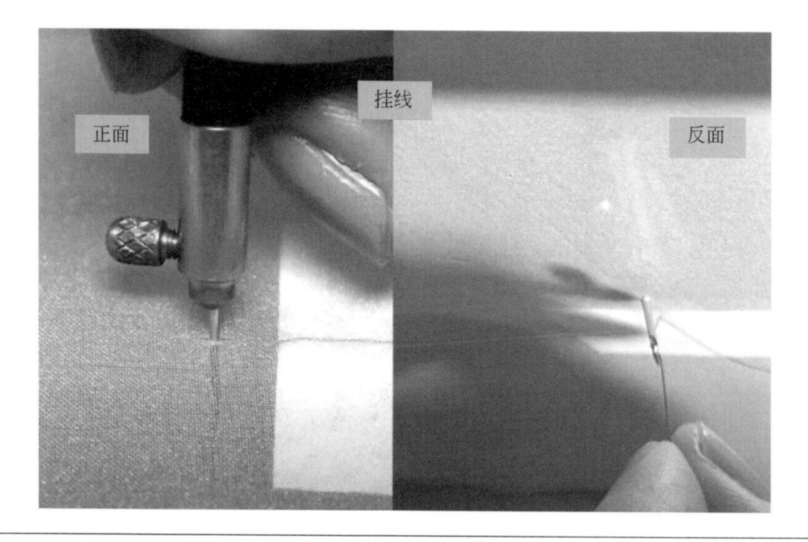
</td></tr>
<tr><td>转向</td><td>钩针转动 180°，钩针转动的方向和绕线的方向一致
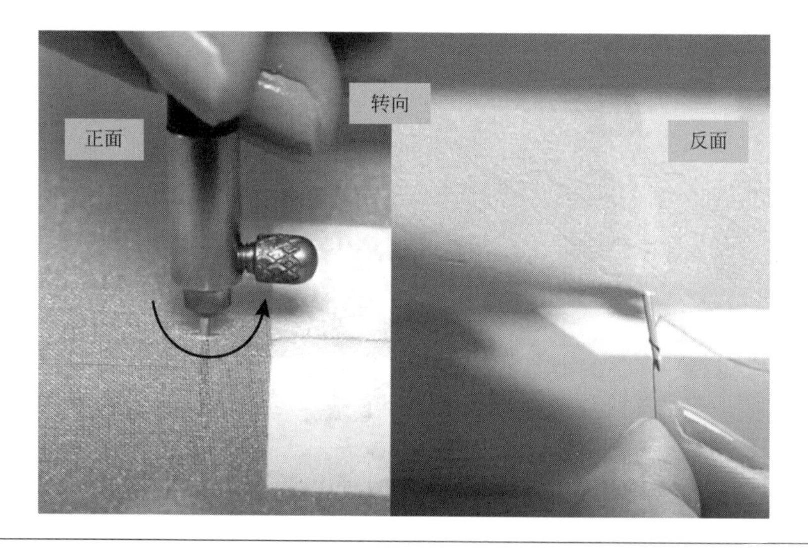
</td></tr>
<tr><td>提针</td><td>向后推布，然后竖直提起钩针
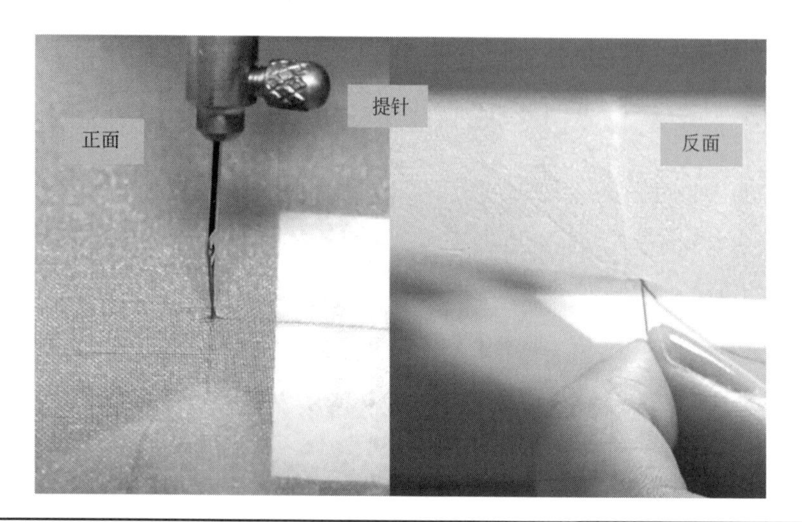
</td></tr>
</table>

续表

<table>
<tr><td>提针</td><td>由于针尖是钩状的，如果像普通针一样提起来的话，针尖会钩住绣布，这里有一个小技巧如下：当针垂直插入绣布时，往后推一下，目的是扩大针孔；然后一边保持向后用力，一边提起钩针。入针—后推—提针，让针走一个 L 形，这是能顺畅提起钩针的要点
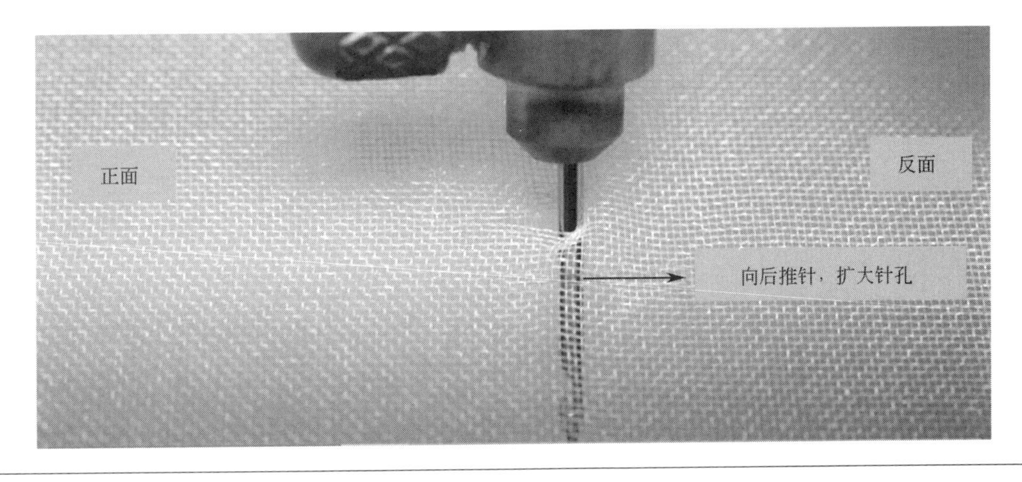
</td></tr>
<tr><td>再转向</td><td>提起针后，钩针再转动 180°，这样螺丝又朝向前进的方向了，一个小线环就出现在绣布上；重复以上动作，锁链状的针迹就形成了
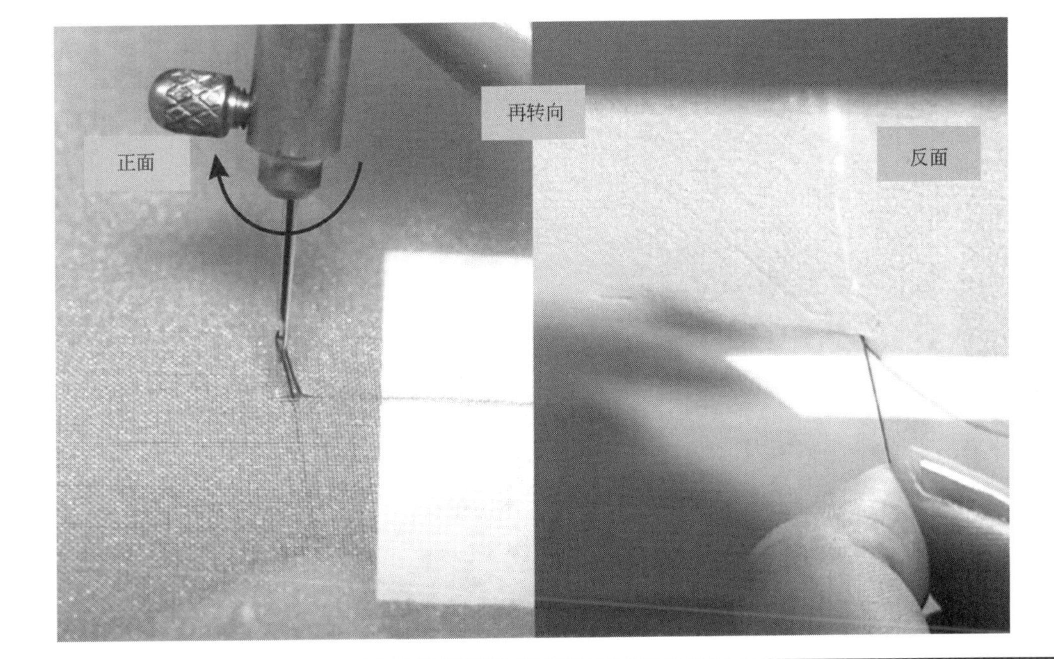
</td></tr>
</table>

法式刺绣的针迹类似于中国刺绣针法的锁绣。但法式刺绣的特点是可以在形成线套的同时加入亮片或珠子，而且运一次针即可形成一个线套，所以速度大大提高，并且可以在薄纱或网纱上刺绣，绣制好的面料光洁平整，不会在绣花部分周围产生褶皱。

2. 反面刺绣

法式刺绣分成正面刺绣和反面刺绣。根据所需技法或者设计要求，完成法式刺绣时可灵活地使用正面刺绣和反面刺绣。最具特色的反面刺绣是使面料正面朝下，一只手在面料的下面，另一只手在面料的上面，操作过程和基本针法相同。只是在行进的过程中，需要靠手去感受珠子和亮片，用钩针将米珠、羽毛、缎带、宝石、珍珠等丰富的材料一颗颗钉在面料上，十分考验经验和技巧的娴熟。

第一步	基本动作是一样的。只是要事先把米珠穿在线上，然后入针，接着在面料下方用手把珠子向上推，再挂线—转向—提针，完成基本动作，一粒珠子的缝制就完成了 面料正面　面料反面
第二步	重复以上动作，能快速地完成刺绣工作 面料正面　面料反面

（三）高级定制服装中的珠绣装饰手法

现代装饰氛围下的高级定制手工艺，更善于应用不同的工艺组合营造装饰空间的层次变化。珠绣、切割、绳编、镂空、印染、镶嵌等工艺形式广泛结合，又变换出多种针法，如平铺、立面、堆积、环绕、悬挂等，追求点、线、面、体的叠加、并置和重构，以新的视觉平衡创造实与虚、明与暗、光与色的空间层次关系，并发展出具有丰富层次变化与实验趣味的装饰外观，使服装展现出有别于传统审美意识的个性指向。

1. 平铺手法

平铺手法分别如图 5-12、图 5-13 所示，主要内容如下。

在图 5-12 中，虽然采用单一材质米珠，但点状元素的聚集形式不同，其“珠”的表现形式也可以由圆走向方、由规则走向不规则、由点状走向线状乃至块状、由秩序化排列走向无序化集

图 5-12　平铺手法（一）

图 5-13　平铺手法（二）

聚。此款圆润的珠粒排布均匀，形式典雅，具有平面装饰性。

在图 5-13 中，采用光泽度相同、颜色近似的金属质感珠片、金属管珠以及金属光泽米珠。多种材质的交错使用，图案为抽象形式，采用条状的、斜向的排布方式，金属的冰冷触感及高反光性的光影效果，丰富了珠绣的外观装饰语言，这不同于传统珠绣稳定的形式美感，因而产生审美过程中较强的心理落差，令人印象深刻。

2. 立面手法

立面手法如图 5-14 所示，主要内容如下。

管珠是一种硬质中空的珠绣材质，长度短的管珠可以作为“点”，长度足够的时候可以作为“线”，由“点”及“线”再组成“面”，就可以充分表达出各种各样的题材。在图 5-14 所示图案中，把管珠单独竖立在织物表面，制造出“立面”，与平面钉珠的珠粒表面形成了立与平、放与敛的独特装饰外观。

图 5-14　立面手法

3. 堆积手法

堆积手法如图 5-15、图 5-16 所示，主要内容如下。

在图 5-15、图 5-16 中，层叠堆积的珠片更能逼真地表现花瓣的造型特点，堆积手法更注重空间的立体感营造，即通过透视、光影、大小、比例等设计要素的表达，使空间层次关系更加丰富。此款表现的是具象花卉主题，其中的珠绣形态虽然取材于自然形象，却运用材质特性、工艺手法、色彩层次、形式构图、主次位置在服装面料上产生前后、上下、正负的空间关系，风格更加自由奔放，充满现代气息。

图 5-15　堆积手法（一）

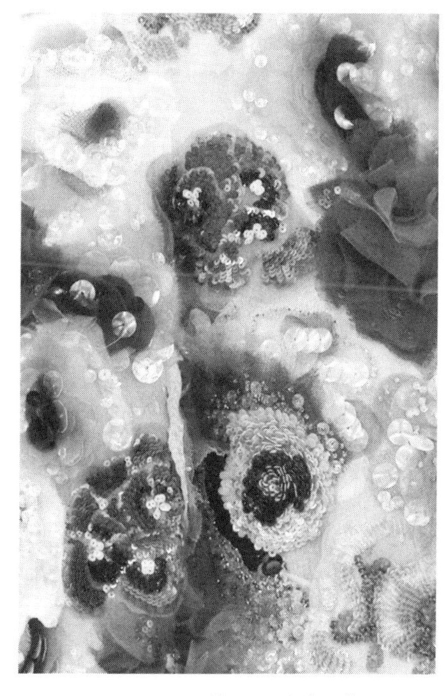

图 5-16　堆积手法（二）

图 5-17 旋转手法（一）

图 5-18 旋转手法（二）

图 5-19 悬垂手法（一）

图 5-20 悬垂手法（二）

4. 旋转手法

旋转手法如图 5-17、图 5-18 所示，主要内容如下。

在图 5-17 和图 5-18 中，旋转的工艺技法很逼真地表达了花瓣的造型，同时脱离了二维的束缚，突出了三维空间的扩张感和层次感。此外，把珠片竖向设置并旋转排列，可谓独出心裁。

5. 悬垂手法

悬垂手法分别如图 5-19、图 5-20 所示，主要内容如下。

在图 5-19、图 5-20 中，可以理解为动态流苏的存在形态，展现了流动的韵律，不同材质的组合形成线条。这种技法在服饰边缘或图案大面积铺陈中的使用，以自由、奔放和洒脱的时尚语言进行艺术渲染，几何流动与服饰面料充分碰撞呈现动态的美感。

6. 多种工艺的组合

回顾高级定制服装的诸多作品，更多的应用是多种工艺的组合。多种技法的组合使用进一步发展演变出立体化的特征，更容易营造出装饰空间的体量感与层次变化。刺绣、蕾丝、印染、镶嵌、绳编等工艺形式的结合，其形态元素由单一的基础单位变成点、线、面、体的叠加、并置与重构，发展出具有丰富层次变化的装饰外观。视觉、触觉、听觉、嗅觉等多维度彼此影响，使得现代刺绣由平面向立体、由静止向动态的装饰空间演变。多种工艺的组合分别如图 5-21 ～图 5-26 所示。

在图 5-21 中，采用与面料同色系的羽毛组成花瓣，用点状珠绣材质表达花心部分的立体感。在图 5-22、图 5-23 中，珠片的圆形材质也可以层叠拼接用来表达花瓣形状，层叠堆积的珠片更能逼真表达花瓣的造型。

在图 5-24 中，此款高级定制礼服采用蕾丝与珠绣的结合，蕾丝图案创新时尚，绣制时添加华丽水晶，闪耀且富有梦幻韵味，同时融合了流苏的装饰手法，结合时尚元素，繁复的手工装饰为高级定制创造无与伦比的艺术魅力。在图 5-25、图 5-26 中，用与面料同色或异色的绳子、绸带以及一些金银线来点缀礼服；线的缠绕、堆积、打结结合珠绣材料，增强了礼服的光泽效果。例如，图中绳带堆积出立体效果，然后在顶端及周围进行珠绣装饰，突出了服装面料的肌理效果，提升了服装的装饰性。

图 5-22　多种工艺的组合（二）

图 5-23　多种工艺的组合（三）

图 5-24　多种工艺的组合（四）

图 5-21　多种工艺的组合（一）

图 5-25　多种工艺的组合（五）

图 5-26　多种工艺的组合（六）

（四）法式钩针刺绣的工艺过程

绣稿设计	法式钩针刺绣作品的艺术效果，除了画面的设计和图案纹样的设计之外，很大程度上也取决于材料的选择。由于钩针刺绣所使用的材料广泛，所以在设计绣稿时就一定要考虑到所使用的材料是否适合表现画面，是否适合表现图形效果 
选材配色	主要根据绣稿画面所要表现的效果进行选择。法式钩针刺绣可用的材料种类很多，珠片、贝壳、宝石、棉线、丝线、金银丝、印度丝等，每种材料所表现的效果差异很大，可根据具体情况进行创意设计  
准备纸样	在绣稿和材料准备齐全后，接下来就需要准备刺绣部位的样板。需要在底布上画出大致的轮廓，然后底布绷在绣架上，大幅作品需要根据尺寸定制绣绷。接下来将绣稿描画在底布上，常用热消笔来绘制。大幅作品也可提前将图案直接印制在底布上 
绣制	根据绣稿选择颜色搭配，并根据画面设计的不同图案和形态等要求，运用不同的针法进行刺绣。大幅作品可多人分区域逐次完成  

续表

<table>
<tr><td>缝制服装</td><td>绣制完成后，将面料取下来，进行服装的缝制
 </td></tr>
<tr><td>成衣效果</td><td></td></tr>
</table>

第二节 西式礼服的制作

以下将通过绿色抹胸大礼服裙着重介绍礼服的制作流程和制作方法。图 5-27 为绿色抹胸大礼服效果图。

1. 款式分析

礼服经典款之一。外层上下装在腰部断开，上装内层为紧身胸衣，外层附软网纱面料并装饰蕾丝和手工花朵，服装整体浪漫飘逸，并与礼服的下半部分形成呼应。下装钟形裙摆，采用 3 层网纱叠合（内两层浅色，外一层深色）。其利用外深内浅的规律，达到色彩的协调与统一，既增加了服装的层次感，又有活泼跳跃的质感。由于裙装膨胀感较强，需要裙撑的支撑。

图 5-27 绿色抹胸大礼服效果图

2. 细节设计

（1）上装 胸衣采用外置鱼骨的形式，后中开口采用包扣。胸衣外侧罩网纱，用于进行蕾丝装饰。

（2）下装裙子　采用 3 层网纱，两层浅色在下层，一层深色在上层。直接缝制在胸衣的腰部位置。

（3）裙撑　采用鱼骨裙撑的形式，鱼骨上下分四层。裙撑外罩裙由五层网纱构成，颜色交叉分布，从外向内，第一层深色，第二层浅色，第三层深色，第四、第五层浅色。

3. 面料选择

上装胸衣采用光面冰丝缎面料。此种面料表面有光泽感，纹路细腻，面料垂顺又有微微的骨架感，易于表现造型。外侧两层加密网纱面料附于胸衣外侧，在其上用满幅刺绣蕾丝和立体花型作为装饰图案，整体散发高级而华美的精致感。

4. 装饰设计

手工缝缀蕾丝装饰 + 手工花朵装饰。

一、紧身胸衣的制作

此款紧身胸衣的立体裁剪方法请参见第四章的第一节“紧身胸衣”中“公主线式紧身胸衣制板”部分。

此款采用外置鱼骨款式，鱼骨的位置根据人体型设计。

裁片准备 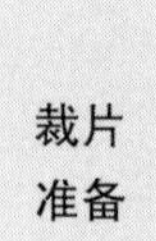	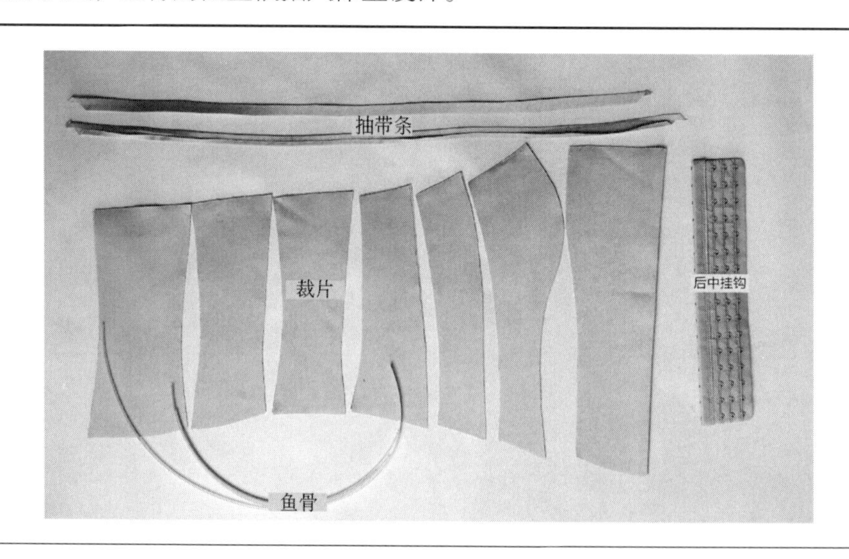
接缝	把面和里分别接缝好，注意缝合里布时，缝份要略大于面料缝份，使其不会倒吐
准备抽带条并熨烫	抽带条用 45° 斜丝裁剪，抽带条的宽度根据鱼骨的宽度确定。比如鱼骨宽 0.8cm，两边各需要 0.1cm 的明线宽度，还需要各 0.1cm 的空隙量，所以表面宽度为 $0.8+0.1\times2+0.1\times2=1.2$cm，故缝份也需要 1.2cm，所以抽带条宽为 2.4 ～ 2.5cm。裁剪好后扣烫 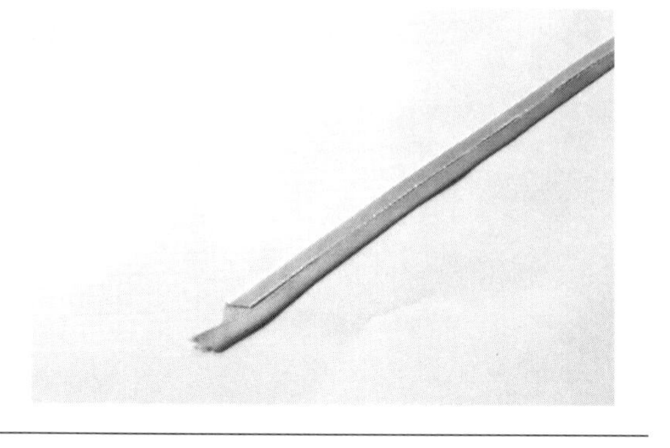
裁剪鱼骨	鱼骨的长度为所要放置位置的衣身曲线长度 −3cm 缝份量。上下端的缝份量是必须要减掉的；否则由于鱼骨的厚度和硬度以及翻折的容量，会造成缝制的困难

续表

鱼骨塑型	前片胸部分割线处的鱼骨需要通过熨烫塑出胸部的形状。塑型时，一边熨烫，一边用手塑造出胸部的造型，并通过高温固定	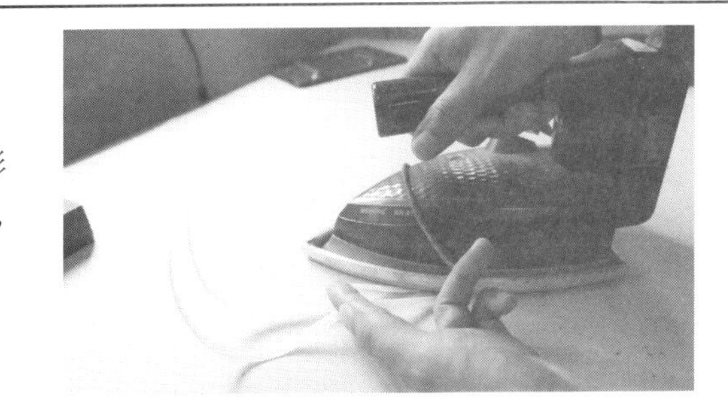
缝制抽带条	把抽带条放置于面料正面的设定位置，车缝两道平行线迹形成一个狭缝。车缝线的宽度约为鱼骨的宽度加上适当的空隙量。明线的宽度大约为 0.1cm	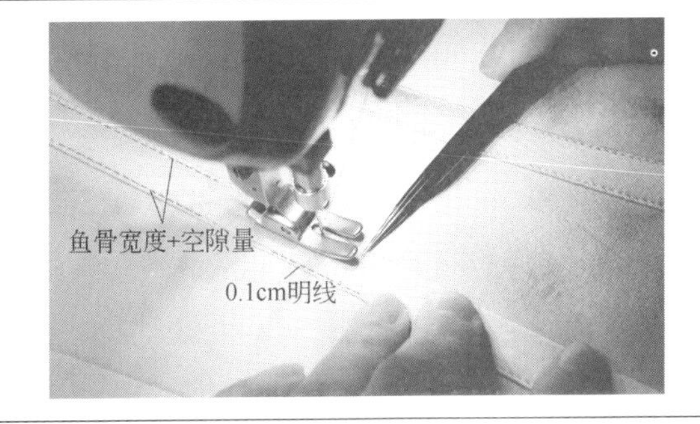
插入鱼骨	抽带条全部缝完以后，把鱼骨慢慢地一根一根地插入抽带管中	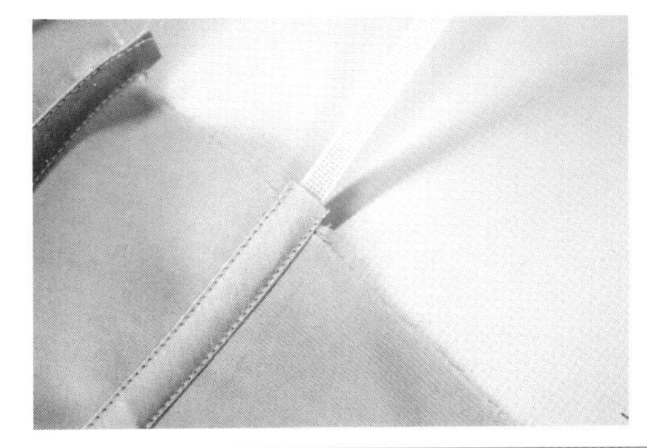
绱后中心排扣挂钩	将排扣挂钩的正面和面料正面相对，1cm 缝份缝合；缝合好后翻转排钩，在正面压抽带条	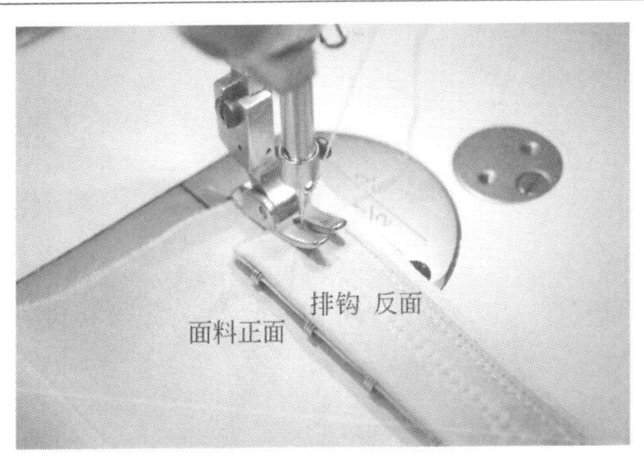
绱花边	将花边的正面和面料正面相对，1cm 缝份缝合	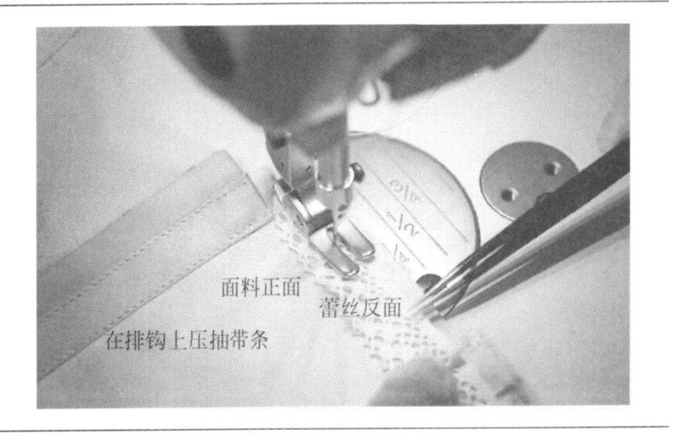
合里面	把里子放在上，面料放在下，从侧缝处开始车缝一圈；只留腰口线不缝合，作为翻转的位置	

续表

整理并熨烫	缝合完成后，整理熨烫。紧身胸衣的尺寸可以与实际人体的尺寸相同，甚至更小一些，以起到塑型的作用。胸部最多可以小于人体尺寸 2 ～ 3cm，腰部最多可以小于人体尺寸 4 ～ 5cm 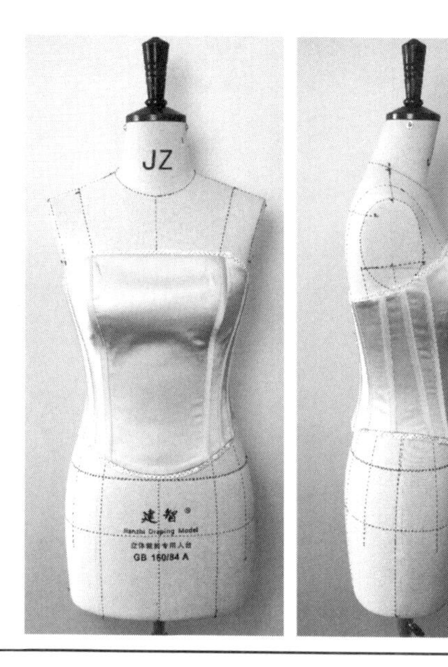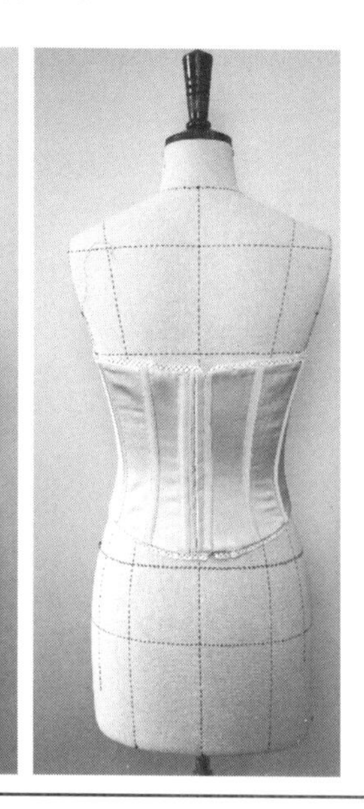

二、上半身面层的制作

由于在造型上需要完全贴合人体并且和里层胸衣缝合，还要在此基础上进行手工装饰，故上半身面层采用立体裁剪的方式。

（一）前片

第一步	① 由于面层要附在里层胸衣外，所以在人台上穿好紧身胸衣，标记出前中线、领口线、人体的腰围线 ② 在腰围线下 5cm 左右标记出下半身裙子的缝合位置 ③ 准备网纱面料。此款采用网纱面料直接立体裁剪，故网纱的大小要能覆盖整个前片 ④ 将网纱对折，在中点处做标记作为前中心线，画出直丝方向	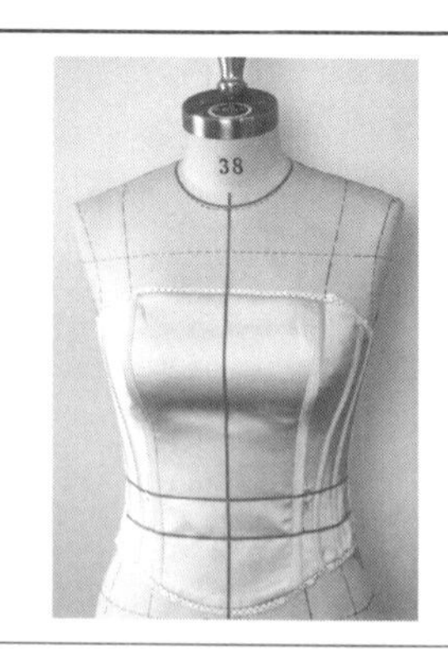
第二步	① 将网纱前中心参考线对准人台前中心，用针固定颈部、腰部 ② 抚平胸围处的布料，在左右胸高点、胸上围、胸下围、腰围处用针固定	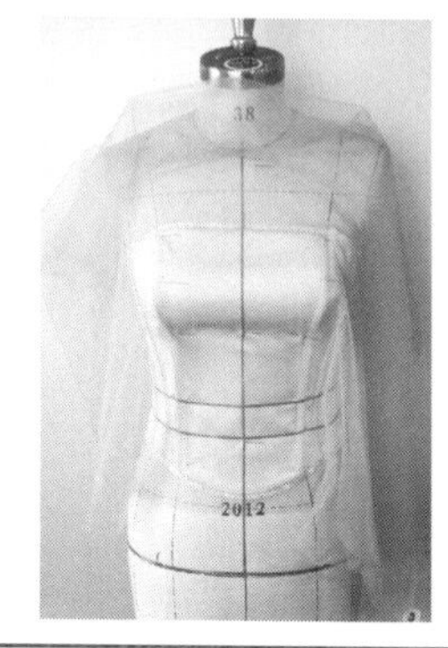

续表

第三步	① 从胸部开始将网纱面料平滑地向上推，沿着领线打剪口。但不要打过领口线，在领围处用针固定 ② 继续将网纱从颈部沿着肩线平滑地推向肩端点，在颈部和肩部用针固定	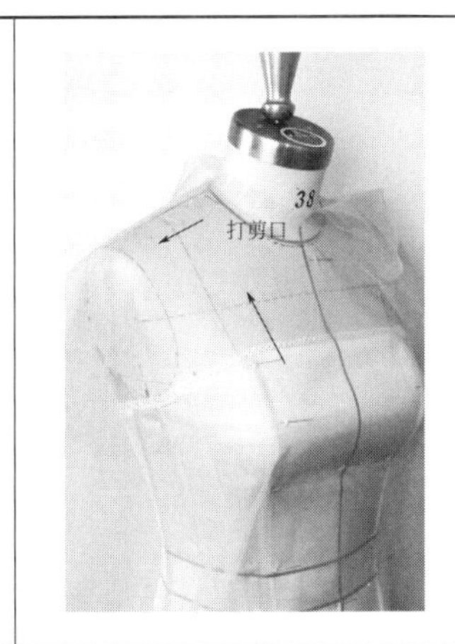
第四步	从肩端点沿着袖窿线到侧缝线向下平滑地推网纱，在袖窿底固定一针，然后留2.5 ~ 3cm 缝份量修剪袖窿多余布料。如果有多余褶皱，就需要去除别针以放松面料后，再重新用针固定	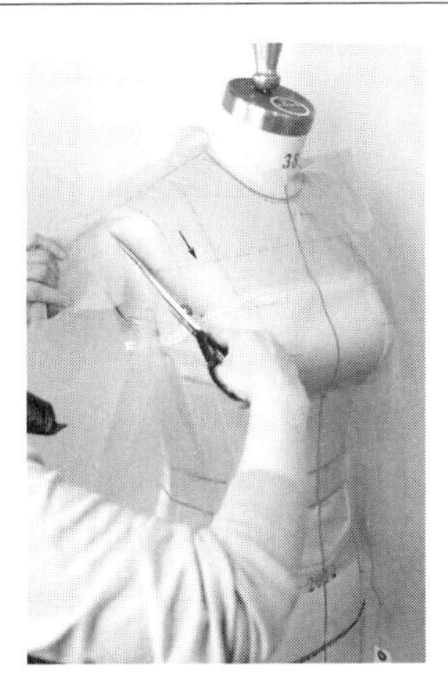
第五步	① 沿着侧缝到腰节平滑地向下推网纱；同时，从前中下摆处向侧缝推动面料，将多余面料形成省道 ② 贴弧线省道标记线 ③ 在省道的折痕处用针固定 ④ 沿标记留出缝份，剪开省道	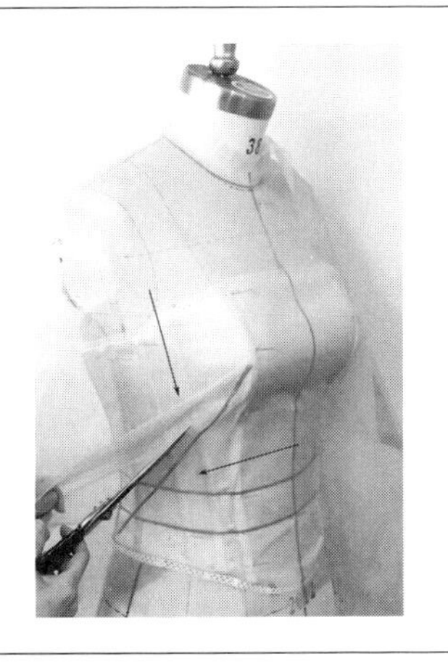
第六步	① 将省道整理好，用针固定省道并剪掉省道内多余的缝份 ② 在侧面将网纱和胸衣固定好	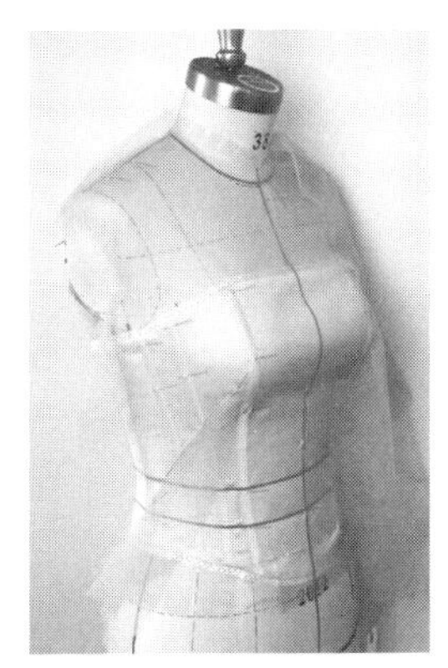

（二）后片

第一步	① 使后中心线和人台后中心线重合，在后领围下用针固定 ② 由后颈点沿人台后中心线向下推平网纱面料，把后腰部的多余面料推向左侧，在腰部用针固定 ③ 在颈部、腰部中点处用针固定	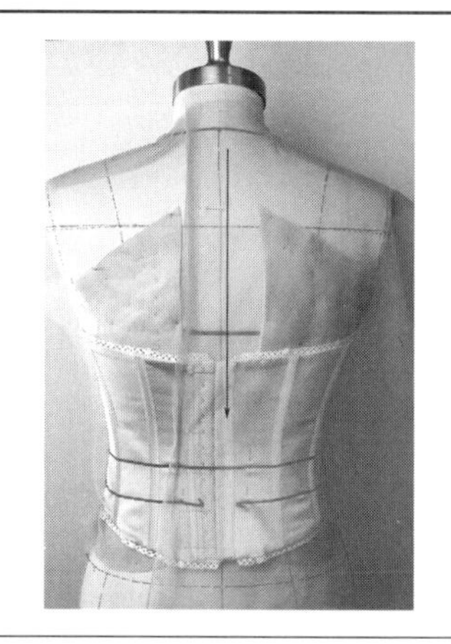
第二步	① 沿后片肩胛骨线向肩端点推平网纱面料，使肩省分散在后领口和后袖窿处，临时用针固定 ② 从肩端点向下沿着袖窿平滑地推网纱面料，在袖窿底部用针固定 ③ 沿着侧缝平滑地推布，把多余的布料集中到肩胛骨下方，在侧缝处用针固定。如果有多余的褶皱，去除别针调整，看是否太松或太紧	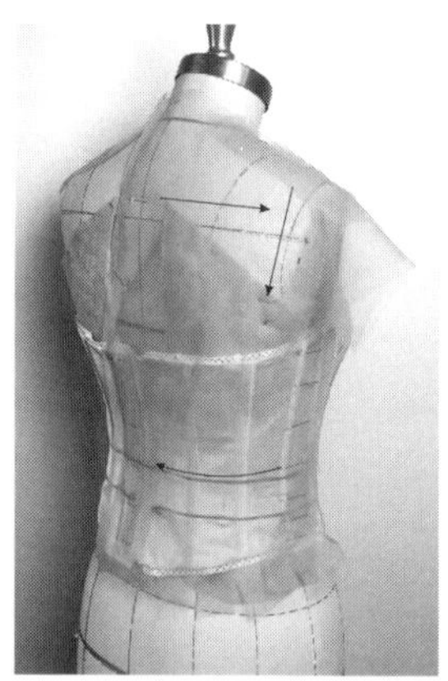
第三步	① 腰部产生的余量在后片中部附近收一个腰省，用针固定 ② 在腰围线下沿着标记线一圈打剪口	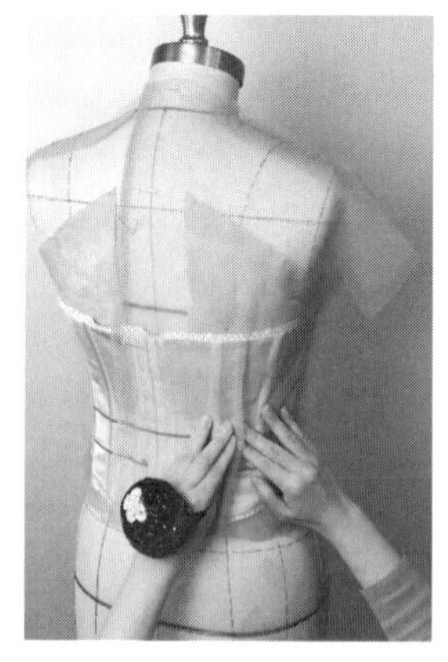 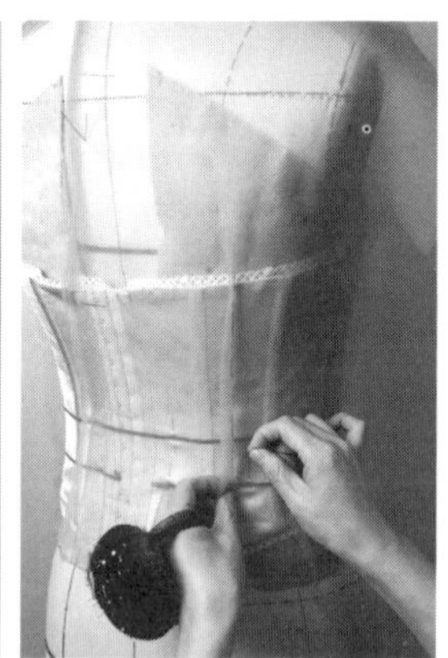
第四步	前后片立体裁剪完成后，用针沿胸衣的上口、侧缝、省、腰口把面层网纱和里层紧身胸衣用透明线缝合固定	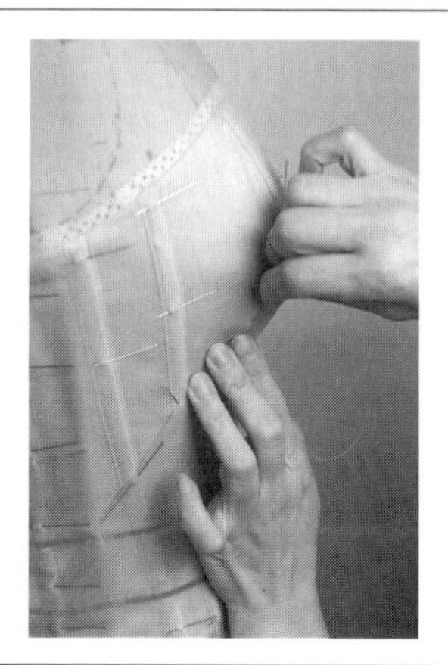

（三）后中的处理

步骤	说明	图示
第一步	后中的包条采用正常丝道，左侧包条由正反两片构成，扣袢夹在中间。扣袢为半圆均匀排列，直径等于包扣的直径，扣子间隔约 2cm。右侧包条为一整片面料，确定好宽度后烫折，与左片一样用咬合法与网纱缝合	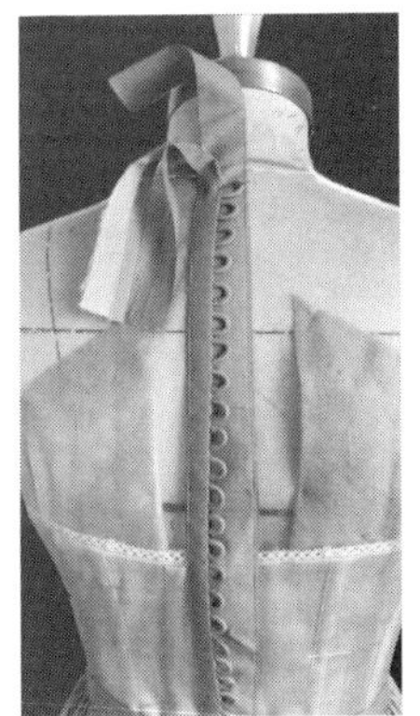 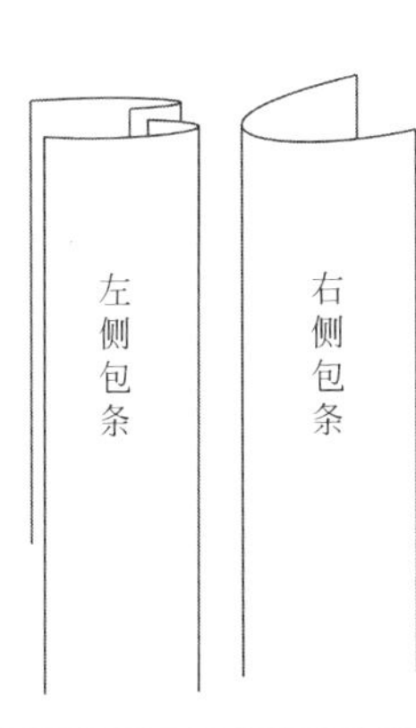
第二步	后中的扣子采用包扣的形式。根据扣子的大小，把面料裁剪成适当大小，手工包裹扣子并用手针缝合固定	 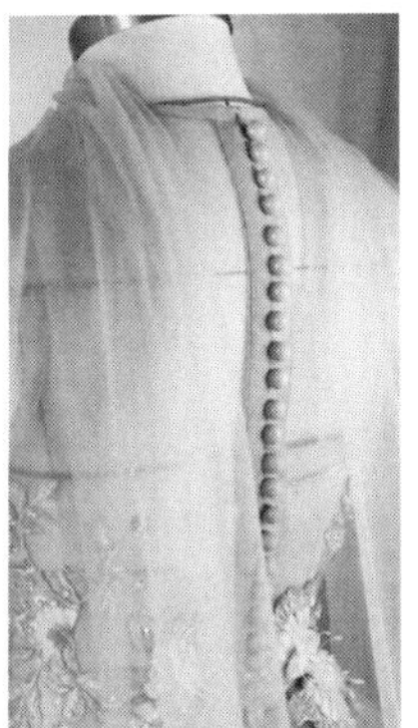

（四）领口的处理

领口做包条处理。用和后中包条相同的面料，按照 45° 斜纱裁剪宽约 2.5cm 的斜条由内向外绲领口，如图 5-28 所示。

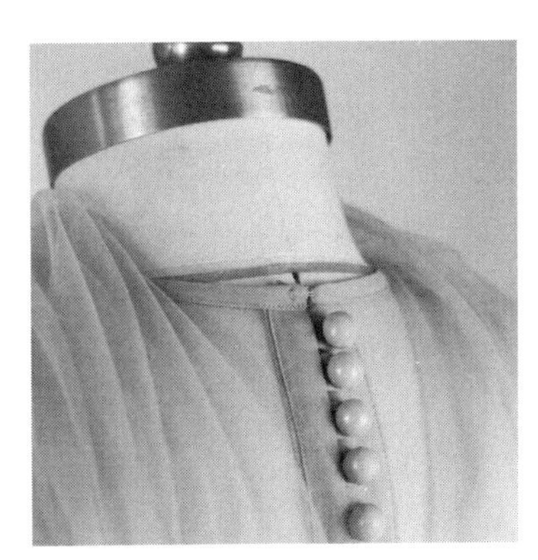

图 5-28　领口的处理

三、裙撑的制作

裙撑的制板与制作方法参照第四章的第二节“裙撑”中“裙撑的版型及制作方法”部分。

四、下裙的制作

步骤	说明	图示
第一步	下裙为褶裙，结构比较简单。因面料网状透明，不适用于接缝缝合方式，所以用长方形的面料横向直接抽褶。褶的多少可以根据款式通过实验达到理想的状态。此款式网纱用料为裙撑下摆周长的 4 倍。为了增加下装的层次感，用了 3 层纱，两层浅色在下层，一层深色在上层	

续表

第二步	① 两层浅色纱一起抽褶，然后缝合在上半身的胸衣腰部分割标记线向下1.5cm处 ② 最外层深色纱抽褶，然后缝合于胸衣腰部标记线上1.5cm处，然后把上层深色纱翻下来。这样做适当分散了腰部因为多层面料导致的缝份厚度，避免蓬起过大，影响造型效果，并且减小工艺难度 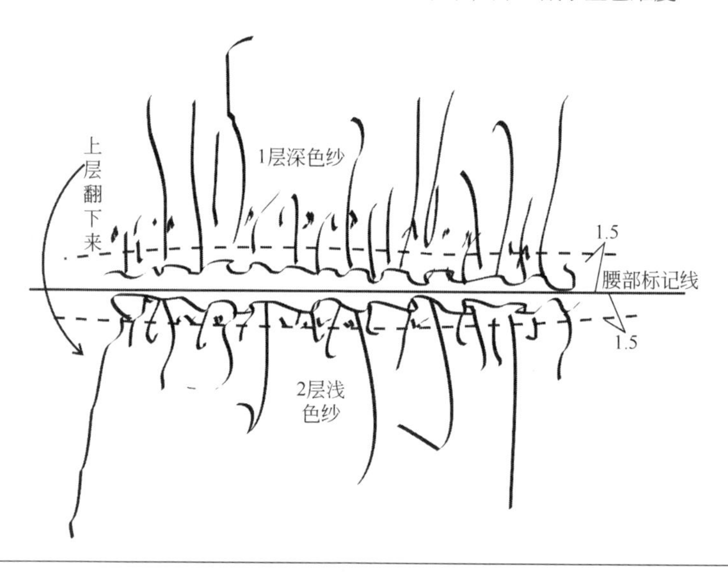
第三步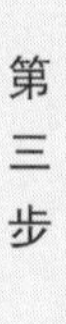	在裙撑的腰头上钉挂钩，在胸衣的相应位置钉扣袢，穿着时挂钩和扣袢配合在一起，实现裙撑的自由穿脱 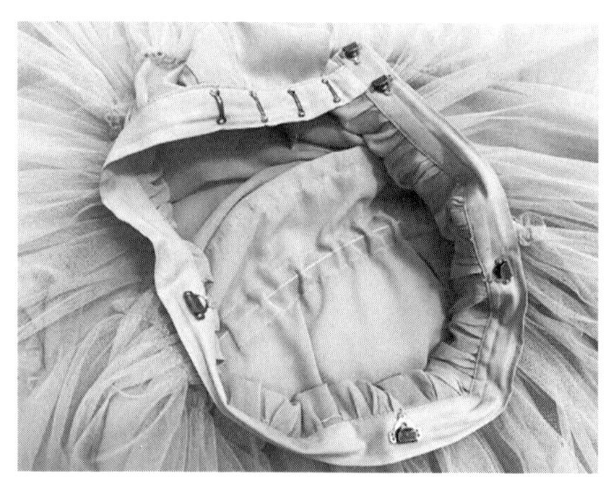 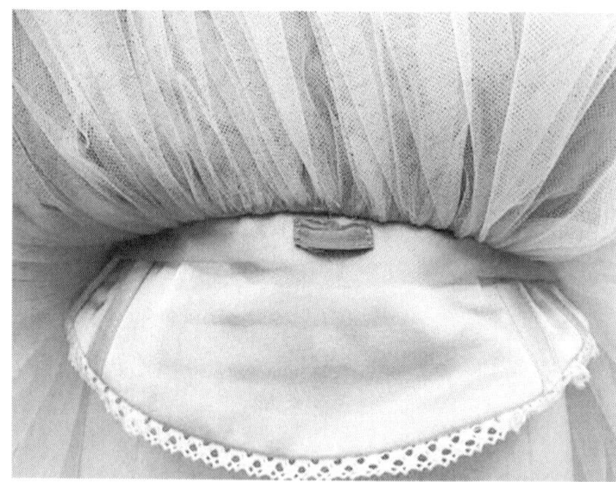

五、礼服的装饰

定制蕾丝花片	蕾丝作为现代服装中一种精美的装饰品，使用越来越广泛，样式也越来越精美，不仅成为女装上的必要点缀，也是礼服上不可缺少的元素。蕾丝花片的获得方式也有很多，可以定制，也可以购买成品，在此款中的蕾丝花片是半成品花片。需要先确定纹样，然后在纹样上设计并缝合珠片，最后定染成与面料同一色系	

续表

修剪蕾丝花片	为了使蕾丝在服装上呈现最好的效果，需要把蕾丝之外的网纱修剪掉，可以用剪刀直接修剪，或者用电笔沿着蕾丝的边缘行走，通过高温熔断网纱，使之和蕾丝分离。在修剪的过程中，要注意尽量靠近蕾丝边缘，但也要注意不要把蕾丝剪坏 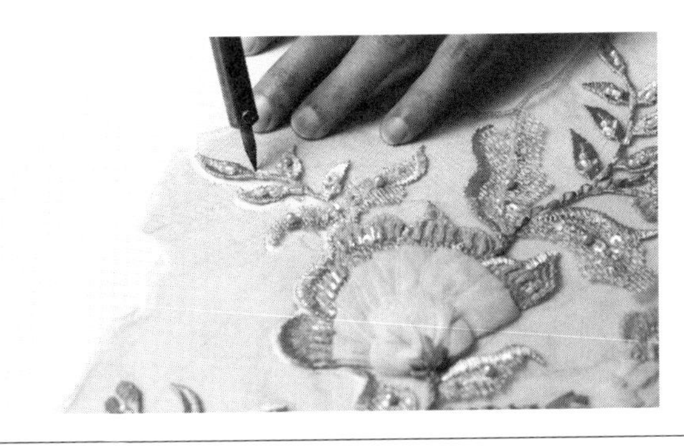 
排花	根据款式风格和蕾丝花片的特点，进行排花设计。蕾丝花片可以根据需要破坏重组。在排放的过程中注意结构特点，在有分割线的地方尽量通过蕾丝的摆放遮盖住，隐藏结构线，突出设计线，提高设计的完整性 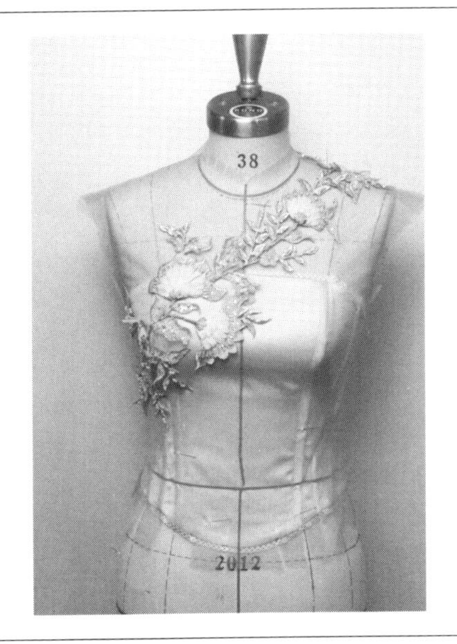
缝合固定	花型一边摆放，一边用大头针暂时固定；调整至确认方案后，用同色系的缝纫线沿蕾丝边缘缝合固定 

续表

<table>
<tr><td>装饰花的制作</td><td>花饰是礼服设计中一类重要的装饰方法。花饰的技法相对较多，有采用与面料具有相同颜色和材料的布料创作的布花，有定制的装饰花，如绢花、纱花、丝绸花、缎带花和特制材料花，有以花卉作为主题的拼补花，还有印花、手绘花等。花饰设计可以是局部的团花，也可以是整体的碎花，通过在礼服的胸、肩、腰、背以及裙子等部位的点缀，能让礼服更加有立体感，从而增强礼服的视觉冲击力
此款式中采用同色系的玻璃纱面料做小花，再根据需要用独立小花组合排列成大小不同的花朵。先裁剪成适当大小的方形（大约 5cm × 5cm），然后对角对折，沿着下方边缘用平针抽起褶皱；拉紧后用线绕几圈，剪掉多余的尾部面料，用火燎一下尾部并压实压小，最后插入花蕊，再缝合固定</td><td>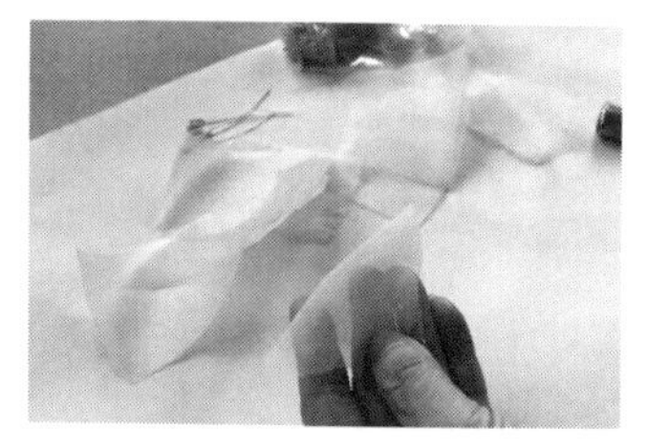 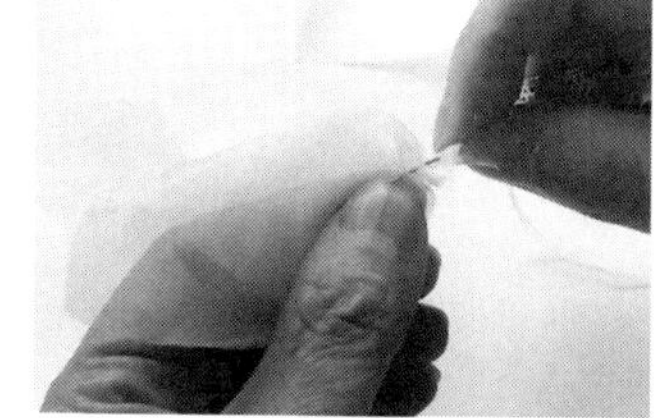 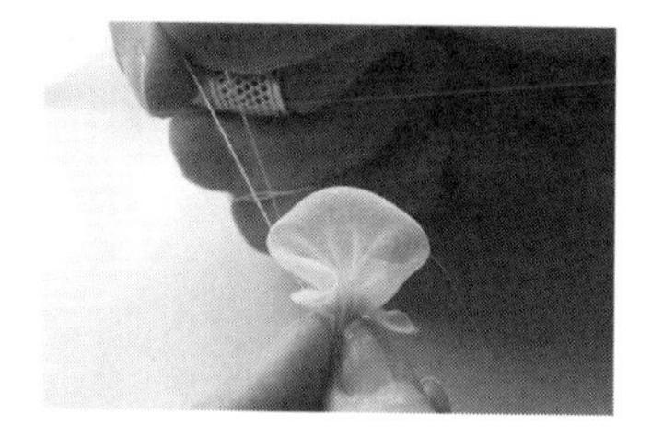 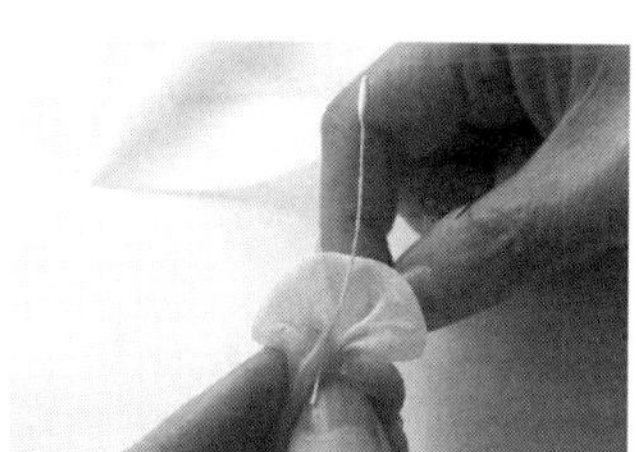</td></tr>
<tr><td>完成的效果</td><td colspan="2">  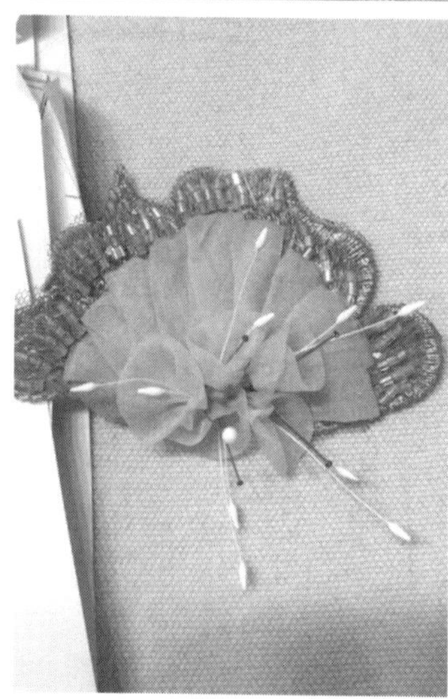 </td></tr>
</table>

六、底摆的处理

步骤	说明	图示
第一步	由于是拖地礼服，处理底摆时要把它放在较高的一个平面，用水平仪按确定的长度做好标记	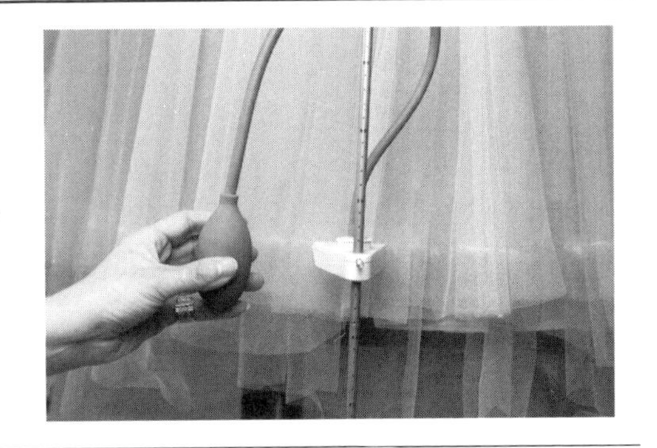
第二步	修剪下摆的时候，由于网纱的层次比较多，一次修剪到位很不容易，可以分多次修剪，没有必要一次到位	

七、绿色抹胸大礼服完成图

绿色抹胸大礼服完成图如图 5-29 所示。

图 5-29　绿色抹胸大礼服完成图

参考文献

[1]徐杰舜．汉民族发展史[M]．武汉：武汉大学出版社，2012.

[2]华梅．中国历代《舆服志》研究[M]．北京：商务印书馆，2015.

[3]喻双双．旗袍设计与剪裁[M]．北京：化学工业出版社，2018.

[4]崔学礼．尚装服装讲堂：服装立体裁剪Ⅰ[M]．上海：东华大学出版社，2020.

[5]崔学礼．尚装服装讲堂：服装立体裁剪Ⅱ[M]．上海：东华大学出版社，2020.

[6]中屋典子，三吉满智子．服装造型学：技术篇Ⅰ[M]．孙兆全，刘美华，金鲜英，译．北京：中国纺织出版社，2004.

[7]张文斌．服装结构设计：女装篇[M]．北京：中国纺织出版社，2017.

[8]李立新．服装装饰技法[M]．北京：中国纺织出版社，2005.